消　毒　器

陈昭斌　主编

科 学 出 版 社
北　京

内容简介

本书主要内容包括消毒器概述、消毒器作用机制、过滤消毒器、热力消毒器、冷冻消毒器、干燥灭菌器、脉动真空压力蒸汽灭菌器、压力消毒器、紫外线消毒器、超声波消毒器、微波消毒器、阳光消毒器、电离辐射消毒器、纳米消毒因子消毒器、甲醛消毒器、环氧乙烷灭菌器、臭氧消毒器、过氧乙酸消毒器、二氧化氯消毒器、等离子体消毒器、医疗器械清洗消毒器、食品清洗消毒器、饮用水与饮料消毒器、餐饮具清洗消毒器、医用织物清洗消毒器、皮毛清洗消毒器、皮肤黏膜清洗消毒器、手消毒器、空气消毒器、钱币消毒器、电场消毒器等。

本书是消毒专业人员、医学范畴人员、对消毒感兴趣的人员学习和参考的消毒学领域的重要专著。

图书在版编目(CIP)数据

消毒器／陈昭斌主编. —北京：科学出版社，2021. 12

ISBN 978-7-03-070158-9

Ⅰ. ①消… Ⅱ. ①陈… Ⅲ. ①消毒器-基本知识 Ⅳ. ①TH771

中国版本图书馆 CIP 数据核字（2021）第 214006 号

责任编辑：霍志国／责任校对：杜子昂

责任印制：吴兆东／封面设计：东方人华

科学出版社 出版

北京东黄城根北街 16 号

邮政编码：100717

http://www.sciencep.com

北京中科印刷有限公司 印刷

科学出版社发行 各地新华书店经销

*

2021 年 12 月第 一 版 开本：720×1000 1/16

2021 年 12 月第一次印刷 印张：21 3/4

字数：430 000

定价：138.00 元

（如有印装质量问题，我社负责调换）

主 编 简 介

陈昭斌，四川大学华西公共卫生学院兼职教授、卫生检验与检疫专业研究生导师；四川大学体育学院客座教授、硕士生导师；四川大学创新创业导师；北京大学兼职硕士生导师；中山大学兼职硕士生导师。

师从我国著名消毒学家、卫生微生物学家、卫生检验学家、四川大学华西公共卫生学院博士生导师、前院长张朝武教授，我国著名卫生检验学家、四川大学华西公共卫生学院研究生导师叶梅君教授，我国著名卫生检验学家、四川大学华西公共卫生学院研究生导师殷强仲教授，以及我国著名战略管理学和管理学家、北京大学光华管理学院前副院长、北京大学战略研究所所长、研究生导师刘学教授。

陈昭斌教授任深圳市青华投资管理（集团）有限公司、深圳市生医联盟生物科技有限公司（简称生医）、深圳市青华检验有限公司（简称华验）、深圳市深度消毒科技有限公司（简称深消）、深圳市龙涎香水科技有限公司（简称龙香）、华系灞生物科技（成都）有限公司董事长、总经理；深圳兰芳消毒研究院（简称兰消院）院长、深圳兰山香水研究院院长（简称兰香院）；深圳市中一致远科技集团有限公司（简称中一致远）董事、常务副总经理；上海市普吉生物科技有限公司（简称普吉生物）董事。陈昭斌教授受聘担任生医、华验、深消、龙香、华系灞和普吉生物的首席科学家、首席消毒学家。

曾任广东省深圳市南山区疾病预防控制中心三级卫生检验主任技师、中心副主任、中心书记；深圳市南山区医学重点实验室学科带头人；四川大学华西公共卫生学院与深圳市南山区疾病预防控制中心共建“消毒学研究实验室”负责人；中华预防医学会消毒分会委员、青年委员会副主任委员、消毒药械与新技术学组组长。

现任中华预防医学会消毒分会第六届委员会常委、教育科普学组组长，中华预防医学会转化医学分会第一届委员会委员，《中国消毒学杂志》审稿专家，《中国消毒学杂志》、《现代预防医学》杂志编委，教育部学位中心硕士和博士学位论文评审教授等 10 多个学术职务。

主持和参与国家级、省部级和地市级课题 25 项；获得深圳市科技成果 2 项，深圳市科技进步奖三等奖 1 项（《使用中消毒剂污染菌研究》）；获授权国家发明专利 8 项；主编、主译、副主编、参编和参译词典、教材、百科全书、专著等 18 部；发表论文 120 余篇，其中 SCI 收录 8 篇，MEDILINE 收录 4 篇；举办国家级继续教育班 5 期；主持华西公共卫生博士论坛 2 届；参加国际学术交流 4 次；招收和指导四川大学华西公共卫生学院硕士生 19 人，参与硕士和博士论文答辩和评阅近 100 人。

主编的教材《消毒学检验》被评为四川大学精品立项教材；中华预防医学会优秀论文奖 6 篇，其中《MS2 和 f2 噬菌体对微波照射抵抗力的比较研究》被评为中华预防医学会优秀论文二等奖。

工作奖励

四川大学优秀指导教师一等奖、深圳市疾病控制工作先进个人等奖励 20 余项。

研究方向

分子消毒学；消毒学检验；香水学；化妆品卫生学及检验。

教育背景

华西医科大学医学硕士；北京大学管理学硕士；四川大学医学博士。

学位论文

（1）《使用中消毒剂污染菌研究》（作者：陈昭斌；学位授予单位：华西医科大学；学位名称：医学硕士；导师姓名：张朝武，叶梅君，殷强仲；学位年度：1995）。

（2）《深圳市黑诊所的现状、根源及对策》（作者：陈昭斌；学位授予单位：北京大学；学位名称：管理学硕士；导师姓名：刘学；学位年度：2006）。

（3）《噬菌体作指示病毒用于消毒效果评价的研究》（作者：陈昭斌；学位授予单位：四川大学；学位名称：医学博士；导师姓名：张朝武；学位年度：2006）。

主要著作

（1）《关注我国基层卫生》（主编，四川大学出版社，2009）。

（2）《消毒学与医院感染学英汉·汉英词典》（主编，人民卫生出版社，2010）。

（3）《医院消毒与感染控制》（主编，深圳印刷，国家继续医学教育项目培训资料，2014—2018）。

（4）《化妆品卫生学》（主编，深圳印刷，四川大学国际课程周教材，2014）。

（5）《卫生检验学英汉·汉英词典》（主编，人民卫生出版社，2016）。

（6）《消毒学检验》（主编，四川大学出版社，四川大学精品教材，2017）。

（7）《消毒剂》（主编，科学出版社，2019）。

（8）《消毒学概论》（主编，人民卫生出版社，2020）。

（9）《香水学》（主编，主编中，2021）。

（10）《二氧化氯消毒剂》（主编，主编中，2021）。

（11）《医院感染控制》（主译，深圳印刷，2009）。

（12）《现代卫生检验》（副主编，人民卫生出版社，2005）。

（13）《化妆品检验与安全性评价》（编委，人民卫生出版社，国家规划教材，2015）。

（14）《医学消毒学最新进展》（编委，人民军医出版社，2015）。

（15）《中华医学百科全书·卫生检验学》（编委，中国协和医科大学出版社，2017）。

（16）《DISINFECTION GUIDE FOR INFECTIOUS DISEASE》（《传染病消毒指南》）（编委，中国标准出版社，2014）。

（17）《等离子体消毒》（主编，主编中，2021）。

（18）《医院消毒整体方案》（主编，主编中，2021）。

（19）《空气消毒》（主编，主编中，2021）。

本书编委会

主　编　陈昭斌

编　委

陈昭斌　四川大学华西医学中心医学博士（消毒学）、北京大学光华管理学院管理学硕士，四川大学兼职教授、研究生导师/北京大学和中山大学硕士生兼职导师，深圳市生医联盟生物科技集团有限公司/深圳市中一致远科技集团有限公司/上海市普吉生物科技有限公司/深圳兰芳消毒研究院

陈梓楠　四川大学华西医学中心医学学士（消毒学），深圳市生医联盟生物科技集团有限公司/深圳市青华检验有限公司/深圳市深度消毒科技有限公司/深圳兰芳消毒研究院

陈雯杰　四川大学华西医学中心硕士（消毒学），上海市疾病预防控制中心

邓　桥　四川大学华西医学中心公共卫生硕士（消毒学），深圳兰芳消毒研究院

何　婷　四川大学华西医学中心在读硕士生（消毒学），深圳兰芳消毒研究院

胡　杰　四川大学华西医学中心公共卫生硕士（消毒学），深圳兰芳消毒研究院

李德全　四川大学华西医学中心在读硕士生（消毒学），深圳兰芳消毒研究院

罗俊容　四川大学华西医学中心在读硕士生（消毒学），深圳兰芳消毒研究院

区仕燕　四川大学华西医学中心医学学士（消毒学）、广西医科大学医学博士，广西医科大学

孙华杰　四川大学华西医学中心硕士（消毒学），深圳市龙华区疾病预防控制中心

谢宇婷　四川大学华西医学中心硕士（消毒学），上海强生公司

张　杰　四川大学华西医学中心硕士（消毒学），山东省淄博市疾病预防控制中心

刘　曲　四川大学华西医学中心硕士（消毒学），深圳市青华检验有限公司/深圳兰芳消毒研究院

郑　露　四川大学华西医学中心硕士（消毒学），重庆医药高等专科学校

秘　书　陈梓楠　胡　杰　何　婷

前　言

编写《消毒器》一书的逻辑源于以下四个事实：

（1）全球感染性疾病和医源性感染的防控形势十分严峻，传染性强、危害性大的传染病，如由新型冠状病毒（简称新冠病毒）（2019-nCoV，SARS-CoV-2）引起的新型冠状病毒肺炎（简称新冠肺炎）（COVID-19）至今还在全球蔓延，截至2021年7月初，全球已经超过1.88亿人感染，至少400万人死亡。艾滋病（AIDS）和结核病（tuberculosis）等依然在世界各地猖獗，因此，采取科学消毒方法有效控制这些疾病、疫情是重中之重。

（2）感染性疾病的科学消毒基于对消毒学知识系统的、全面的掌握，消毒器是消毒学知识体系的重要组成部分，是科学消毒、截断传染病传播的重要武器。

（3）全球各种消毒活动急剧增加，各种消毒相关产品日益增多，很多消毒技术岗位工作的消毒技术人员，缺乏消毒器方面的系统理论知识。

（4）要做好消毒工作，就需要大量经过消毒器专门知识教育的人才。纵观全球，尚无《消毒器》专著。故我们组织编写了这部《消毒器》专著。

本书内容有3个显著特点：一是消毒器内容全。本书共32章，主要内容涵盖消毒器概述（包括消毒定义及其内涵、消毒器定义及消毒器历史回顾）、消毒器作用机制、过滤消毒器、热力消毒器、冷冻消毒器、干燥消毒器、脉动真空压力蒸汽灭菌器、压力消毒器、紫外线消毒器、超声波消毒器、微波消毒器、阳光消毒器、电离辐射消毒器、纳米消毒因子消毒器、甲醛消毒器、环氧乙烷灭菌器、臭氧消毒器、过氧乙酸消毒器、二氧化氯消毒器、等离子体消毒器、医疗器械清洗消毒器、食品清洗消毒器、饮用水与饮料消毒器、餐饮具清洗消毒器、医用织物清洗消毒器、皮毛清洗消毒器、皮肤黏膜清洗消毒器、手消毒器、空气消毒器、钱币消毒器、电场消毒器和常见消毒器商品介绍，书末还附有参考文献。目前全球范围所有的消毒器种类均已涵盖，内容丰富，信息权威。二是消毒器内容新。本书内容最新，能体现用于消毒器的消毒因子的最新产品研究和产品应用的情况。三是消毒器内容精。本书严格控制每章字数，最大限度体现每种消毒器的最精要的信息。

本书编写体例独特。本书的编写方式是每一类消毒器均按照消毒器的构造、消毒器的工作原理、消毒器的使用方法、消毒器的消毒因子、消毒器的消毒机制、消毒器杀灭微生物的效果、消毒器消毒过程的监测方法、影响消毒器作用效果的因素、注意事项和消毒器的应用范围十个方面的知识进行归纳总结，编写而成。编写体例为主编原创。

本书的读者对象主要包括三方面的人员，首先是从事消毒学和医院感染控制学专业及相关学科教学、科研和实践工作的人员，主要包括在临床医学、预防医学、基础医学、护理学、口腔医学、药学、军事医学、兽医学、农学、食品加工与安全等院校、科研院所的老师、学生、研究人员，以及医院、妇幼保健院、口腔医院、职业病防治院、慢病院、疾病预防控制中心、各类门诊部、诊所等的医疗卫生工作人员；其次是农业、畜牧业、食品加工业、饮水消毒和污水处理行业等从事消毒与防腐保存技术的相关人员；最后是对居家消毒和消毒器的性能和使用方法等感兴趣的广大民众。此书能帮助他们及时准确地获取有关消毒器（包括各类灭菌器、消毒器/机、清洗消毒器和防腐保存器等）方面的权威信息。

由于消毒器涉及范围广，主编本人存在认知不全、经验不足、把握不准等情况，因此难免存在疏漏，敬请各位同行批评指正！

主 编

2021 年 7 月

目　录

第一章　消毒器概述

第一节　消毒和消毒器定义

一、消毒的定义

消毒（disinfection）指用消毒因子杀灭、清除、中和或抑制人体外环境中的目标微生物使其达到无害化。消毒是指一种状态、一种结果。有时消毒又指一种消毒处理过程、一种消毒方法。

二、消毒的内涵

消毒的定义内涵十分丰富，主要有以下几个方面的内容。

1. 消毒因子（disinfection agents）

指用于消毒的物质或能量。消毒因子包括物理消毒因子、化学消毒因子和生物消毒因子，或其组合而成的复合消毒因子。

（1）物理消毒因子（physical disinfection agents）：一是通过物理原理产生消毒作用的因子，主要有热力（heat）、电离辐射（ionizing radiation）、紫外线照射（ultraviolet irradiation）、微波（microwave）、超声波（ultrasonic wave）和等离子体（plasma）。二是通过物理摩擦、物理过滤、物理阻隔和空间阻隔等方式产生消毒作用的因子，如用水冲洗或擦洗：流水洗手、洗头，毛巾洗脸，冲洗卫生间地面等；如扫帚扫地、抹布擦拭家具和器具等；如过滤介质（filtration media）：层流手术室、细菌过滤器、口罩等；如医用防护服、医用防护面罩、医用防护眼镜等医护人员自我隔离穿戴用品；如疫点和疫区的封锁隔离：隔离治疗室、隔离医学观察室、居家隔离室，封村、封城，或远距离隔离生活区等。

（2）化学消毒因子（chemical disinfection agents）：通过化学反应产生消毒作用的因子，主要有灭菌剂（sterilant）、消毒剂（disinfectant）、抗（脓）毒剂/抗（脓）毒药（antiseptic）、抗菌剂（antibacterial）、抑菌剂（bacteriostat）和防保剂（防腐保存剂）（preservative）等。

（3）生物消毒因子（biological disinfection agents）：通过生物学原理产生消毒作用的因子，主要有植物提取物（plant extracts）、动物提取物（animal extracts）、微生物代谢的生物活性成分或微生物活体，主要包括酚类化合物、醌类化合物、精油、生物碱、多糖、多肽（polypeptide）、酶（enzyme）和噬菌体（bacteriophage）等。

2. 人体外环境（external environment of human body）

指人体生存所处的自然界以及人体与自然界直接接触的机体部分的微生态环境。主要包括如下部分。

（1）人体的体表、与外界相通的腔道和创口等；

（2）人体所处的周围环境和场所，如空气、水体、土壤和物体表面等；

（3）人体食用、使用和享用的物品，如食品、药品、化妆品、饮水、医疗器械、卫生用品、餐饮具、衣物、书籍、字画和古董等。

3. 目标微生物（target microorganism）

指每次消毒活动消毒因子要杀灭、清除、中和或抑制的微生物。这些消毒目标微生物存在于消毒对象的里或表。主要包括以下部分。

（1）对人、动物和植物致病的病原微生物；

（2）对人体具有卫生学意义的卫生微生物；

（3）对环境和物品有害的微生物；

（4）其他特定的微生物。

4. 消毒作用方式（disinfection mode of action）

指消毒因子作用于目标微生物的方式。消毒因子通过杀灭、清除、中和或抑制等几种方式作用于目标微生物。

（1）杀灭（kill）：包含杀死（kill）、毁灭（destroy）和灭活（inactivate）几种表述，是对目标微生物的不可逆彻底地摧毁，灭活是针对病毒而言，因为病毒的核酸具有感染活性，必须毁灭其核酸，使其丧失感染活性，才算达到对病毒的杀灭。

（2）清除（eliminate）：或通过物理摩擦去除目标微生物的方式达到消毒的目的，如用水冲洗或擦洗：流水洗手、洗头，毛巾洗脸，冲洗卫生间地面等；又如扫帚扫地、抹布擦拭家具和器具等；或通过过滤介质滤除目标微生物的方式达到消毒的目的，如细菌滤器、层流手术室的空气高效过滤器、医用口罩等；或通过物理和空间阻隔隔离或远离目标微生物的方式达到消毒的目的，如医护人员穿戴医用防护服、医用防护面罩、医用防护眼镜等自我隔离；如传染源患者的隔离治疗、密切接触者的定点隔离医学观察、可疑症状者居家隔离观察；如封村、封城防止人员和动物外出；如集中传染源于偏远地，远距离隔离其救治区和生活区等。

（3）中和（neutralize）：是针对抗原抗体反应的消毒方式，如机体针对特定的病原体抗原产生的中和抗体（可溶性蛋白），能有效地中和掉该病原体抗原对机体细胞的感染。

（4）抑制（inhibit）：指暂时控制住目标微生物的生长繁殖活性而并未杀灭它们，在抑制因素解除后，目标微生物可以复活生长。

5. 无害化（harmless）

指通过消毒因子的处理，使消毒对象的目标微生物的数量减少到对人体、物体和物品等不产生危害的程度。通过消毒处理，消毒对象或达到了要求的无菌（sterility）状态，或达到了要求的消毒合格（qualified disinfection）状态、抗菌和抑菌合格状态、防腐保存合格状态。消毒对象，表面上看是可感知的作用对象，实质上是针对肉眼无法看见的目标微生物。若消毒的目的是消毒作用后，消毒对象的表和/或里的目标微生物的数量减少到对人体无害的程度，则为医学消毒的范畴。

6. 消毒方法（method of disinfection）

或称消毒措施（measure of disinfection），指对不同消毒对象所采取的具体消毒方法。这些消毒方法包括用各种消毒因子，如物理消毒因子、化学消毒因子、生物消毒因子以及这些消毒因子组合而成的复合因子，处理消毒对象的表和/或里，使其作用于目标微生物，达到所需消毒的效果，如无菌、或不同的消毒、或抗菌、或抑菌，或防腐保存等状态的所有措施。因此，这里的“消毒”是一个广义的概念，包含使消毒对象达到所需消毒效果的各种消毒方法。

汉语文化语境下的“消毒”除有“消毒定义”本身的含义外，有时指“消毒方法”，如一次性医疗用品的消毒、食品的消毒、饮水的消毒；有时亦指“消毒动作”，如消毒手术器械、消毒手、消毒空气。英语文化语境下的“disinfection”是名词，指通过消毒因子的处理，物品或场所处于“消毒的状态”或达到“消毒的结果”，有时指某种“消毒方法”；“disinfect”是动词，指“对……进行消毒”。注意不同文化语境下“消毒”一词的表述和含义。

7. 消毒方法分类（classification of disinfection method）

消毒方法主要分类如下。

（1）按消毒因子本身的性质分类：主要包括物理消毒法（physical disinfection）、化学消毒法（chemical disinfection）和生物消毒法（biological disinfection）。

（2）按消毒因子对目标微生物作用的目的分类：主要包括灭菌法（sterilization）、消毒法（disinfection）、抗（脓）毒法（antisepsis）、抗菌法（antibacteria）、抑菌法（bacteriostasis）和防保法（防腐保存法）（preservation）。

（3）按消毒因子对目标微生物作用的水平分类：主要包括低水平消毒法（low level disinfection）、中水平消毒法（middle level disinfection）、高水平消毒法（high level disinfection）和灭菌法（sterilization）。

8. 传染病病原体消毒必须遵循的三个铁律

当我们了解了某种传染病的病原体的生物学特性、生物学结构、致病性、传播途径和对消毒因子的抵抗力之后，传染性强、危害性大的传染病，尤其是列入甲类传染病管理的烈性传染病，切断传染源的传播途径就成了重中之重的事情。消毒是能够实现这一目的，但必须是科学消毒。传染病病原体科学消毒必须遵循的三个铁律，这也适合新型冠状病毒的消毒。

（1）尽早发现病原体：通过加强日常监测和提高对病人的诊断水平，尤其是提高对病原体的检验水平，尽早发现病原体；通过对病原体的储存宿主、中间宿主的监测检验，尽早发现病原体；必要时，通过对病原体的可能污染的环境样本的监测检验，尽早发现病原体。发现病原体越早，越能为消毒控制病原体的传播感染赢得时间。

（2）立即隔离病原体：一旦确定了某传染病的病原体所在，传染源就确定了，这时需要做的事情是立即控制传染源。立即是马上，不能等待，控制带有强制性，因为病原体在传染源体内，它随时会随传染源呼出的气体、说话的飞沫、呼吸道的分泌物、肠道的排泄物等传播。若传染源为确诊病例、临床诊断病例、疑似病例和无症状感染者的患者，则须立即隔离治疗。若为密切接触者，则须进行集中隔离或居家隔离医学观察。对病例和感染患者，无论病情轻重，都要进行隔离治疗。治疗是给患者生的希望，是切实维护民众生命安全和身体健康。是否能治疗痊愈，受医学发展水平的限制，但要尽最大努力。同时，治疗也有利于隔离传染源。隔离是限制传染源患者的活动空间，是对病原体的物理阻隔，更是维护广大民众生命安全和身体健康，维护社会稳定的使然。隔离传染源是最古老、最有效的消毒措施。立即隔离病原体越彻底，越能控制病原体的传播感染。

（3）立即杀灭病原体：若传染源为人，除立即隔离治疗外，还要对该传染源此前活动的场所、乘用的交通工具、使用的器物等立即做好终末消毒，因为病原体可能已经污染了这些场所、工具和器物；对传染源隔离治疗的医疗场所、医疗器械和使用的物品，要做好随时消毒，杀灭传染源不断排出的病原体，同时，医护人员要做好隔离防护，防止医源性感染；若传染源为媒介生物，如某种动物，应立即扑杀，做好终末消毒；若传染来自污染的环境，应立即对污染的环境及其物品，做好终末消毒。对密切接触者进行集中隔离或居家隔离医学观察的场所，必须加强随时消毒。立即杀灭外环境中的病原体越彻底，越能控制病原体的传播感染。

三、消毒器的定义

消毒器（disinfector）是指能产生消毒因子，并用于消毒的机器、器械、器具和装置。

这里的消毒器是广义的，包括具有低水平、中水平和高水平消毒作用，以及具有灭菌作用等不同层次消毒作用的所有消毒器。消毒器范围广，有医用、公共场所用、家用、食品用、饮水用、饮料用、酒用、药品用、化妆品用、兽用、农用和工业用等。消毒器名称多，常含有消毒（清洗、清洗消毒、干燥、消毒、灭菌等）器、机、柜、箱、锅等文字表述。消毒器一般是指市场上成熟的消毒器产品。

第二节　消毒器历史回顾

消毒实践活最早起源于何时何地目前尚无法考证，但在人类掌握了火的使用后，热力消毒的实践活动也就开始了。目前所知，最早的消毒器应该是伴随着用火加热器物煮水和食物的产生而产生的，而真正意义上的消毒器的快速发展却是在发现微生物以后才发生的。

一、古代时期（公元1840年以前）

公元前10000年左右的新石器时代，中国发明制作了陶釜，如广西桂林甑皮岩洞穴遗址的夹砂陶釜，是目前考古发现的中国最早的煮食炊器。用陶釜中煮沸的水来烹煮食物，是湿热应用的肇始。从消毒学的观点来看，与火焰形式的干热相比，湿热作用的温度低、时间短，而杀灭微生物的能力强、效果好。陶釜的使用是人类使用热力形式的第一次质变，是热力消毒发展史上的第一次飞跃。陶釜是目前所知最早的消毒器。

公元前6700年左右的新石器时代，中国发明制作了陶鼎，如河南裴李岗文化乳钉纹红陶鼎。

公元前4100年左右的新石器时代，中国发明了陶甑，如浙江河姆渡文化遗址出土的陶甑。陶甑的发明和使用，表明中国已经采用“蒸法”，即采用流通蒸汽这种更高级的热力形式来烹煮食物。流通蒸汽比沸腾的水温度更高，其冷凝释放出潜热并形成局部负压，所以它穿透力更强，加工食物更快、消毒效果更好。流通蒸汽的使用是人类利用热力形式的又一次质变，是热力消毒发展史上的第二次飞跃。

公元前1675～公元前1029年，中国商朝时期利用干热和湿热的实践活动已经上升为文化层次，如中国的甲骨文中已有“火”“鼎”“鬲”“甗”等字。

公元前186年，中国西汉已采用烟熏法对室内空气进行消毒处理。如1972年湖南长沙马王堆一号墓出土时香炉炉盘内还盛有香茅、高粱姜、辛夷和藁本等香草。可见，那时人们就常以焚烧香草、香木来烟熏居室，消毒空气，以达到防病治病的作用。香炉是中国最早的烟熏消毒器。

公元1590年，中国明朝李时珍编写的《本草纲目》记载："天行瘟疫。取初病人衣服，于甑上蒸过，则一家不染。"这是中国记载"（流通）蒸汽消毒法"防制传染病传播的最早文献。

公元1673年，荷兰列文虎克（Antony van Leeuwenhoek）用显微镜观察到各种"微动物（animalcules）"，即微生物。这是人类第一次通过显微镜看到了微生物。

公元1676年，荷兰列文虎克通过显微镜发现，胡椒粉可以迅速杀死"小动物（little animals）"，即微生物。酒和醋与微生物接触后，也立即杀死了微生物。这是人类第一次直接观察到化学物质杀死微生物的作用。列文虎克是消毒学检验的第一位实践者和开拓者。

公元1757年，英国林德（James Lind）建议皇家海军用沙和木炭过滤海水，船上的病房要保持通风和清洁，以及外科医生需要穿特定服装。

公元1810年，法国阿佩尔（Nicolas Appert）创造了食品煮沸后密封保存的罐藏法（canning）。

二、近代时期（公元1840～1949年）

公元1855年，英国南丁格尔（Florence Nightingale）通过建立医院管理制度，加强护理，做好清洁卫生，隔离传染病患者，病房通风等措施，极大地降低战争伤员的死亡率（从42%降至2%）。她开启了护士负责医院感染监测工作的先河。

公元1876年，英国丁达尔（John Tyndall）证明了过滤产生无菌状态，发现了间歇灭菌法（分段灭菌法或丁达尔灭菌法）的益处。

公元1879年，法国张伯伦（Chamberland）发明压力蒸汽灭菌器。

公元1884年，法国产出用于液体过滤的巴斯德－张伯伦（Pasteur-Chamberland）牌陶瓷细菌滤器。

公元1889年，美国豪斯泰德（William Stewart Halsted）把灭菌后的橡胶手套引入外科手术中让医生和护士使用。

公元1891年，英国产出伯克菲尔德牌硅藻土过滤器（Berkefeld candle）。

公元1908年，英国奇克（Chick）和马丁（Martin）改进了英国的睿迪安和沃克建立的酚系数法检测消毒剂的方法，在消毒液中加入有机干扰物来更加严格地模拟实际使用环境，为后来消毒剂检测的流程奠定了基础。

公元1941年，中国缪召予编译了日本高等针灸学讲义《诊断学 消毒学》。

公元1944年，美国尼亚加拉瀑布城水厂率先使用二氧化氯处理饮用水。

三、现代时期（公元 1949 年至今）

公元 1951 年，中国姚龙编撰《细菌寄生虫及消毒法》，该书为中南军政委员会卫生部卫生教材编制委员会教材。

公元 1953 年，中国尹文明编著《简明消毒方法的理论与实际》。美国爱惜康公司（Ethicon）使用 β 射线灭菌。

公元 1956 年，中国人民军医出版社出版《消毒学讲义》。

公元 1958 年，中国陈淑坚等编著《消毒与灭菌》。中国大连医学院翻译了苏联的教学用书《消毒学》。

公元 1966 年，美国布洛克（Seymour S. Block）主编《消毒、灭菌与防保法》（*Disinfection*, *Sterilization and Preservation*）。

公元 1968 年，美国目梨（Menashi）等证实卤素类气体等离子体具有很强的杀菌作用。

公元 1980 年，中国刘育京等编写《消毒杀虫灭鼠手册》的“第一篇 消毒”。

公元 1982 年，英国拉塞尔（A. D. Russell）等主编《消毒、防保与灭菌的原理与实践》（*Principles and Practice of Disinfection*, *Preservation and Sterilization*）。

公元 1984 年，中国刘育京等创办《消毒与灭菌》杂志，后改名为《中国消毒学杂志》，此为中国第一本消毒学杂志。

公元 1985 年，中国预防医学科学院在北京举办第 6 次国际消毒学术会议。美国批准二氧化氯用于食品加工设备消毒。

公元 1986 年，中国卫生部成立消毒专家咨询委员会。薛广波主编《实用消毒学》。

公元 1987 年，中国卫生部颁布《消毒管理办法》，这是中国的第一部消毒专业法规，开启了消毒剂和消毒器械卫生许可评审制度。

公元 1988 年，中国卫生部颁布《消毒技术规范》。中华预防医学会消毒分会成立。

公元 1989 年，中国刘育京等主编《医用消毒学简明教程》。中国建立紫外线杀菌灯的审批制度。

公元 1991 年，中国顾德鸿等编写《医用消毒学》。

公元 1992 年，中国首次将“消毒学”（代码 33017）列为一级学科“预防医学与卫生学”（代码 330）下的一个独立的二级学科。中国批准二氧化氯用于鱼类加工过程消毒。刘育京主编《中国医学百科全书〈消毒、杀虫、灭鼠分卷〉》。

公元 1993 年，中国薛广波主编《灭菌・消毒・防腐・保藏》。

公元 1995 年，中国袁洽劻等起草《消毒与灭菌效果的评价方法与标准》（GB 15981—1995）。

公元1996年，中国将二氧化氯列入食品防保剂。

公元2001年，中国杨华明等主编《现代医院消毒学》。

公元2002年，中国张文福主编《医学消毒学》，薛广波主编《现代消毒学》，袁洽劻主编《实用消毒灭菌技术》。

公元2003年，中国张朝武等起草《疫源地消毒总则》（GB 19193—2003）。

公元2005年，中国张朝武等主编《现代卫生检验》，这是国内第一本有专篇“第十四篇 消毒药械及医疗卫生用品检验”论及“消毒学检验”内容的专著。

公元2010年，中国陈昭斌主编《消毒学与医院感染学英汉汉英词典》。

公元2012年，中国薛广波主编《现代消毒学进展》（第一卷）。李六亿等起草《医疗机构消毒技术规范》（WS/T 367—2012）。

公元2013年，中国张文福主编《现代消毒学新技术与应用》。

公元2014年，中国薛广波主编英文版《*Disinfection Guide for Infectious Disease*》。

公元2015年，中国张流波等主编《医学消毒学最新进展》，魏秋华主编《医院消毒管理和整体技术指南》。中国卫生监督协会消毒与感染控制专业委员会成立。

公元2017年，中国陈昭斌主编《消毒学检验》，这是中国第一本正式出版的卫生检验与检疫专业本科生和消毒学研究生使用的教材。

公元2019年，中国陈昭斌主编《消毒剂》，这是中国第一本正式出版的消毒剂专著。

公元2020年，中国陈昭斌主编《消毒学概论》，这是中国第一本正式出版的拟作高等医药院校所有专业本科生使用的消毒学通识教材。

小　结

本章简要叙述了消毒的定义和消毒的内涵。定义了消毒器的概念。分古代时期、近代时期和现代时期三个时期简要回顾了消毒器的发展历史。

（陈昭斌）

第二章　消毒器作用机制

消毒器的种类很多，使用范围广，既有医疗机构、公共场所、家庭、食品厂、饮水厂、饮料厂、酒厂、药厂、化妆品生产车间等用的，也有畜牧兽医机构和工业加工生产车间等用的。消毒器使用的消毒因子一般包括物理消毒因子、化学消毒因子以及物理和化学因子的混合消毒因子。使用不同消毒因子的消毒器，其消毒作用机制不同。

第一节　物理因子消毒器作用机制

使用物理因子进行消毒的器械即是物理因子消毒器。物理因子消毒器是消毒因子利用物理原理作用于目标微生物使其数量减少到规定的要求。用物理因子消毒器进行消毒，具有效果可靠，绿色环保，一般不会给被处理物品造成消毒因子残留等优点，通常是消毒工作中的首选消毒方法。

物理因子消毒器作用于目标微生物的机制如下。

一、热力消毒器

热（heat）分为湿热（moist heat）和干热（dry heat）两大作用因子，是应用最早、使用最广泛的物理消毒因子。热力消毒法是通过加热使介质上的微生物升温，最终达到杀灭微生物的目的。

1. 干热消毒器（灭菌器）

干热消毒是利用热空气或直接加热的方式作用于消毒对象。常见干热消毒方法有烘烤、红外线照射、焚烧和烧灼等。

干热作用机制：干热使微生物的蛋白质发生氧化、变性、炭化，或使其电解质脱水浓缩，引起细胞中毒，以及破坏其核酸，最终导致微生物的死亡。

干热灭菌所需温度高，时间长。灭菌参数为：150℃，150min；160℃，120min；170℃，60min；180℃，30min。

2. 湿热消毒器

湿热是指由液态水或加压蒸汽所产生的热。湿热对物品的热穿透力强，蒸汽中的潜热可以迅速提高被灭菌物品的温度。常见湿热消毒器有煮沸消毒器、流通蒸汽消毒器、巴氏消毒器、压力蒸汽灭菌器、间歇灭菌器等。

湿热作用机制：湿热使微生物的蛋白发生变性和凝固，核酸发生降解，细胞壁和细胞膜发生损伤，最终导致微生物死亡。

湿热蒸汽存在潜热（每克水在100℃时由气态变为液态可放出529cal的热量），潜热能迅速提高被灭菌物品的温度；湿热灭菌效果好，干热灭菌150℃需150min，湿热121℃仅需15min。

二、紫外光消毒器

用具有杀灭微生物作用的紫外线波段的光照射物体进行消毒的器具称为紫外光（线）消毒器。紫外光线（ultraviolet light，UV）是指位于可见光和X线之间的光波，波长为10～400nm，主要来源于太阳、热物体和激发气体。紫外线可分为紫外线A段（315～400nm）、B段（280～315nm）和C段（100～280nm）。240～280nm的紫外线具有杀灭微生物的作用，其中253.7nm的紫外线杀灭能力最强。

紫外线作用机制：紫外线作用于微生物的核酸，破坏DNA、RNA的碱基，形成嘧啶二聚体、嘧啶水化物等，使核酸断裂，失去复制、转录等功能而杀灭微生物；紫外线还作用于微生物的蛋白质，破坏其结构，导致酶失活、膜损伤等。微生物对紫外线的抵抗力从强到弱依次为真菌孢子、细菌芽孢、抗酸杆菌、病毒、细菌繁殖体。

三、电离辐射消毒器

电离辐射消毒器（灭菌器、灭菌装置）是用电离辐射进行消毒的器械（装置）。电离辐射（ionizing radiation）是一切能引起物质电离的辐射的总称，具有很高的能量和很强的穿透力。电离辐射包括X射线、γ射线、高速电子（β射线）、质子、α射线等。用X射线、γ射线和高能电子辐射灭菌物品的冷灭菌方法，称为电离辐射灭菌法。如用^{60}钴（^{60}Co）和^{137}铯（^{137}Cs）产生的γ射线杀灭微生物消毒和用高能电子加速器产生的高能电子束或X射线杀灭微生物消毒。γ射线的波长为10fm～1pm，X射线的波长为1pm～10nm。

电离辐射作用机制：微生物受电离辐射后，吸收能量引起分子或原子电离激发，产生一系列物理、化学和生物学变化，最终导致其死亡。一是射线直接破坏微生物的核酸、蛋白质和酶等物质使其死亡；二是射线作用于微生物的水分子等产生自由基，自由基间接作用于生命物质而使其死亡。辐照杀菌主要是通过间接作用而杀灭微生物。

四、过滤消毒器

用过滤介质滤除微生物的器具，称为过滤消毒器。过滤介质（filtration media）指过滤除去微生物的器材和设备。常用的过滤消毒器（除菌器）有素陶瓷滤器（孔径：≤1.3～12μm）、硅藻土滤器（孔径：2～12μm）、薄膜滤器（孔径：0.05～14μm）、烧结玻璃滤器（孔径：≤1.5～30μm）、烧结金属滤器、石棉板滤器（孔径：0.1～7μm）、滤材滤器、滤料过滤池、空气过滤器和电气积尘过滤除菌装置等。过滤除菌器是能将液体或空气中的细菌除去装置或设备或器具。

过滤介质作用机制：过滤消毒法的主要机制有直接截留、惯性撞击、静电吸附、扩散沉积和重力沉降。

五、超声波消毒器

利用超声波进行消毒处理的器械，称为超声波消毒器。超声波（ultrasonic wave）是振动频率高于20kHz的声波，具有声波的一切特性，可在气体、液体和固体中传播。同时，具有光波的特性，可产生反射、折射、散射和衍射等现象，此外，还具有聚焦和定向发射的特性。超声波消毒器主要有机械式、磁致收缩式和压电式三种类型。

超声波作用机制：超声波对微生物的作用机制主要是超声效应。

（1）机械效应：超声波可使液体乳化、凝胶液化和固体分散。当超声波在流体介质中形成驻波时，悬浮在流体中的微小颗粒，因受机械力的作用而凝聚在波节处，在空间形成周期性的堆积。超声波在压电材料和磁致伸缩材料中传播时，可产生感生电极化和感生磁化。

（2）空化作用（action of cavitation）：超声波作用于液体时可产生大量小气泡。一是液体内局部出现拉应力而形成负压，压强降低使原来溶于液体的气体过饱和，而从液体逸出，成为小气泡。二是强大的拉应力把液体"撕开"成一空洞，称为空化。空洞内为液体蒸汽或溶于液体的另一种气体，甚至可能是真空。因空化作用形成的小气泡会随周围介质的振动而不断运动、长大或突然破灭。破灭时周围液体突然冲入气泡而产生高温、高压，同时产生激波。与空化作用相伴随的内摩擦可形成电荷，并在气泡内因放电而产生发光现象。

（3）热效应：超声波的频率高，能量大，被介质吸收时能产生显著的热效应。

（4）化学效应：超声波的作用可促使或加速某些化学反应。例如纯的蒸馏水经超声处理后产生过氧化氢；溶有氮气的水经超声处理后产生亚硝酸；存在染料的水溶液经超声处理后会变色或褪色。这些现象的发生总与空化作用相伴随。超声波还可加速许多化学物质的水解、分解和聚合过程。超声波对光化学和电化学过程也有明显的影响。如各种氨基酸和其他有机物质的水溶液经超声处理后，特征吸收光谱带消失而呈均匀的一般吸收，这表明超声波使分子结构发生了改变。

六、微波消毒器

利用微波进行消毒处理的器具，称为微波消毒器。微波（microwave）是一种波长短频率高、穿透性强的电磁波，波长范围 1mm ~ 1.33m。消毒使用的微波频率为 915MHz 和 2450MHz，属于分米波波段，可杀灭包括细菌芽孢在内的所有微生物。该电磁波是高频振荡电路以交替电场和磁场的形式向空间辐射能量。微波可使物质中偶极子产生高频运动，从而杀灭微生物。微波具有作用温度低、所需时间短、加热均匀等优点。

微波作用机制：微波消毒主要依赖热效应与非热效应共同组成的综合效应杀灭微生物。

（1）热效应：当微波通过介质时，使极性分子旋转摆动，同时离子及带电胶体粒子也做来回运动，从而产生热。微生物的蛋白质、酶等，在介质升高到一定温度后，因受热而变性、失活，从而杀灭微生物。

（2）非热效应：微波对微生物的作用，不能以热效应解释的部分，称为非热效应，如微波引起的场力效应、光化学效应、超导电性等。在微观上，这些非热效应可能对微生物的物理或生物化学过程产生强烈的影响。

七、等离子体消毒器

利用物质电离产生的等离子体来消毒处理的器械，称为等离子体消毒器。等离子体（plasma）是游离于固态、液态和气态以外的一种新的物质体系，为物质的第四种形态。气体分子发生电离反应，部分或全部被电离成正离子和电子，这些正离子、电子和中性的分子、原子混合在一起构成了等离子体，其显著特征是具有高流动性和高导电性，本质是低密度的电离气体云。

等离子体是由带电粒子（离子、电子）和不带电粒子（分子、激发态原子、亚稳态原子、自由基）以及紫外线、γ 射线、β 粒子等组成，并表现出集体行为的一种准中性非凝聚系统。其中正负电荷总数在数值上总是相等的，故称为等离子体。人工产生等离子体的方法有多种，只要外界供给气体足够的能量，即可以成为等离子体。人工产生等离子体的方法主要有气体放电法、射线辐射法、光电离法、激光辐射法、热电离法和激波法。用于消毒和灭菌的是低温等离子体。

等离子体作用机制：等离子体的消毒作用主要有三种。

（1）电击穿作用：微生物处于等离子体高频电磁场中，因为受到带电粒子的轰击作用，其电荷分布被彻底破坏并形成电击穿，从而杀灭微生物死亡。

（2）电子云成分作用：氧化性气体等离子体成分中含有大量活性物质，如活性氧、自由基等，其极易与微生物体内的生物活性成分作用，从而杀灭微生物。

（3）紫外线作用：在等离子体激发形成的过程中，由于辉光放电，可释放出大量紫外线，其破坏微生物的核酸，从而杀灭微生物。

第二节　化学因子消毒器作用机制

化学因子消毒器是用化学因子进行消毒的器械。利用化学原理作用于目标微生物的因子称为化学因子。化学因子主要是化学消毒剂。

微生物对化学消毒剂的抵抗力，由强到弱的顺序是：朊病毒>细菌芽孢>分枝杆菌>亲水病毒>真菌>细菌繁殖体>亲脂病毒。

化学因子消毒器因其所用化学因子的不同，其作用机制不同。

一、卤素及其化合物作消毒因子的消毒器

1. 氯和氯化合物消毒

含氯消毒剂是指溶于水可产生次氯酸的氯和氯化合物（chlorine and chlorine compounds）。氯化合物主要包括漂白粉、三合二、次氯酸钠、氯化磷酸三钠、二氯异氰尿酸钠、二氯二甲基海因及三氯异氰尿酸等。

作用机制：含氯消毒剂对微生物的作用主要有三个。

（1）次氯酸的氧化作用：次氯酸可进入微生物的细胞内，与蛋白质发生氧化作用，或破坏其磷酸脱氢酶，干扰其糖代谢。

（2）新生态氧的氧化作用：次氯酸可分解产生新生态的氧，它可氧化微生物的蛋白质和酶，干扰其正常生理作用。

（3）氯的氯化作用：含氯消毒剂中的氯能使微生物的细胞壁、细胞膜的通透性发生改变，也能与细胞膜上的蛋白质结合形成氮-氯化合物，还能氧化细菌中的一些重要的酶，从而干扰其新陈代谢。

2. 碘和碘化合物消毒

含碘消毒剂（disinfectants containing iodine）是以碘为主要杀菌成分的碘和碘化合物（iodine compounds）。碘消毒剂主要包括自由碘（卢戈氏碘液、碘酊）、碘伏等。

作用机制：含碘消毒剂对微生物的作用主要是碘元素碘化菌体蛋白质，形成沉淀而杀灭微生物。

3. 溴和溴化合物消毒

含溴消毒剂是指溶于水后，能水解生成次溴酸，并发挥杀菌作用的溴和溴化合物（bromine compounds），主要有溴、1-溴-3-氯-5，5-二甲基海因（氯溴海因，BCDMH）、1，3-二溴-5，5-二甲基海因（二溴海因，DBDMH）等。

作用机制：含溴消毒剂二溴海因对病毒 MS2 噬菌体的灭活作用，主要是通

过破坏 MS2 噬菌体的 A 蛋白，影响其对宿主性菌毛的吸附性，破坏衣壳蛋白使噬菌体变形、破碎，以及裂解 RNA 来达成。

二、过氧化物作消毒因子的消毒器

过氧化物类（peroxides）消毒剂是指化学分子结构中含有过氧基“—O—O—”（过氧离子 O_2^{2-}）的强氧化剂，主要包括过氧化氢、过氧乙酸、过甲酸和二氧化氯等。

作用机制：过氧化物对微生物的作用是氧化破坏微生物蛋白质的分子结构，杀灭微生物。

（1）过氧化氢：因光化学、重金属、电离辐射和金属离子的催化作用，过氧化氢分解产生各种化学基团，如活性氧及其衍生物，这些化学基团通过改变微生物的屏障通透性，破坏其蛋白质、酶、氨基酸和核酸，从而杀灭微生物。

（2）二氧化氯：本身具有很强的氧化作用，主要攻击富有电子或供电子的原子基团，如氨基酸内含巯基的酶和硫化物、氯化物，使其失活和性质改变，从而杀灭微生物。

三、醇类作消毒因子的消毒器

醇类（alcohols）消毒剂是指用于消毒的醇类，主要有乙醇、异丙醇、苯甲醇、苯乙醇、溴硝丙二醇。

醇类作用机制：醇类对微生物的作用主要是使微生物蛋白质变性、酶失活，从而干扰微生物代谢，致使微生物死亡。

四、醛类作消毒因子的消毒器

醛类（aldehydes）消毒剂有甲醛、戊二醛和邻苯二甲醛。

醛类作用机制：醛类对微生物的作用主要是凝固微生物的蛋白质，还原氨基酸，使蛋白质分子烷基化，达到杀灭微生物的目的。

邻苯二甲醛对细菌繁殖体杀灭机制如下：

（1）邻苯二甲醛与细菌的胞壁或胞膜作用，形成牢固的交联结构，造成菌体内外物质交换功能障碍，阻碍细菌正常生理功能的进行，从而促进细菌死亡；

（2）由于邻苯二甲醛是芳香醛，具有良好的脂溶性，更容易穿透脂质较多的结核分枝杆菌和革兰氏阴性菌的细胞膜，从而作用于菌体内部的靶位点，引起细胞死亡。

邻苯二甲醛对细菌芽孢的杀灭机制如下：

（1）邻苯二甲醛破坏了芽孢对外界营养成分的感受，导致细胞营养摄食得不到信号，减弱了吡啶二羧酸的累积，影响芽孢外层的形成，降低了芽孢的抵抗力，从而杀灭芽孢；

(2) 邻苯二甲醛可损害芽孢内层膜的重要蛋白，导致芽孢死亡。

五、表面活性剂作消毒因子的消毒器

表面活性剂（surface-active agents）包括阳离子表面活性剂、阴离子表面活性剂和非离子表面活性剂。这里重点介绍阳离子表面活性剂季铵盐类化合物。

季铵盐类化合物（quaternary ammonium compounds）为铵离子中的四个氢原子都被烃基取代而生成的化合物，通式为 R_4NX，其中四个烃基 R 可以相同，也可不同。X 多是卤素负离子（F^-、Cl^-、Br^-、I^-），也可是酸根（如 HSO_4^-、$RCOO^-$等）。季铵盐类化合物阳离子表面活性剂，包括单链季铵盐和双链季铵盐两类，如苯扎氯铵（洁尔灭）、苯扎溴铵（新洁尔灭）、十二烷基二甲基苯氧乙基溴化铵（度米芬）。

季铵盐类化合物对微生物的作用机制主要是：

(1) 吸附至微生物细胞表面，改变细胞膜的通透性，溶解损伤细胞使菌体破裂，使细胞内容物外流；

(2) 渗透进入微生物体内，使其中蛋白质变性后沉淀；

(3) 破坏酶系统，特别是脱氢酶类和氧化酶类，干扰微生物的代谢。

六、胍类作消毒因子的消毒器

胍类（guanidine）消毒剂是指用于消毒的胍类或双胍类（biguanides）化合物，常用的有盐酸聚六亚甲基胍和氯己定。

胍类作用机制如下：

(1) 盐酸聚六亚甲基胍：盐酸聚六亚甲基胍（PHMB）的聚合物呈正电性，很容易吸附于呈负电性的各类细菌、病毒，从而抑制其分裂，同时聚合物形成薄膜，堵塞微生物的呼吸通道，使其迅速窒息死亡。

(2) 氯己定：迅速吸附于细菌细胞表面，破坏细胞膜，造成胞质成分变性渗漏，抑制细菌脱氢酶活性，高浓度时能凝聚胞质成分。

七、酚类作消毒因子的消毒器

酚类（phenols）消毒剂是指以酚类化合物为主要原料，以表面活性剂、乙醇或异丙醇为增溶剂，以乙醇或异丙醇或者水作为溶剂，不添加其他杀菌成分的消毒剂。常用的酚类消毒剂有苯酚、甲酚、二甲酚、对氯间二甲苯酚、三氯羟基二苯醚。

酚类作用机制如下：

(1) 作用于微生物的细胞壁和细胞膜，破坏其通透性，并渗入细胞，破坏细胞的基本结构，同时也可使菌体内容物溢出；

（2）穿透和破坏细胞壁，作用于胞浆蛋白质，使其凝固和沉淀；

（3）作用于微生物的酶，使其失去生物活性。

八、气体消毒剂作消毒因子的消毒器

气体消毒剂（vapor-phase disinfectants）是指在使用时为气态的消毒剂。目前使用最多的是环氧乙烷、环氧丙烷、甲醛释放剂及臭氧。

气体消毒剂作用机制：包括常用气体消毒剂臭氧和环氧乙烷对微生物的作用。

1. 臭氧

①作用于细胞膜，增加其通透性，导致细胞内物质外流；②使细胞活动中必要的酶失去活性；③破坏微生物的遗传物质。

2. 环氧乙烷

能与微生物的蛋白质、DNA 和 RNA 发生非特异性烷基化作用，从而杀灭微生物。

小 结

本章简要总结了消毒器使用的消毒因子及其作用机制。消毒器使用的消毒因子一般包括物理消毒因子、化学消毒因子以及物理和化学因子的混合消毒因子。物理消毒因子包括热力（湿热和干热）、紫外光（线）、电离辐射、过滤介质、超声波、微波和等离子体。化学因子包括卤素及其化合物、过氧化物、醇类、醛类、表面活性剂、胍类、酚类和气体消毒因子（包括臭氧和环氧乙烷等）。使用不同消毒因子进行消毒的消毒器，其消毒作用机制不同。

（陈昭斌）

第三章　过滤消毒器

过滤消毒器是利用物理阻留的方法将液体或空气中的细菌除去，以达到无菌目的。按照处理对象不同，可以分为空气过滤消毒器与液体过滤消毒器。本章主要对这两种方法的工作原理、常用结构及验证方法进行介绍。

第一节　空气过滤消毒器

空气过滤消毒器广泛应用于医院、药品生产、食品生产等对空气中细菌、病菌控制要求极高的场所。另外，随着人们生活水平和办公条件的提高，对家居环境及办公场所等人口密集区域的空气质量也提出了更高要求，越来越多家用空调和中央空调系统也都使用了空气过滤消毒器。

一、空气过滤消毒器工作原理

空气过滤消毒器工作原理有惯性撞击截留作用、拦截截留作用、布朗扩散截留作用等。

1. 惯性撞击截留作用

当含有微生物颗粒的空气通过滤层时，空气流仅能从纤维间的间隙通过，由于纤维纵横交错，层层叠叠，迫使空气流不断改变运动方向和速度。由于微生物颗粒的惯性大于空气，因而当空气流遇阻而绕道前进时，微生物颗粒未能及时改变它的运动方向，而撞击并被截留于纤维的表面。

2. 拦截截留作用

当空气通过过滤层的气速较低时，惯性撞击截留作用很小，拦截截留作用起主要作用。当微粒直径小、质量轻，随气流运动慢慢靠近纤维时，微粒所在主导气流流线受纤维所阻改变流动方向，绕过纤维前进，并在纤维的周围形成一层边界滞留区，滞留区的气流流速更慢，进到滞留区的微粒慢慢靠近和接触纤维而被黏附截留。拦截截留的截留效率与气流的雷诺准数和微粒同纤维的直径比有关。

3. 布朗扩散截留作用

当空气通过过滤层时，直径很小的微粒在缓慢流动的气流中，会有明显的布朗运动，促使微粒和纤维接触和被捕集。这种作用在较大的气速、较大的纤维间隙中不起作用，因为此时布朗运动不明显。

二、过滤介质种类

1. 玻璃纤维纸

以质量较好的无碱玻璃采用喷吹法制成直径很小的纤维（Φ1～1.5μm），由于纤维特别细小，故不宜散装填充，而采用造纸的方法做成0.25～1mm厚的纤维纸。一般应用时需将3～6张滤纸叠在一起使用。

玻璃纤维纸很薄，纤维间的孔隙为1～1.5μm，厚度约为0.25～0.4mm，密度为2600kg/m^3，堆积密度为384kg/m^3，填充率为14.8%。

优点：过滤效率高，对于>0.3μm的颗粒的去除率为99.99%以上，同时阻力比较小，压降较小。

缺点：强度不大，特别时受潮后强度更差。为了增加强度，在纸浆中加入7%～50%的木浆。

2. 纤维状或颗粒状过滤介质

（1）棉花：常用的过滤介质，通常使用脱脂棉，有弹性，纤维长度适中。一般填充密度为130～150kg/m^3，填充率为8.5%～10%。

（2）玻璃纤维：纤维直径小，不易折断，过滤效果好。纤维直径为5～19μm，填充密度为130～280kg/m^3，填充率为5%～11%。

（3）活性炭：要求活性炭质地坚硬，不易压碎，颗粒均匀，装填前应将粉末和细粒筛去。常用小圆柱体的颗粒活性炭，大小为Φ（3×10）～（3×15）mm，密度1140kg/m^3，填充密度为470～530kg/m^3，填充率44%。

缺点：体积大，占用空间大，操作困难，装填介质时费时费力，介质装填的松紧程度不易掌握，空气压降大，介质灭菌和吹干耗用大量蒸汽和空气，另外更换玻璃纤维类介质时碎末飞扬，影响操作人员身体健康。

3. 微孔滤膜类过滤介质

微孔滤膜类过滤介质的空隙小于0.5μm，甚至小于0.1μm，能将空气中细菌真正滤去，即绝对过滤。

特点：易于控制过滤后的空气质量，节约能量和时间，操作简便。

三、过滤器结构

1. 深层棉花（活性炭、玻璃纤维）过滤器

深层棉花过滤器是立式圆筒形，内部充填过滤介质，空气由下向上通过过滤介质，以达到除菌的目的。

填充物按下列顺序安装：孔板—铁丝网—麻布—棉花—麻布—活性炭—麻布—棉花—麻布—铁丝网—孔板（图3-1）。

其中：金属丝网和麻布的作用是使空气均匀进入棉花滤层；夹套的作用为灭

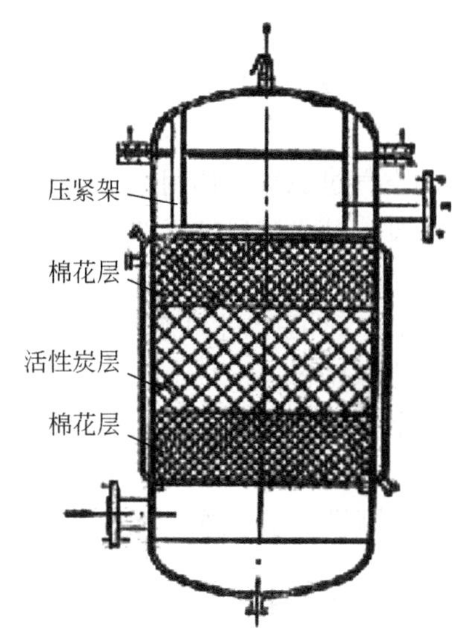

图 3-1　深层棉花过滤器示意图

菌，在消毒时对过滤介质加热，要十分小心控制，温度过高容易使棉花焦化而局部丧失过滤效率，甚至有烧焦着火的危险。

2. 平板式纤维纸分过滤器

空气从筒身中部切线方向进入，空气中的水雾沉入筒底，由排污管排出，空气经缓冲层通过下孔板经薄层介质过滤后，从上孔板进入顶盖排气孔排出（图 3-2）。金属丝网和麻布的作用是使空气均匀进入滤层。

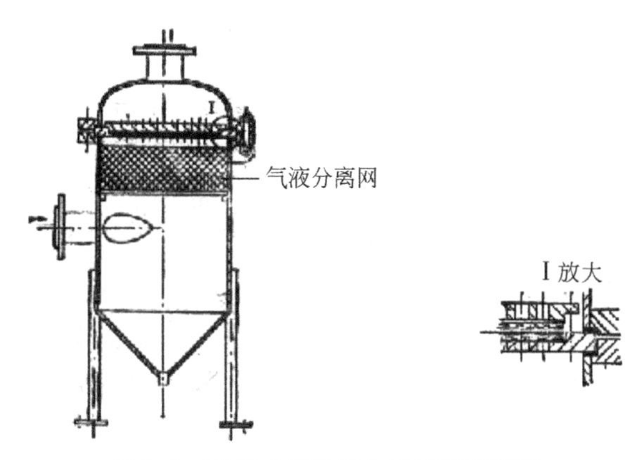

图 3-2　平板式纤维纸分过滤器示意图

四、提高过滤除菌效率的措施

（1）设计合理的空气预处理设备，选择合适的空气净化流程，以达到除油、水和杂质的目的。

（2）设计和安装合理的空气过滤器，选用除菌效率高的过滤介质。

（3）保证进口空气清洁度，减少进口空气的含菌数。方法如下：

①加强生产场地的卫生管理，减少生产环境空气中的含菌数；②正确选择进风口，压缩空气站应设上风口；③提高进口空气的采气位置，减少菌数和尘埃数；④加强空气压缩前的预处理。

（4）降低进入空气过滤器的空气相对湿度，保证过滤介质在干燥状态下工作。方法如下：

①使用无润滑油的空气压缩机；②加强空气冷却和去油去水；③提高进入过滤器的空气温度，降低其相对湿度。

第二节 液体过滤消毒器

采用过滤法去除液体中细菌的最大好处在于该技术在除菌的同时能有效地维护过滤物的物理、化学和生物学稳定性。采用过滤技术除菌的最早记录可追溯到巴斯德时代（1884 年），但直至第二次世界大战（1942 年前后）才开始商业化生产和使用。过滤消毒技术的发展主要经历了从当初的瓷质滤柱（porcelain filter cartridge），到石棉纤维夹层（asbestos cellulose layers），再到现在的薄膜过滤（membrane filters）三个主要阶段。当初商业化生产的除菌级薄膜过滤器的孔径为 0.45μm。此类薄膜过滤器曾被广泛用于滤除生物制品和液体药品中的细菌、酵母、霉菌和其他非生物颗粒物。并采用黏质沙雷氏菌作为标准菌株检查和确认过滤器的除菌效果。但是在 20 世纪 60 年代后期，美国 FDA Bowman 博士发现一种从蛋白质溶液中分离出来的微小细菌，当其在孔径为 0.45μm 滤膜上的挑战密度达到 $10^4 \sim 10^6$ 个/cm^2 时，会有细菌穿过滤膜。后来该细菌被命名为缺陷短波单胞菌。从此，滤孔更加致密（0.2μm 或 0.22μm）的滤膜被应用于过滤消毒。微小短波单胞菌也被相应地用做检验除菌级过滤器的标准菌株。最近，一种能透过 0.1μm 过滤器的细菌被发现于 Genentech 生物科技公司的细胞培养基中，预示过滤消毒器的级别要求可能会被进一步提高，或者要求在工艺中增加其他附加措施（如巴氏消毒、紫外线消毒）监测并控制这些微小细菌（图 3-3）。

图 3-3　液体过滤器示意图

一、液体过滤的基本原理

当液体流过一个过滤器时，液体中的颗粒物主要以两种方式被过滤器截留。

一种就是我们日常所见到的筛留，过滤器将那些物理直径大于过滤器孔径的颗粒物直接阻挡在过滤器的表面或捕获在过滤器的网状基质里。

另一种是吸附性截留，虽然颗粒物的直径小于或等于过滤孔径，但是过滤器可以将这些小的颗粒物吸附在滤孔里从而将液体中颗粒物滤除。吸附性截留的效果对微小颗粒物（如细菌细胞或生物大分子物质）更加显著。与筛留方式相比，吸附性截留效果受到更多因素的影响，包括过滤器上下游之间的压差、液体流速、颗粒物在液体中的含量、液体介质的表面张力、pH 和离子强度，以及过滤器材质的物理化学特性等。了解和考虑这些影响因素将有助于过滤器性能确认的顺利进行。

由于至今尚没有一个用来测定过滤器孔径大小的标准方法，过滤器的孔径分级对生产商和用户来说都是一个困惑。过滤消毒器的孔径分级是以一个过滤器能有效截留并滤除某种特定微生物菌株的能力为依据，而不是由过滤器的实际平均孔径和孔径分布状况来决定。尽管也有采用物理手段测量过滤器孔径的方法，但是不同生产厂家的测量方法差别很大。在制药工业，过滤器的定级方法是采用标准微生物菌株来检测过滤器的过滤性能。美国材料测试协会 ASTM 对除菌级过滤器有如下定义：在不超过30psi（2.07bar，$1bar=10^5$ Pa，后同）的压差下，每平方厘米的有效过滤表面能100%截留不低于10^7个微小短波单胞菌细胞的过滤器被称为过滤消毒器。根据生产商的习惯，这种过滤消毒器的名义孔径往往被定级为0.2μm或0.22μm。与0.2μm的过滤器相比，名义孔径为0.45μm的过滤器也能截留低浓度下的绝大多数微生物（每平方厘米有效过滤表面能100%截留不低于10^4～10^5个微小短波单胞菌细胞），此种过滤膜可用于最终灭菌产品在灌装前中间产品的过滤。它还多用于样品的微生物含量分析，因为在培养基上它更有利于截留微生物的恢复和生长。尽管对名义孔径为0.45μm的过滤器尚没有一个具体的定义标准，但是过滤器生产企业往往检测此类过滤器在试验压差为5 psi（0.34bar）下能否100%截留黏质沙雷氏菌为依据，或者检测过滤器能否截留一定数量的微小短波单胞菌细胞。在实际生产中，有些液体可能会含有比微小短波单胞菌更小的微生物，如支原体。这时需要采用名义孔径更小的过滤器，如0.1μm。定义此类过滤器的孔径级别时往往需要采用一种名叫Acholeplasma laidlawii的细菌或其他支原体。但是，目前尚没有标定此类过滤器孔径级别的统一标准或方法。

以截留微生物能力为依据的名义孔径级别不同于采用其他方法（如采用不同直径的乳胶小球）测得的孔径级别。希望在不久的将来，能采用统一的方法（如在标准条件下截留某种特定微生物的能力）评估和定义所有过滤器的过滤性能。这样将有利于评估和确认同级别过滤器在不同生产条件下的过滤性能。

另外，在生物制药领域，有些工艺常常会要求过滤比细菌更微小的颗粒物或化合物。根据具体工艺要求，不同级别类型的过滤器被开发并成功应用于生产。

二、液体过滤消毒器的设计

对于非最终灭菌工艺，过滤消毒通常是唯一的除菌手段，所以是真正意义上的过滤消毒。一般对过滤前的药液的微生物污染更需严格控制。常见的控制要求为：药液微生物污染水平不高于10CFU/100mL。如果过滤前药液的微生物污染水平高于这一水平，一般需要在过滤消毒器前加装微生物污染水平降低过滤器，保证在最后一步过滤消毒器之前，微生物污染水平降低到这一水平之下。生产企业在检测微生物数量的同时，应该对微生物污染的种类进行研究和调查。在过滤器微生物挑战中，一般使用大小约0.31μm×0.68μm的缺陷性假单孢菌作为挑战细菌。如果在过滤前微生物污染种类调查中发现比缺陷性假单孢菌更小的微生物，应该考虑是否需要额外增加这种发现的微生物的微生物挑战性试验，作为补充验证。对于高风险的非最终灭菌的产品，一般推荐采用双极过滤的模式，提高无菌保证度。在双极过滤之中，后部的，即更加靠近使用点的过滤器，称为“主过滤消毒器”或“主过滤器”。主过滤器之前的过滤消毒器称为“冗余过滤器”，目的是“主过滤器”的备份，当“主过滤器”在过滤后的完整性测试失败时，需要对“冗余过滤器”进行完整性测试。一旦通过，产品放行将不会受到影响。这种工艺也被称为“冗余过滤工艺”。

“主过滤器”和“冗余过滤器”一般都应该安装在C级以上区域。对过滤器的灭菌是成功实施过滤消毒的一个先决条件。灭菌方法不适当，滤膜及其他部件将会受到热量、机械、化学或物理等因素的影响而损坏。损坏的原因包括温度过高、压差过大等。因此，本设计倾向于121℃纯蒸汽灭菌30min。这种灭菌方法称为在线灭菌（SIP）。具体做法如下：对于SIP来说，从过滤器中排除冷凝水是非常关键的。虽然一些过滤器允许反向蒸汽灭菌，但在通常情况下还是建议灭菌时，蒸汽正向流动，以减少滤器损坏的概率。蒸汽压力必须缓慢逐渐增加，以减少对滤器的冲击，并有利于冷凝水的排除。为了控制滤器和系统内部灭菌温度，压力调节器必须适当地调节以达到设定的灭菌温度并使过滤器上下游的压力差最小。在整个灭菌周期中，在排气阀处维持一个很小的连续的蒸汽流是非常有益的。在整个SIP过程中，首先确认气体和蒸汽阀门处于关闭状态，戴好隔热手套，将蒸汽管路阀缓慢开启，保持进口蒸汽压力小于3psi（0.2bar）。当冷凝水从套筒底部排水阀排除后，部分关闭套筒底部排水阀。当有一小股蒸汽从套筒上部排气口排除后，将其几乎关闭（留一小股蒸汽：指蒸汽从阀门冲出15cm），检查上下游压差，不得大于5psi（0.3bar）。逐渐关闭下游排水阀，可以看到一小股蒸汽从该阀门排出，观察进口压力和压差，确认数值在滤芯厂家产品保证书推荐的范围以内。开大蒸汽进口阀并控制其压力为8～10psi（0.7bar），调节滤器套筒上部排气阀、底部排水阀和下游排水阀，直到这几处都有一小股蒸汽排出。当温度显示达到121℃时，开始记录灭菌时间，维持30min后，灭菌结束。关闭滤器套筒上部排气阀、底部排水阀和下游排水阀，关闭蒸汽阀门。灭菌完成后，一般要通过引入空气或氮气对系统进行降温。降温时，保持正压非常关键。如工艺需要滤器系统，这种气体就要能够顺利流过所有冷凝水排放点，直到系统干燥并冷却至工作温度。开启气体进口阀门，检查系统压差，保持过滤器上下游压差小5psi（0.3bar）。使用气体吹扫冷却至室温。

第三节　验　　证

一、验证概述

过滤消毒验证包含过滤消毒器本身的性能确认和过滤工艺验证两部分。过滤消毒器性能确认和过滤工艺验证，两者很难互相替代，应独立完成。

过滤消毒器本身的性能确认一般由过滤器生产商完成，主要的确认项目包括微生物截留测试、完整性测试、生物安全测试（毒性测试和内毒素测试）、流速测试、水压测试、多次灭菌测试、可提取物测试、颗粒物释放测试和纤维脱落测试等。

过滤工艺验证是指针对具体的待过滤介质，结合特定的工艺条件而实施的验证过程，一般包括细菌截留试验、化学兼容性试验、可提取物或浸出物试验、安全性评估和吸附评估等内容。如果过滤后，以产品作为润湿介质进行完整性测试，还应进行相关的产品完整性测试验证。过滤消毒工艺验证可以由过滤器的使用者或委托试验检测机构（例如，过滤器的生产者或第三方实验室）完成，但过滤器使用者应最终保证实际生产过程中操作参数和允许的极值在验证时已被覆盖，并有相应证明文件。

不同过滤器生产商的验证文件一般是不能相互替代的，同一生产商的同一材质的过滤消毒验证文件往往也不能直接互换，除非有合理的声明或文件支持。如果在生产过程中有两个或以上不同生产商提供同一材质或者不同材质的过滤器，或同一生产商的同一材质（不同的成膜工艺）的过滤器，验证应该分别进行。

二、细菌截留试验

细菌截留试验的研究目的是模拟实际生产过滤工艺中的最差条件，过滤含有一定量挑战微生物的产品溶液或者产品替代溶液，以确认过滤消毒器的微生物截留能力。

缺陷型假单胞菌（直径大约为0.3～0.4μm，长度0.6～1.0μm，必须是单一的、分散的细胞），是过滤消毒验证中细菌截留试验的标准挑战微生物。在有些情况下，缺陷型假单胞菌不能代表最差条件，则需要考虑采用其他细菌。如果使用其他细菌，应保证该细菌足够细小，以挑战除菌级过滤器的截留性能，并能代表产品及生产过程中发现的最小微生物。

在过滤消毒验证中使用滤膜还是滤器，取决于验证的目的。如果微生物截留试验的目的是验证过滤工艺中特定膜材的细菌截留效能，那么使用滤膜是能满足需要的。微生物截留试验中所用的滤膜必须和实际生产中所用过滤器材质完全相同，并应包括多个批次（通常三个批次）。其中至少应有一个批次为低起泡点（低规格）滤膜。为了在微生物挑战试验中实施最差条件，一般需要使用完整性测试的数值非常接近过滤器生产商提供的滤器完整性限值的滤膜（例如不高于标准完整性限值的110%）。如果在验证中没有使用低起泡点滤膜，那么在实际生产中所使用的标准溶液滤膜/芯起泡点值，必须高于验证试验中实际使用的滤膜的最小起泡点值。

微生物截留试验应选择0.45μm孔径的滤膜作为每个试验的阳性对照。挑战微生物的尺寸需要能够穿透过0.45μm的滤膜，以证明它培养到合适的大小和浓度。三个不同批号的0.22μm（或0.2μm）测试滤膜和0.45μm的对照滤膜都需在一个试验系统中平行在线进行挑战试验。

应尽可能将挑战微生物直接接种在药品中进行细菌挑战。但是药品和/或工艺条件本身可能会影响挑战微生物的存活力，因此在进行细菌截留实验之前，需要确认挑战微生物于工艺条件下在药品中的存活情况，以确定合理的细菌挑战方法，也即活度实验（生存性实验）。如果使用替代溶液进行试验，需要提供合理的数据和解释。对于同一族产品，即具有相同组分而不同浓度的产品，可以用挑战极限浓度的方法进行验证。过滤温度、过滤时间、过滤批量和压差或流速会影响细菌截留试验的结果。

三、可提取物或浸出物试验

浸出物存在于最终原料药和药品中，通常包含在可提取物内，但由于分离和检测方法的限制以及浸出物的量极小，很难被定量或定性。应先获得最差条件下的可提取物数据，将其用于药品的安全性评估。可提取物反映了浸出物的最大可能，无论是否要做浸出物试验，可提取物的测试和评估都非常重要。

可提取物试验在选择模型溶剂之前必须对产品（药品）处方进行全面的评估。用于测试的模型溶剂应能够模拟实际的药品处方，同时与过滤器不应有化学兼容性方面的问题。通常应具有与产品相同或相似的理化性质，如pH、极性或离子强度等。如果使用了模型溶剂或几种溶液合并的方式，则必须提供溶液选择的合理依据。

可提取物试验可以用静态浸泡或循环流动的方法，其影响因素包括灭菌方法、冲洗、过滤流体的化学性质、工艺时间、工艺温度、过滤量与过滤膜面积之比等。使用最长过滤时间、最高过滤温度、最多次蒸汽灭菌循环、增加伽玛辐射的次数和剂量都可能会增加可提取物水平。可提取物试验应使用灭菌后的滤器来完成。用于试验的过滤器尽量不进行预冲洗。

可提取物和浸出物的检测方法包括定量和定性两类。如非挥发性残留物（NVR）、紫外光谱、反相高效液相色谱法（RP-HPLC）、傅里叶变换红外光谱法（FTIR）、气相色谱-质谱（GC-MS）、液相色谱-质谱（LC-MS）、总有机碳分析（TOC）等。为了保证分析方法的可靠性，需对分析方法进行验证或确认。选择哪几种分析方法，取决于实际的药品和生产工艺以及过滤器生产商对过滤器的充分研究。

在完成可提取物或者浸出物试验后，应针对过滤器可提取物或浸出物的种类和含量，结合药品最终剂型中的浓度、剂量大小、给药时间、给药途径等对结果进行安全性评估，以评估可提取物和浸出物是否存在安全性风险。

四、化学兼容性试验

化学兼容性试验用来评估在特定工艺条件下，待过滤介质对过滤装置的化学影响。

化学兼容性试验应涵盖整个过滤装置，不只是滤膜。试验的设计应考虑待过滤介质性质、过滤温度和接触时间等。试验过程中的过滤时间应达到或者超过实际生产过程的最长工艺时间，过滤温度应达到或者超过生产过程的最高温度。

化学兼容性试验检测项目一般包括：过滤器接触待过滤介质前后的目视检查；过滤过程中流速变化；滤膜质量/厚度的变化；过滤前后起泡点等完整性测试数值的变化；滤膜拉伸强度的变化；滤膜电镜扫描确认等。应基于对滤膜和滤器材料的充分了解，综合选择上述多种检测方法。

1. 吸附试验

待过滤介质中的某些成分黏附在滤器上的过程，可能影响待过滤介质的组成和浓度。过滤器中吸附性的材料包括滤膜、外壳和支撑性材料。流速、过滤时间、待过滤介质浓度、防腐剂浓度、温度和 pH 等因素都可能影响吸附效果。

2. 基于产品完整性试验

应明确过滤器使用后完整性测试的润湿介质。如果采用的润湿介质为药液，则应进行产品相关完整性标准的验证以支持该标准的确定。实验室规模下按比例缩小的研究是产品完整性试验的第一部分。第二部分是在实际工艺条件下定期监测产品起泡点或者产品扩散流的趋势，作为验证的一部分。

五、再验证

完成过滤工艺的验证之后，还应当定期评估产品性质和工艺条件，以确定是否需要进行再验证。产品、过滤器、工艺参数等变量中任何一个发生改变，均需要评估是否需要再验证。至少（但不限于）对以下内容进行评估，以决定是否需要开展再验证：单位面积的流速高于已验证的流速；过滤压差超过被验证压差；过滤时间超过被验证的时间；过滤面积不变的情况下提高过滤量；过滤温度变化；产品处方改变；过滤器灭菌条件或者灭菌方式改变；过滤器生产商改变，过滤器生产工艺的变更，或者过滤器的膜材或结构性组成发生改变。

六、气体过滤验证

除了上述液体过滤消毒的验证，对于气体过滤的验证，过滤器使用者应首先评估过滤器生产商的验证文件是否已经能覆盖实际生产中的不同应用。应对气体过滤器的使用寿命以及更换频率进行评估。评估应从过滤器完整性、外观、灭菌次数、工作的温度、使用点等方面考虑。

七、一次性过滤系统验证

一次性过滤系统除过滤器外，通常还包含其他组件。在验证时应充分考虑其他组件对工艺和产品的安全性及有效性的影响。

小　结

过滤消毒器分为空气过滤消毒器与液体过滤消毒器两大种类。

空气过滤消毒器工作原理包括惯性撞击截留作用、拦截截留作用、布朗扩散截留作用等。通常采用玻璃纤维纸、纤维状或颗粒状过滤介质或微孔滤膜类作为过滤介质。

液体过滤消毒器工作原理主要包括筛留和吸附性截留两种。

过滤器的验证需要确认项目包括微生物截留测试、完整性测试、生物安全测试（毒性测试和内毒素测试）、流速测试、水压测试、多次灭菌测试、可提取物测试、颗粒物释放测试和纤维脱落测试等。

（郑　露）

第四章　热力消毒器

人类用热力进行消毒、灭菌和防腐保存历史悠久。原始人和古代人在实践中就懂得用火加热食物，让食物既美味又不易腐败变质。19世纪人们认识微生物后，杀菌防病更有了针对性，利用热力防止感染的方法和设备不断得到改进和发展，至今仍被认为是最方便、可靠，且在物品上不残留有害物质的消毒与灭菌方法之一。

热力可以杀灭一切微生物，包括细菌繁殖体、真菌、病毒和细菌芽孢。因此，热力消毒和灭菌在各行各业中得到广泛应用，包括医疗卫生、药品、生物制品、食品加工、发酵工业、预防保健、种植养殖等各个领域。

热力分为干热与湿热，两者对微生物均有很好的杀灭作用。湿热与干热的区别在于灭菌处理时，加热环境和微生物细胞的湿度水平有所不同。“湿热”加热，指微生物内部与加热环境均处于湿度饱和状态的加热。此时，微生物与纯水或饱和蒸汽呈平衡状态。“干热”加热，则用于指加热环境中无水，或不足以达到湿度饱和状态的加热，或刚刚低于饱和状态。

高温能使蛋白质分子运动加速，互相撞击，可致连接肽链的副键断裂，使其分子由有规律的紧密结构变为无秩序的、散温结构，大量的疏水基暴露于分子表面，并互相结合成为较大的聚合体而凝固、沉淀。湿热与干热对微生物蛋白质破坏的机制不同，湿热主要是通过凝固其蛋白质，而干热则是对其强氧化作用。热不仅破坏微生物的酶蛋白和结构蛋白，而且可以灭活微生物的核酸，使微生物新陈代谢和遗传物质受到破坏死亡，从而达到消毒与灭菌的目的。

湿热与干热的消毒与灭菌方法，虽都是利用热的作用灭活微生物，但由于本身的性质与传导介质不一样，因此在消毒与灭菌中的特点亦有所不同。干热具有良好的穿透能力，可使微生物蛋白氧化、变性、炭化及使电解质浓缩而导致其死亡，可用于畏湿耐高热物品、湿热难以穿透物品，干粉、油脂、金属、玻璃；废弃物品、垃圾等物品的消毒与灭菌。常用的干热消毒或灭菌方法有暴晒、热空气加热、红外线加热、传导加热、强光加热、烧灼、焚毁等。湿热的杀菌能力在热力中最强，常用于处理耐热、耐湿的物品。其使用方便，效果可靠，在医药、食品工业消毒与灭菌中使用广泛，是医院供应室的无菌器材首选的灭菌方法。湿热消毒与灭菌的方法很多，包括煮沸消毒、流通蒸汽消毒、巴氏消毒、低温蒸汽消毒、湿热清洗消毒、间歇灭菌及压力蒸汽灭菌。

目前，使用最为广泛的热力消毒器为压力蒸汽灭菌器。压力蒸汽灭菌器按照样式分为手提式压力蒸汽灭菌器、立式压力蒸汽灭菌器、卧式压力蒸汽灭菌器等。此外，使用最为广泛的干热消毒器是干燥箱，包括电热干燥箱、远红外线干燥箱等。下面分别介绍。

第一节　立式压力蒸汽灭菌器

一、消毒器的构造

立式压力蒸汽灭菌器为灭菌室容积不小于 30 L 且开口向上的蒸汽灭菌器，按控制方式分为自动控制型和手动控制型。手动控制型蒸汽灭菌器采用手动方式设定与调节灭菌参数变量以及进行灭菌周期的运行，以实现灭菌的蒸汽灭菌器，包括纯手动控制型和半自动控制型；自动控制型蒸汽灭菌器是根据预设定的灭菌参数变量，控制灭菌过程按顺序自动运行的蒸汽灭菌器。灭菌器按气体置换方式分为下排汽式和预真空式。按蒸汽供给方式分为自带蒸汽发生器和外接蒸汽式。按灭菌室结构形式分为带夹套结构和单层结构。灭菌器主要由压力容器及部件，蒸汽发生器，预真空系统（预真空式），空气过滤器，温度、压力控制系统，温度、压力指示装置及定时器、周期计数器等构成，如图 4-1 和图 4-2 所示。

图 4-1　立式压力蒸汽灭菌器实物图

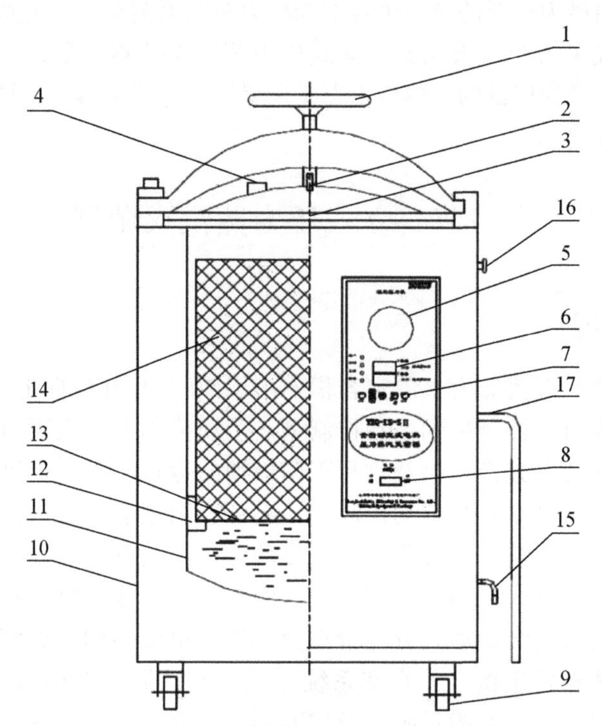

图 4-2　立式压力蒸汽灭菌器构造示意图

1. 手轮；2. 安全阀；3. 容器盖；4. 联锁装置；5. 压力表；6. 温度/时间显示；7. 工作键；8. 电源开关；9. 脚轮；10. 外壳；11. 外桶；12. 搁脚；13. 挡水板；14. 灭菌网篮；15. 放水阀；16. 手动放汽阀；17. 放汽管

二、消毒器的工作原理

压力蒸汽灭菌器的关键技术是在灭菌前需排除柜室内的冷空气，因为冷空气导热性差，阻碍蒸汽接触待灭菌物品，并且可降低蒸汽气压，使之不能达到应有的温度。因此，根据灭菌器排除灭菌舱内冷空气的方式，压力蒸汽灭菌器分为下排气式灭菌器和预真空式灭菌器。

下排气式灭菌器的工作原理：利用重力置换（蒸汽密度明显低于冷空气），使热蒸汽在灭菌器中从上而下，将冷空气由灭菌器底部排气孔排出，排出的冷空气由饱和蒸汽取代。此类灭菌器设计简单，但空气排除不彻底，温度不宜超过126℃，所需灭菌时间较长。

预真空式灭菌器工作原理是利用机械抽真空的方法，首先将灭菌器内冷空气用抽气泵抽出98%以上，使灭菌柜室内形成负压，蒸汽得以迅速穿透到物品内部进行灭菌。灭菌器内蒸汽压力达205.8kPa（2.1kg/cm^2），温度达132℃或以上。根据一次性或多次抽真空的不同，分为预真空和脉动真空两种，后者因多次抽真空，空气排除更彻底，效果更可靠。此类灭菌器空气排除彻底，热力穿透迅速，可在较高温度（132～134℃）进行灭菌，所需灭菌时间短。

三、消毒器的使用方法

灭菌操作程序应按压力蒸汽灭菌器生产厂家的操作使用说明书的规定进行。

四、消毒器的消毒因子

温度、湿热、压力。

五、消毒器的消毒机制

湿热能使微生物的蛋白质和酶变性或凝固（结构改变而导致功能丧失）；使细菌胞膜发生损伤、菌体核酸发生降解，致使细胞死亡。

六、消毒器杀灭微生物的效果

按行业标准 YY/T 1007—2018 中规定的灭菌效果试验进行试验。

1. 多孔渗透性负载灭菌效果试验

（1）选择要测试的灭菌周期；

（2）在空载情况下运行 1 个灭菌周期；

（3）将 1 个生物指示物放置于参考测量点上；

（4）将测试包的包装打开，并把 5 个生物指示物放在标准测试包中指定位置；

（5）将测试包放置在灭菌室水平面的几何中心，离灭菌室内壁至少 50mm 以上；

（6）将第 7 个生物指示物固定于距测试包的上表面 50mm 的垂直中心处；

（7）再运行 1 个灭菌周期；

（8）灭菌周期完成后，按生物指示物制造商的使用说明书的规定培养至少 8 个生物指示物，观察培养结果。

2. 实心负载灭菌效果试验

（1）将 4 支生物指示物放在负载存放温度传感器的位置，选择合适的密封包装方式，确保包装在整个灭菌周期中是密封的；

（2）检查灭菌维持时间是否超过生物指示物规定的维持时间，否则应调整灭菌时间；

（3）按照使用说明书将负载放入灭菌器可用空间内；

（4）运行 1 个灭菌周期；

(5) 灭菌周期完成后，按生物指示物制造商使用说明书的规定培养生物指示物，观察培养结果。

3. 液体灭菌效果试验

(1) 将装有生物指示物和导热媒介的密封安瓶瓶分别放置在烧杯中，其位置应悬挂在烧杯的中心位置；

(2) 安瓶瓶放置的位置应同时放置温度传感器；

(3) 烧杯用透气的盖子封好；

(4) 运行对应的液体灭菌周期，并记录各传感器所测得的温度值，试验过程烧杯中水的损失量应不超过50mL；

(5) 在灭菌周期完成后，按生物指示物制造商的使用说明书的规定培养经处理的生物指示物，及一个未经处理的生物指示物（阳性对照），观察培养结果。

试验结果应符合以下要求：按生物指示物制造商的规定培养生物指示物，未经处理的生物指示物在相同的条件下进行培养时，应具有生物活性。经过1个灭菌周期后应确保暴露的生物指示物不再具有生物活性。

七、消毒器消毒过程的监测方法

1. 生物指示剂监测

压力蒸汽灭菌效果评价最准确、最可靠的方法就是生物指示剂监测方法，所用指示菌为嗜热脂肪杆菌芽孢（ATCC 7953或SSIK 31）。目前常用的生物指示剂有菌片、自含式生物指示剂管和快速生物指示剂管。生物指示物由于使用较麻烦，且不能及时得出结果，不作为常规检测方法。除按要求进行定期检测外，大多情况只用于新的设备投入使用前和设备检修后；用新的包装容器灭菌时及新器材进行灭菌时使用以及定期监测。

监测方法监测时将生物指示物按要求放于标准检测包或待灭菌包中心，放入灭菌器内指定位置，经过一个规定的灭菌周期后，将生物指示剂取出培养。

2. 化学监测

化学监测是利用化学指示剂在一定温度、作用时间与饱和蒸汽适当结合的条件下受热变色的特点，用于间接指示灭菌效果或灭菌过程的监测方法。化学指示剂的设计是用生物指示剂菌种的耐热参数为依据，以压力蒸汽灭菌的温度和时间（下排气式121℃、20min，预真空式132℃、3min）为标准制作而成。由于在灭菌后可立即报告结果，常用于日常压力蒸汽灭菌效果的监测。化学指示剂常用的有3种：

指示胶带、标签只是指示是否经过压力蒸汽灭菌处理，不能指示灭菌效果。使用时应贴在检测包或灭菌物品外，要求每个待灭菌包外都应该贴。

指示卡可以指示压力蒸汽灭菌温度和持续作用时间及蒸汽饱和程度，以间接指示灭菌效果。监测时应放于测试包或待灭菌包内中心。每次灭菌都要使用，每包必用。灭菌后指示色块达到标准颜色为合格，出现包内指示卡不合格，应找出原因，重新灭菌处理直到合格为止。用化学指示卡监测时，应注意选用与灭菌温度相适应的指示卡，以卫生许可批件批准规定为准，否则不能混用。

B-D试纸仅用于测试预真空或脉动真空灭菌器内冷空气团，以了解灭菌器的排除冷空气的性能。灭菌器每日开始灭菌运行前进行B-D测试，合格后方可使用。

3. 物理监测

使用留点温度计、温度压力记录仪进行监测。每次灭菌应连续监测并记录灭菌时的温度、压力和时间等灭菌参数。温度波动范围在+3℃以内，时间满足最低灭菌时间的要求，同时记录所有临界点的时间、温度与压力值，结果应符合灭菌的要求。

八、影响消毒器作用效果的因素

1. 细菌生长和形成芽孢的条件

在消毒与灭菌中，不仅各种微生物对热的耐受力不同，即使同样的菌（毒）种，若生长（或培养）和形成芽孢的条件不同，其对热抗力也不同。培养基不同，可使培养出的细菌对热的抵抗力有很大差别。同样，形成芽孢的温度变化亦可产生类似结果。嗜热菌和大多数嗜温菌在其生长温度上限时形成的芽孢，抗热能力最强，而梭状杆菌芽孢反倒在低于生长温度下限时形成的芽孢，抗热能力最强。

2. 温度

在热力杀菌中温度愈高，所需时间愈短。

3. 湿度

细菌原生质的水活性（aw）与其所悬浮溶液的水活性相当，如果悬浮在空气（或其他气体）中，则与该空气（或其他气体）的相对湿度相当。有A、B两种细菌芽孢，A对热抵抗力较差，B的耐热抵抗力较强，当两者aw值为1.0时，B的D_{10}值远高于弱的A菌株。但当aw值下降时，其对热的抵抗力均有上升，当aw值到中等程度的0.2～0.4时，达到高峰。此时两者对热的抵抗力相差明显缩小，D_{10}值继续下降，但仍远高于湿度饱和（aw值为1.0）时者。同样，细菌繁殖体和酵母菌的aw值对其对热抗力的影响亦与芽孢相似。

4. 酸碱度（pH）

细菌芽孢在pH为7时，对热有强耐受性，但在酸性介质中可被迅速杀灭。

5. 穿透力

为使热能杀灭微生物，必须使热接触到微生物，因此如何使热穿透到物品中心或包装内部是非常重要的。使用压力蒸汽进行灭菌时，热蒸汽进入灭菌器柜室中，只在原有冷空气排出后才能彻底穿透接触到隐藏深处的微生物。为此，使热力迅速穿透，必须创造条件让冷空气排出的出路。同样，使蒸汽穿透到物品包裹或容器中时，亦必须使包裹或容器内部原有冷空气能够排出才能保证灭菌的成功。与微生物混在一起的杂质，亦可影响热的穿透。例如凝固的血液、干结的痰和粪便均可阻挡热的穿透和直接接触微生物。油脂可影响蒸汽的穿透，因此凡士林和油纱布等不宜用压力蒸汽灭菌。

6. 有机物混在血液、血清、蛋白质等物质内的微生物对热的抵抗力增加

热力杀灭脂肪内的芽孢比在磷酸盐缓冲液中的芽孢困难得多。当微生物受到有机物保护时需要提高温度或延长加热时间，才能取得可靠的消毒或灭菌效果。

九、注意事项

（1）空气排除不彻底可直接导致灭菌失败。

（2）灭菌物品的清洗和包装：灭菌前应严格进行仔细彻底地清洁去污，以确保灭菌效果，物品洗涤后，应干燥并及时包装。包装材料应允许物品内部空气的排出和蒸汽的透入。市售普通铝饭盒与搪瓷盒，不得用于装放待灭菌的物品，应用自动启闭式或带通气孔的器具装放；常用的包装材料包括全棉布、一次性无纺布、一次性复合材料（如纸塑包装）、带孔的金属或玻璃容器等。对于一次性无纺布、一次性复合材料必须经国家卫生行政部门批准后方可使用。新包装材料在使用前，应先用生物指示物验证灭菌效果后方可使用。包装材料使用前应放在温度 18～22℃，相对湿度 35%～70% 条件下放置 2h，仔细检查有无残缺破损；布包装层数不少于两层。用下排气式压力蒸汽灭菌器的物品包，体积不得超过 30cm×30cm×25cm；用于预真空和脉动真空压力蒸汽灭菌器的物品包，体积不得超过 30cm×30cm×50cm。金属包的质量不超过 7kg，敷料包不超过 5kg；新棉布应洗涤去浆后再使用；反复使用的包装材料和容器，应经清洗后才可再次使用；盘、盆、碗等器皿类物品，尽量单个包装；包装时应将盖打开；若必须多个包装在一起时，所用器皿的开口应朝向一个方向；摞放时，器皿间用吸湿毛巾或纱布隔开，以利蒸汽渗入；灭菌物品能拆卸的必须拆卸，如对注射器进行包装时，管芯应抽出。必须暴露物品的各个表面（如剪刀和血管钳必须充分撑开）以利灭菌因子接触所有物体表面。有筛孔的容器，应将盖打开，开口向下或侧放。管腔类物品如导管、针和管腔内部先用蒸馏水或去离子水润湿，然后立即灭菌；物品捆扎不宜过紧，外用化学指示胶带贴封，灭菌包每大包内和难消毒部位的包内放

置化学指示物。

(3)物品勿装载过满：下排气灭菌器的装载量不得超过柜室内容量的80%；同时预真空和脉动真空压力蒸汽灭菌器的装载量又分别不得小于柜室容积的10%和5%，以防止“小装量效应”，残留空气影响灭菌效果；应尽量将同类物品放在一起灭菌，若必须将不同类物品装放在一起，则以最难达到灭菌物品所需的温度和时间为准；物品装放时，上下左右相互间均应间隔一定距离以利蒸汽置换空气；难于灭菌的大包放在上层，较易灭菌的小包放在下层；金属物品放下层，织物包放上层，物品装放不能贴靠门和四壁，以防吸入较多的冷凝水；金属包应平放，盘、碟、碗等应处于竖立的位置；纤维织物应使折叠的方向与水平面成垂直状态；玻璃瓶等应开口向下或侧放以利蒸汽进入和空气排出；启闭式筛孔容器，应将筛孔的盖打开。

(4)灭菌后，不可立即开盖。应待自然冷却到60℃以下，再开门取物。

(5)加水量应适宜。水不能过多，过多的水在加热过程中容易弄湿待灭菌物品，成为“湿包”。加水过少则容易“空烧”，损坏灭菌器。

十、消毒器的应用范围

压力蒸汽灭菌器温度高，灭菌效果可靠，易于掌握和控制，被广泛地应用在医疗卫生和工农业各领域。在医疗卫生领域，用于耐热耐湿医用器材（约占医院灭菌量的80%）的处理，如常规金属器械、布类、橡胶、液体、玻璃等器材的灭菌，预真空式灭菌器在国内大中型医疗机构使用较多，尤其是三级甲等医院将其作为必备灭菌设备。大型综合型医院目前很少使用下排气灭菌器，只是液体和玻璃器皿类器材使用。该灭菌器已被用于感染性废弃物的灭菌。

第二节 卧式压力蒸汽灭菌器

一、消毒器的构造

卧式压力蒸汽灭菌器为可以装载一个或者多个灭菌单元、容积大于60L的大型蒸汽灭菌器。灭菌器按控制方式分为自动控制型和手动控制型；按蒸汽供给方式分为自带蒸汽发生器式和外接蒸汽式；按灭菌室内腔形状分为矩形和圆形；按灭菌器结构分为单门和双门。灭菌器主要由压力容器、管道、蒸汽源、装载装置、联锁装置、真空系统（预真空式）、空气过滤器、控制系统、故障显示系统、显示和记录装置等构成，如图4-3和图4-4所示。

图 4-3　卧式圆形压力蒸汽灭菌器实物图

图 4-4　卧式矩形压力蒸汽灭菌器实物图

二、消毒器的工作原理

同立式压力蒸汽灭菌器。

三、消毒器的使用方法

灭菌操作程序应按压力蒸汽灭菌器生产厂家的操作使用说明书的规定进行。

四、消毒器的消毒因子

温度、湿热、压力。

五、消毒器的消毒机制

同立式压力蒸汽灭菌器。

六、消毒器杀灭微生物的效果

手动控制型灭菌器按行业标准 YY/T 0731—2009 中规定进行试验。自动控制型按 GB 8599—2008 中规定进行试验。

1. 手动控制型灭菌器灭菌效果试验

（1）选择要测试的灭菌周期；

（2）在空载情况下运行 1 个灭菌周期；

（3）将 1 个生物指示物放置于参考测量点上；

（4）将标准测试包的包装打开，并把 5 个生物指示物放在标准测试包中指定位置，将测试包重新进行包装；

（5）将测试包放置在灭菌室水平面的几何中心，离灭菌室底水平面；高度为 100～200mm；对于只能处理 1 个灭菌单元的灭菌器，则将测试包放置在底水平面上；

（6）将第 7 个生物指示物固定于距测试包的上表面 50mm 的垂直中心处；

（7）再次运行 1 个灭菌周期；

（8）灭菌周期完成后，按生物指示物制造商的使用说明书的规定培养至少 8 个生物指示物，观察培养结果。

2. 橡胶负载灭菌效果试验

（1）泄漏试验合格后进行以下试验；

（2）选择要测试的灭菌周期；

（3）在空载情况下运行 1 个灭菌周期；

（4）将橡胶测试包放在最难灭菌的位置。余下的可用空间用每个装载有大约 2. 2kg 的天然橡胶制品的灭菌篮筐填满；

（5）运行1个灭菌周期；

（6）灭菌周期完成后，按生物指示物制造商的使用说明书的规定培养至少10个生物指示物，观察培养结果。

试验结果应符合以下要求：按生物指示物制造商的规定培养生物指示物，未经处理的生物指示物在相同的条件下进行培养时，应具有生物活性。经过1个灭菌周期后应确保暴露的生物指示物不再具有生物活性。

七、消毒器消毒过程的监测方法

同立式压力蒸汽灭菌器。

八、影响消毒器作用效果的因素

同立式压力蒸汽灭菌器。

九、注意事项

同立式压力蒸汽灭菌器。

十、消毒器的应用范围

卧式压力蒸汽灭菌器温度高，灭菌效果可靠，易于掌握和控制，被广泛地应用在医疗卫生领域，可用于医疗保健产品及其附件的灭菌。还有更大型的灭菌器容积可达数十立方米，主要用于工业生产。为适应特殊需要，还生产有特殊功能的灭菌器，例如，喷淋速冷式灭菌器、检漏灭菌器、等温灭菌器、两重控压灭菌器等。

第三节 手提式压力蒸汽灭菌器

一、消毒器的构造

手提式压力蒸汽灭菌器主要由灭菌容器、加热元件、电源开关、提拎把手、密封垫周、锁紧装置、安全阀、放汽阀、压力温度表和控制系统等构成，如图4-5和图4-6所示。灭菌器的加热方式分为电热式和其他加热式。灭菌温度不大于132℃。

二、消毒器的工作原理

采用电加热或外加热的方式，加热蒸馏水，获得高温高压饱和蒸汽，通过饱和蒸汽的热效应，进行迅速而可靠的消毒灭菌。其排除冷空气的方式为下排气式。

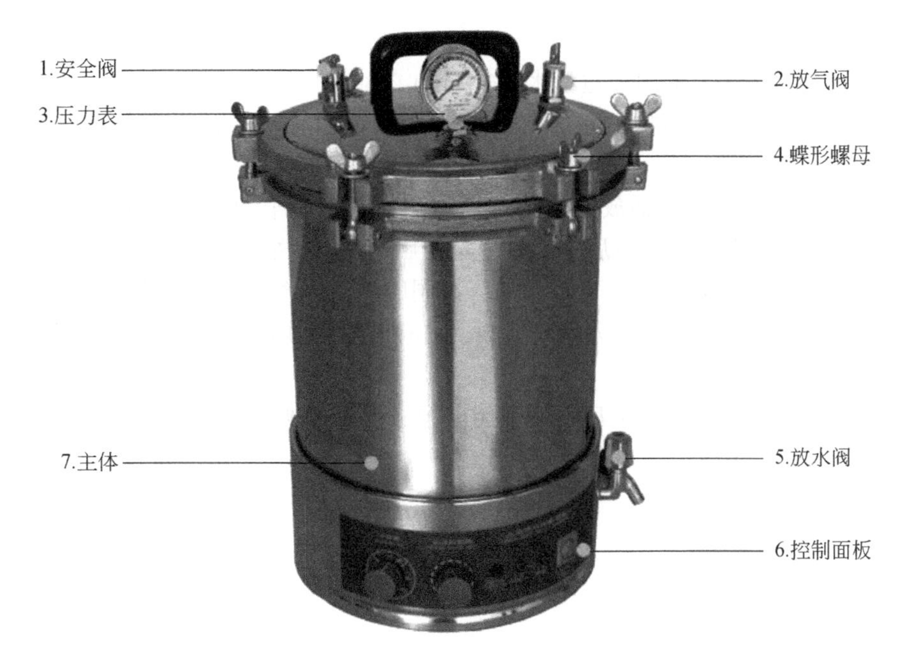

图 4-5　手提式压力蒸汽灭菌器实物部件图

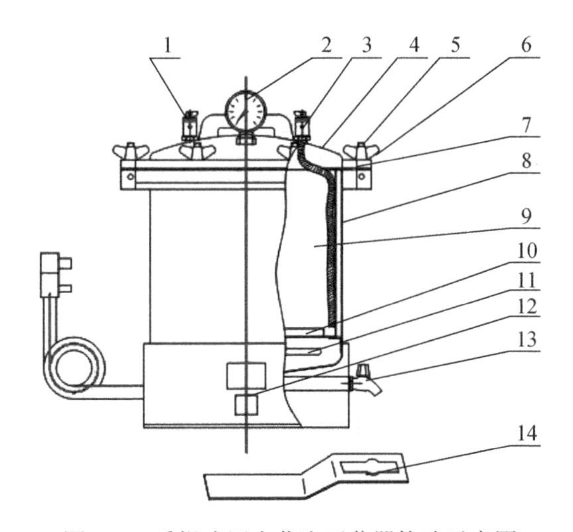

图 4-6　手提式压力蒸汽灭菌器构造示意图

1. 安全阀；2. 压力表；3. 放汽阀；4. 容器盖；5. 螺栓；6. 翼形螺母；7. 密封圈；8. 容器；9. 灭菌桶；10. 筛板；11. 电热管；12. 指示灯；13. 放水旋塞；14. 翼形螺母扳手

三、消毒器的使用方法

（1）加水：在容器内加适量水（3～4L）。

（2）堆放：将灭菌物品包扎好，放入灭菌桶内筛板上，堆放物品应均匀，错落有序，这样有利于灭菌。

（3）密封：将灭菌桶放入容器内。然后将放气软管插入灭菌桶排气槽内，盖上容器盖，对准上下槽口后，旋紧，定位后达到密封要求。

（4）加热：接通电源，开始加热，并同时打开放气阀，让容器内冷空气逸出；待冷空气完全排出后，关闭放气阀，这时灭菌压力上升，开始按不同物品计算灭菌时间。

（5）冷却：当灭菌结束后，先关闭电源。当压力恢复到0位后1～2min，再打开放气阀，待余气放尽后，可打开上盖。

四、消毒器的消毒因子

温度、湿热、压力。

五、消毒器的消毒机制

同立式压力蒸汽灭菌器。

六、消毒器杀灭微生物的效果

按行业标准YY 0504—2016中规定进行灭菌效果试验，试验用生物指示物为耐热的嗜热脂肪杆菌芽孢（ATCC 7953或SSIK 31株），应符合GB 18281.3的要求或为有生产厂检验合格证的自含式生物指示物。菌片含菌量为5.0×10^5～5.0×10^5CFU/片，在（121±0.5）℃条件下，D值为1.3～1.9min，杀灭时间（KT值）为≤19min，存活时间（ST值）为>3.9min。试验方法如下。

（1）使用3个通气贮物盒，盒内装满中试管。把含嗜热脂肪杆菌芽孢生物指示物放置于每个贮物盒中心部位的一个试管内（试管口用灭菌牛皮纸包封），每个试管放置一个生物指示物，然后将贮物盒成品字形叠放于灭菌器底部，按灭菌器说明书规定的操作方法进行灭菌。

（2）进行3次灭菌效果试验，按制造商说明书规定的灭菌温度和灭菌时间进行试验。将装有生物指示物的贮物盒，分别从灭菌器中取出，在无菌条件下，取出试管内生物指示物，投入溴甲酚紫葡萄糖蛋白胨水培养基中，经（56±1）℃培养7 d后（自含式生物指示物按说明书执行），观察培养基颜色变化。

（3）分别把同批的含嗜热脂肪杆菌芽孢生物指示物和溴甲酚紫葡萄糖蛋白胨水培养基进行阳性和阴性对照（阴性对照不适用于自含式生物指示物）。

结果判定及评价：经灭菌试验的每个生物指示物均不变色，阳性对照变色，判定为灭菌过程合格。若经灭菌试验的生物指示物中有一个变色，判定为灭菌过程不合格。

七、消毒器消毒过程的监测方法

（1）生物监测：压力蒸汽灭菌效果评价最准确、最可靠的方法就是生物指示剂监测方法，所用指示菌为嗜热脂肪杆菌芽孢（ATCC 7953 或 SSIK31）。

（2）化学监测：监测方法包括 B-D 试纸、化学指示卡、化学指示胶带。

（3）物理监测：使用留点温度计、温度压力记录仪进行监测。

八、影响消毒器作用效果的因素

（1）灭菌温度、压力与时间：安全阀发生黏连或堵塞，使压力不能正常释放，导致灭菌器压力过大，温度过高；灭菌器老化变形会导致密封性能变差，产生漏气现象，导致出现灭菌温度偏低的情况。

（2）其余影响因素同立式压力蒸汽灭菌器。

九、注意事项

（1）空气排除不彻底可直接导致灭菌失败，在打开放气阀排气时可在有蒸汽喷出后约 5～10min 再将放气阀关闭。

（2）其余注意事项同立式压力蒸汽灭菌器。

十、消毒器的应用范围

手提式压力蒸汽灭菌器因体积小、使用轻便，广泛应用于医疗卫生、科研、农业等单位，对医疗器械、敷料、玻璃器皿、溶液培养基等进行消毒灭菌。

第四节　电热干燥箱

一、消毒器的构造

干烤是干热灭菌的一种重要方式，使用该方式灭菌的干热灭菌器主要为电热干燥箱，电热干燥箱由电力提供热能，在电热干燥箱的基础上装备电机鼓风装置的为电热鼓风干燥箱；装备了预真空系统的则为真空干燥箱，如图 4-7～图 4-9 所示。

图 4-7　电热干燥箱实物图

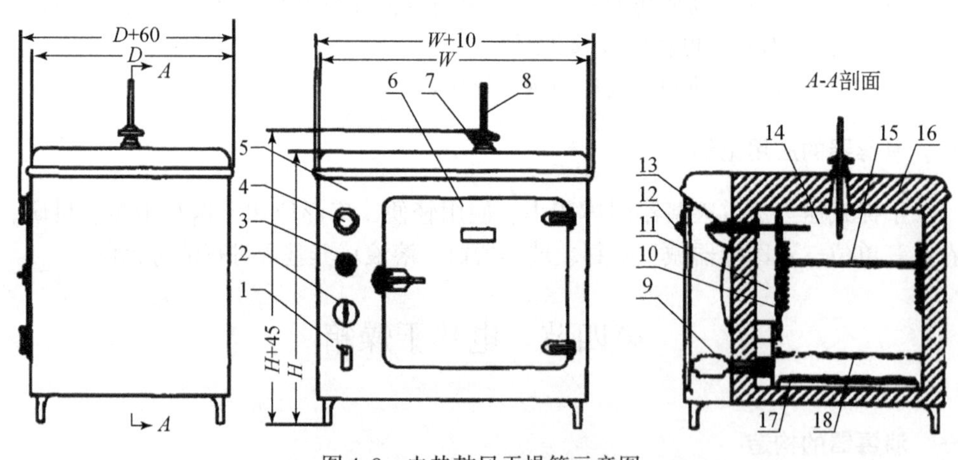

图 4-8　电热鼓风干燥箱示意图

1. 鼓风开关；2. 加热开关；3. 指示灯；4. 温度控制器旋钮；5. 箱体；6. 箱门；7. 排气阀；8. 温度计；9. 鼓风电动机；10. 搁板支架；11. 风道；12. 侧门；13. 温度控制器；14. 工作室；15. 试器搁板；16. 保温层；17. 电热器；18. 散热板

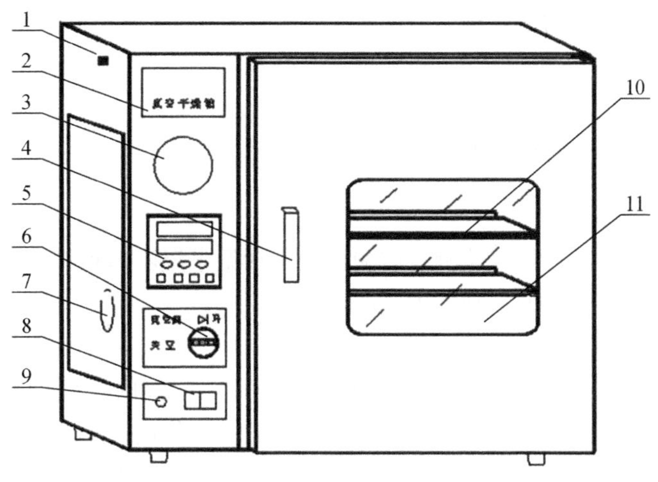

图 4-9　真空干燥箱示意图

1. 放气孔；2. 铭牌；3. 真空表；4. 门拉手；5. 温度控制器；6. 真空阀；7. 抽气孔；
8. 电源开关；9. 电源指示灯；10. 搁板；11. 观察窗

二、消毒器的工作原理

电热干燥箱由电热装置产热，干燥箱工作室内借冷热空气之密度不同动向促成对流，使室内温度均匀。装有电机鼓风装置的电热鼓风干燥箱则经电热装置，将热风送出，再经风道进入加热鼓风室，鼓出至工作室。使用后，将使用过的空气吸入风道，再度循环，加热成热风使用。确保工作室的温度均匀性。开关鼓风干燥箱，会引发温度变化，也可以通过循环吸送风，迅速恢复设置的操作温度。真空干燥箱预抽真空至 0. 27kPa（2mmHg），可缩短热穿透时间，使用较高温度亦不易使物品氧化，持续时间由之缩短。例如，加热至 280℃，持续时间仅需 15min。

三、消毒器的使用方法

按生产厂家的操作使用说明书的规定进行。

四、消毒器的消毒因子

温度、干热。

五、消毒器的消毒机制

干热具有良好的穿透能力，可使微生物蛋白氧化、变性、炭化及使电解质浓缩而导致其死亡。

六、消毒器杀灭微生物的效果

可达到灭菌的效果。

七、消毒器消毒过程的监测方法

1. 物理监测法

每灭菌批次应进行物理监测。监测方法包括记录温度与持续时间。温度在设定时间内均达到预置温度，则物理监测合格。

2. 化学监测法

每一灭菌包外应使用包外化学指示物，每一灭菌包内应使用包内化学指示物，并置于最难灭菌的部位。对于未打包的物品，应使用一个或者多个包内化学指示物，放在待灭菌物品附近进行监测。经过一个灭菌周期后取出，据其颜色或形态的改变判断是否达到灭菌要求。

3. 生物监测法

应每周监测一次。

（1）标准生物测试管的制作方法：将枯草杆菌黑色变种芽孢菌片装入无菌试管内（1 片/管），制成标准生物测试管。生物指示物应符合国家相关管理要求。

（2）监测方法：将标准生物测试管置于灭菌器与每层门把手对角线内、外角处，每个位置放置 2 个标准生物测试管，试管帽置于试管旁，关好柜门，经一个灭菌周期后，待温度降至 80℃ 左右时，加盖试管帽后取出试管。在无菌条件下，每管加入 5mL 胰蛋白胨大豆肉汤培养基（TSB），(36±1)℃培养 48h，观察初步结果，无菌生长管继续培养至第 7 天。检测时以培养基作为阴性对照，以加入芽孢菌片的培养基作为阳性对照。

（3）结果判定：阳性对照组培养阳性，阴性对照组培养阴性，若每个测试管的肉汤培养均澄清，判为灭菌合格；若阳性对照组培养阳性，阴性对照组培养阴性，而只要有一个测试管的肉汤培养混浊，判为不合格；对难以判定的测试管肉汤培养结果，取 0.1mL 肉汤培养物接种于营养琼脂平板，用灭菌 L 棒或接种环涂匀，置 (36±1)℃培养 48h，观察菌落形态，并做涂片染色镜检，判断是否有指示菌生长，若有指示菌生长，判为灭菌不合格；若无指示菌生长，判为灭菌合格。

4. 新安装、移位和大修后的监测

应进行物理监测法、化学监测法和生物监测法监测（重复三次），监测合格后，灭菌器方可使用。

八、影响消毒器作用效果的因素

（1）细菌生长和形成芽孢的条件、温度、湿度、酸碱度（pH）、有机物对消毒器作用效果的影响见本章第一节。

（2）穿透力：与微生物混在一起的杂质，亦可影响热的穿透。例如凝固的血液、干结的痰和粪便均可阻挡热的穿透和直接接触微生物。

九、注意事项

（1）干热对物品的穿透速度随物品的性质和包装变化较大，因此摆放不宜过紧，包装切勿过大，最好是一次使用量包装。单个包装的注射器或其他小件器材热穿透时间需15min，而对罐装的玻璃吸管则需4 h。油脂和粉剂物品层厚度愈薄，热穿透愈快。将112 g滑石粉均匀平铺于玻璃平皿内（0.6cm厚），只需60min即可达160℃。凡士林纱布灭菌，在1.2cm厚凡士林中加纱布，以干热160℃灭菌，全部灭菌时间需180min。

（2）灭菌时灭菌物品不应与灭菌器内腔底部及四壁接触，灭菌后温度降到40℃以下再开启灭菌器柜门。

（3）灭菌物品包体积应不超过10cm×10cm×20cm，油剂、粉剂厚度不应超过0.6cm，凡士林纱布条厚度不应超过1.3cm，装载高度不应超过灭菌器内腔高度的2/3，物品间应留有充分的空间。

（4）灭菌温度达到要求时，应打开进风柜体的排风装置。

（5）对有机物灭菌时，温度不宜超过170℃，因为此温度可使有机物炭化。

十、消毒器的应用范围

消毒或灭菌的温度选择，应根据物品性质和要求的灭菌速度而定，一般在160～180℃。用于高温下不损坏、不变质、不蒸发物品的灭菌以及耐高温但怕湿器械的灭菌；用于蒸汽或气体不能穿透物品的灭菌，如玻璃、油脂、粉剂和金属等制品的消毒灭菌。

在医院中，常用于对金属、玻璃、陶瓷等制品，诸如手术器械、精密刃器、针筒、空心针、试管、吸管、粉剂、油剂等的灭菌。

第五节　远红外线干燥箱

一、消毒器的构造

红外线照射是干热灭菌的一种方式，使用该方式灭菌的干热灭菌器主要是远红外线干燥箱。远红外线干燥箱是采用远红外辐射能发生器对物品进行干燥、烘焙、灭菌的干燥箱。红外箱由工作室、辐射元件、换气装置、温度控制装置和超温保护装置等组成，如图 4-10 所示。

图 4-10 远红外线干燥箱实物图

二、消毒器的工作原理

红外线为 0.77 ~ 1000μm 的电磁波，有良好的热效应。以波长 1 ~ 1 000μm 者最强。该电磁波在照射处可直接转换为热能，不需经空气传导，加热较快。

三、消毒器的使用方法

按生产厂家的操作使用说明书的规定进行。

四、消毒器的消毒因子

温度、干热。

五、消毒器的消毒机制

同电热干燥箱。

六、消毒器杀灭微生物的效果

可达到灭菌的效果。

七、消毒器消毒过程的监测方法

同电热干燥箱。

八、影响消毒器作用效果的因素

同电热干燥箱。

九、注意事项

同电热干燥箱。

十、消毒器的应用范围

同电热干燥箱。

第六节　其他热力消毒法

一、其他湿热消毒法

1. 煮沸消毒

将物品放于水中加热至沸点的消毒方法，其温度一般不超过100℃。具有简单、方便、经济、实用，效果比较可靠的优点。对一般细菌的繁殖体5～10min可将其杀灭，对细菌芽孢常需煮沸数小时，故多不用作灭菌。此法常用于消毒食具、刀剪、注射器等。水中加入2%碳酸钠，即可提高沸点达105℃，促进芽孢的杀灭，又可防止金属器皿生锈。

2. 流通蒸汽消毒

又称常压蒸汽消毒。是利用一个大气压下100℃左右的水蒸气进行消毒。细菌繁殖体经15～30min可被杀灭，但细菌芽孢通常不被全部杀灭。消毒用设备有中小型消毒器和大型床垫被褥消毒柜。此法蒸汽穿透效果差，作用时间长，但设备简单，不要求耐压，成本较低。目前广泛应用于家居、餐具消毒，或食品工厂原料输送管道及大容器的消毒。在实验室内，有时也可用高压锅进行常压蒸汽消毒。

3. 巴氏消毒

用较低温度杀灭液体中的病原菌或特定微生物，而仍保持物品中所需的不耐热成分不被破坏的消毒方法。此法由巴斯德创用以消毒酒类，故以其命名。目前主要用于牛乳等消毒。牛奶的巴氏消毒法有两种：一种是加热至62.8～65.6℃至少保持30min；另一种是71.7℃至少保持15s，现今广泛采用后法。在医疗器械消毒中，对于怕高温的物品，有时也选用巴氏消毒法，如膀胱镜，浸于热水浴中，75℃、10min，或80℃、5min。为防止加入器械时水温降低，可采用自动控制恒温水浴箱。

4. 低温蒸汽消毒

将蒸汽通入预先抽真空的压力锅，其温度的高低取决于气压的大小，可以通过控制压力锅的压力来精确地控制锅内蒸汽的温度。在低于大气压力情况下通入饱和蒸汽，根据蒸汽临界值要求，使温度维持在 73～80℃，对物品进行消毒。此法对可耐受 80℃以下温度的物品无损害，并且蒸汽在相应负压下仍可冷凝释出潜伏热，杀菌效果较同样温度的水为好。虽仅能杀灭繁殖体型微生物，但使用方便经济，常用于消毒畏热医疗器材和羊毛毯等。被处理的物品打包或不打包均可。

5. 湿热清洗消毒

此方法处理的基本程序是：①30℃水冲洗；②升温至 60℃并注入洗涤剂加强清洗；③蒸汽加热至 80℃；④持续保持温度进行消毒；⑤温水喷淋降低物品温度；⑥开盖使物品自然干燥。

6. 间歇灭菌

用于畏热液体和物品的灭菌，是利用反复多次的流动蒸汽间歇加热的方式，将复苏的芽孢分批杀灭以达到灭菌的目的。将需灭菌物置于流通蒸汽灭菌器内，80～100℃加热 30～60min，杀死其中的繁殖体，次日同样处理，将常温下复苏的芽孢形成的繁殖体继续杀灭。如此连续三次以上，可达到灭菌的效果。此法操作烦琐，取代的方法较多，当前已少用。

二、其他干热消毒法

1. 焚烧

适用于感染性废弃的衣物、垃圾，污染的杂物、杂草、地面的灭菌，传染病死亡的动物尸体也需要进行焚烧处理。焚毁时将污染物品等处理对象少用火焰烧毁，如污染物品为可燃物（纸、布等）可直接烧毁，大量污染物品则需在焚化炉内处理，一般使用煤气、天然气、柴油、汽油等助燃。

2. 灼烧

烧灼是直接用火焰加热，一般控制温度和时间，使能达到消毒或灭菌要求，但不损坏被处理物品。多用于微生物实验室接种时消毒周围空气和试管口与接种环、针、涂菌棒等器材的灭菌。在特殊情况下（无其他灭菌条件）可对外科手术器械灼烧灭菌。也可用喷灯喷射火焰消毒小面积的污染地面或其他耐热的环境表面。此法在兽医防疫中使用较多。

3. 传导加热

利用金属或玻璃等小型器材导热性能良好的特点，可用热浴法、金属传导加热箱或玻璃珠加热罐等进行消毒与灭菌处理。①热浴法：用电热使容器内介质加温，可达到的温度随介质而异，最高可达 275℃。②金属传导加热箱：外形似小型烤箱，电炉丝加热装置设于箱的底部，上覆以铝板为加热底盘。拟灭菌的单件物品直接覆底盘上，多件小器材可放于金属小盘中再置底盘上加热。直接置底盘上的物品在180℃条件下作用20min即可，放于金属小盘内的物品所需持续时间较长，约需30min。③玻璃珠加热罐：由灭菌腔、加热器和控温装置3部分组成。灭菌腔用于装放拟灭菌物品，内装无铅小玻璃珠。加热器使用电加热，围绕在灭菌腔外。控温装置使温度保持在180～240℃。当小玻璃珠加热至上述温度(25min)，将拟灭菌器械插入，5～10min后即可达到灭菌要求。

4. 强光加热

本法利用可产生强光和高热的卤钨灯照射进行灭菌处理。灭菌时腔内温度可高达260℃，温度较高，故只适用于金属或玻璃等耐热并导热快的物品。对橡胶、塑料、纱布等虽加热时间短暂，但可导致损坏。

小　　结

本章简要介绍了目前使用最为广泛的热力消毒器——压力蒸汽灭菌器，包括手提式压力蒸汽灭菌器、立式压力蒸汽灭菌器、卧式压力蒸汽灭菌器。此外，简要介绍了使用最为广泛的干热消毒器——干燥箱，包括电热干燥箱、远红外线干燥箱。

（陈雯杰）

第五章　冷冻消毒器

冷冻，也称制冷，是将物料的温度降低到比空气和水这些天然冷却剂的温度还要低的操作，是一种应用热力学原理人工制造低温的方法，在化学工业中冷冻有广泛的应用。如冷冻操作应用于蒸汽的液化、在低温下精馏、结晶或者进行化学反应；在食品工业中，用于冷饮品的制造、食物的冷藏；在建筑工业中，用于空气的调节和冻结等。

最早人工制冷的方法是某些灶熔化时吸收热量、产生低温的冰盐混合物作为制冷剂。例如 KOH 和冰的混合物可达 208K。现代工业中的一般冷冻方法是利用液氨、液态乙烷等在常压下具有低沸点的液体作为冷冻剂。当冷冻剂在低沸点下汽化时，它从被冷冻物料中吸取热量，使物料降至低温。例如液氨在 40. 9kPa 下蒸发时，可达 223K（-50℃）；液态乙烷在 53kPa 下蒸发时，可达 173K（-100℃）。冷冻操作就是用人工的方法，用冷冻剂从被冷冻的物料中取出热量，使被冷冻物料的温度低于周围环境的温度，同时将热量传给周围的水或空气的操作。

普遍使用的冷冻方法有压缩式和吸收式两种，它们共同的基本原理是利用液体蒸发和气体膨胀时吸取四周的热量的作用来产生低温。此外，还有半导体冷冻技术。在化工生产中，一般将一种临界点高的气体，加压液化，然后再使它汽化吸热，反复进行这个过程，液化时在其他地方放热，汽化时对需要的范围吸热。适当选择冷冻剂和操作过程，可以获得从零摄氏度至接近于绝对零度的任何冷冻程度。

一般说来，冷冻程度与冷冻操作的技术有关。凡冷冻温度高于-100℃以内的称为冷冻，冷冻不仅是现代冷藏事业的基础，使易腐败品得以长期保存和远途运输，而且为工业生产和科学研究创造了低温条件，同时也是改善高温下人们的生活和劳动条件的措施。冷冻温度为-210 ~ -100℃或更低的称为深度冷冻或深冷，其实质是气体液化技术。采用机械方法，例如用节流膨胀或绝热膨胀等法可以达到-210℃的低温，用绝热退磁法可得到 1K（热力学温度）以下的低温。依靠深度冷冻技术，可研究物质在接近绝对零度时的性质，并可用于气体的液化和气体混合物的分离。

将冷冻用于消毒，发现冷冻可以抑菌，但不能杀死细菌。在冷冻过程中，细胞外溶液首先产生冰晶，在蒸汽压作用下细胞内的水流向细胞外的冰晶，这时形成较大的冰晶，并且分布不均匀。由于蛋白质变性，细胞膜更易失水，从而使冰晶的体积进一步增大。大冰晶会破坏细胞壁，造成细胞质外流，进而引起细胞品质的降低。食品在冷冻时，冷冻速度是从表面向中心递减，冷冻速度分布不均匀也易引起食品品质降低。长时间冷冻，不但大冰晶会破坏组织结构，并且解冻后细胞不能恢复原状，细胞液大量流失，影响细胞性状和性能。

目前使用的冷冻消毒器主要有现实生活中的家用冰箱或低温冷冻柜，只能起延期存放功能，细菌仍会缓慢生长，特别是一些嗜冷菌，如耶尔森氏菌，在4℃时仍能生长繁殖以及实验室用于菌种保存的-80℃的超低温冰箱。

冷冻消毒器如冷藏箱、冷冻箱及超低温冰箱（超低温冰柜、超低温保存箱）可为微生物实验室提供持续稳定的低温环境，广泛用于食品样品、菌种、试剂、组织、细胞、基因库、病毒、疫苗、抗体、生物样本等的低温保存或某些特殊的低温试验。

现阶段该类设备市场品牌较多，进口品牌诸如美国赛默飞世尔美国热电、日本三洋、丹麦 Aretino、美国 NUAIRE、德国西门子、法国法莱宝、新加坡/ESCO、丹麦 GRAM；国产品牌有青岛海尔、中科美菱、苏州蒂珀克、山东博科、青岛利渤海尔、郑州 DW、北京天寒等。市场的需求大，各大厂家竞争激烈将会促使冷冻消毒器不断蓬勃的发展。

低温不能杀菌，只能抑制生长，温度越低，生长越缓慢，实验室就是利用低温来保存菌种，如长期保管还要低温（零下二十多摄氏度）冷冻干燥，能长期保存而菌不变异。食前如不加温，就会造成食物中毒，是目前发达国家经常发生的事。

冷藏温度为10℃以下，冷冻温度为-15℃以下。食品卫生法规定，冷藏温度为10℃以下，冷冻温度为-15℃以下。然而，根据冷冻加工食品的 JAS 标准，冷冻食品的温度为 18℃。另外，根据食品添加剂等相关规格标准（厚生劳动省根据食品卫生法制订）的规定，部分食品的冷藏温度为4℃以下，冷藏柜的温度至少应设置在10℃以下，肉类或海鲜类食品则应设置在4℃以下。冷冻柜的温度一般应设置在-15℃以下，部分自治区域则规定为-18℃以下。

第一节　低温冷冻冰箱

一、消毒器的构造

低温冷冻冰箱主要结构包括保温箱体、门体、制冷系统、电器系统、应用附件和包装零件等，如图5-1所示。

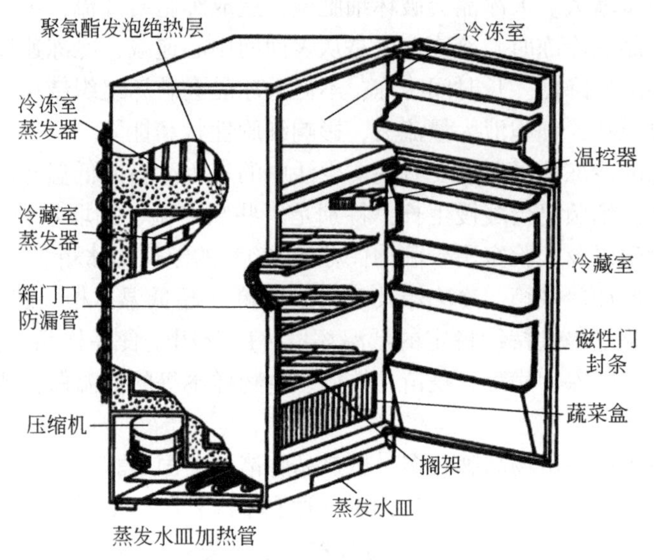

图 5-1　低温冷冻冰箱结构图

二、消毒器的工作原理

利用蒸汽吸收式冰箱制冷原理采用氨为制冷剂，水为吸收剂，通过对制冷机芯的发生器加热，使氨水溶液中的氨蒸发，氨蒸汽经精馏器提纯后进入冷凝器成液氨，液氨在蒸发器中与经吸收器提纯的纯氦共同蒸发，同进从外部吸收热量，达到制冷的目的。

制冷机械是以消耗机械功或其他能量来维持某一物料的温度低于周围自然环境温度的设备。制冷方法一般是利用液体汽化吸热实现制冷目的，在利用液体汽化制冷的方法中，为了使液体汽化的过程连续进行，必须不断地从容器中抽走蒸汽，再不断地将液体补充进去，通过一定的方法把蒸汽抽走，并使它凝结成液体后再回到容器中，就能满足这一要求。从容器中抽出的蒸汽，如果直接凝结成液体，所需冷却介质的温度比液体的蒸发温度还要低，而我们希望蒸汽的冷凝过程在常温下实现，因此需要将蒸气的压力提高到常温下的饱和压力。这样，制冷工质将在低温、低压下蒸发，制取冷量后再在常温、高压下，向环境或冷却介质放出热量。制冷工质在制冷机中循环，周期地从被冷却物体中取得热量，并传递给周围介质，同时制冷工质也完成了状态变化的循环，实现这个循环必须消耗能量。

三、消毒器的使用方法

（1）接通电源。

（2）温度设定及调节。冰箱内的温度是通过温控器调节旋钮来调节的。旋钮上的刻度“0”位是关机位置，“1、2、3、4、5、6、7”只代表挡位，不代表具体的温度，数字越小，箱内温度越高，数字越大，则箱内温度越低。用户可根据需要，选择温控器旋钮的位置，可参考档位：1～3挡，环境温度≥30℃；3～5挡，环境温度16～30℃；5～7挡，环境温度≤16℃。

（3）将物品放入冰箱。经过2～3h的通电运转后，冰箱内已充分冷却，此时可放入物品正式使用冰箱。

四、消毒器的消毒因子

温度、冷冻力。

五、消毒器的消毒机制

低温是相对于环境温度而言的，通常热量从高温物体传向低温物体，会对外界做功，称为卡诺循环。而热从低温物体传向高温物体，则需要消耗能量，称为逆向卡诺循环。制冷是逆向卡诺循环过程，制冷是利用机械方法将被冷却物体中的热量移向周围介质（水或空气），使物体温度降低，且低于周围介质的温度，并能保持一定的温度。

六、消毒器杀灭微生物的效果

大多数微生物在低于0℃的温度下使之活动可被抑制；霉菌和酵母比细菌耐低温的能力更强，但低温下生育和活动逐渐减弱。冷冻可以抑菌，但不能杀死细菌，会有部分霉菌、酵母和细菌存留。一旦解冻后，温湿度合适，残存的微生物活动加剧，也会造成腐烂变质。

七、消毒器消毒过程的监测方法

物理监测。实时监测消毒器内部的温度，是否符合标准要求。

八、影响消毒器作用效果的因素

（1）箱内挥发管周围的冰层不宜过厚，若过厚可能防碍传热，影响消毒器作用效果。一般每1～2周应溶解一次，保障冷冻温度，并且可延长冰箱的使用年限。

（2）打开冰箱取放物品时，要尽量缩短时间，过热的物品更不得直接放入箱内，以免热量过多进入箱内，增加耗电量和冰箱的负荷。

九、影响消毒器作用效果的注意事项

（1）冰箱内不准存放腐蚀性物品。如果存放少量用易挥发有机溶剂配制的溶液，则必须严格密封，以免溶剂挥发，开关箱门照明灯口打火，引起燃烧，爆炸事故。

（2）冰箱要保持清洁，决不可用水冲洗或用有机溶剂擦洗。如有霉菌生长，应先把电源关闭，将冰融化后进行内部清理，然后用福尔马林气体熏蒸消毒。

（3）冰箱在断电后，至少要等5min才能再通电启用。

（4）每次使用完毕立即清洁，每季度进行一次维护检查，并填写维护记录。

（5）若电冰箱后面的冷凝器上有尘土，影响散热，停电后用毛刷刷去。

（6）冰箱要远离热源，避免阳光直射。放好后可旋松压缩机的紧固螺栓，使减震垫能起到减震作用。

十、消毒器的应用范围

低温冷冻冰箱是现在家用电器必不可少的一件。冰箱的应用是20世纪人类发展史上的重要一页，使得人们的生活品质得到了极大提高，使食物有了长时间保存的可能。

第二节　超低温冰箱

一、消毒器的构造

超低温冰箱主要是由压缩机、蒸发器、冷凝器、制冷剂、温控器等核心装置构成的，其外面主要的部件如图5-2所示。

主要参数如下：

（1）温度范围：−50～86℃（每挡1℃）。

（2）制冷性能：−86℃（环境温度30℃）。

（3）有效容积：86L。

（4）耗电量（220V，50Hz）：320W。

（5）隔热层：硬质聚亚胺酯原位整体发泡。

（6）外部材料：彩色涂层钢板。

（7）内部材料：不锈钢。

（8）内盖：1个。

（9）温度显示：数字显示。

（10）压缩机：全封闭型输出功率400W。

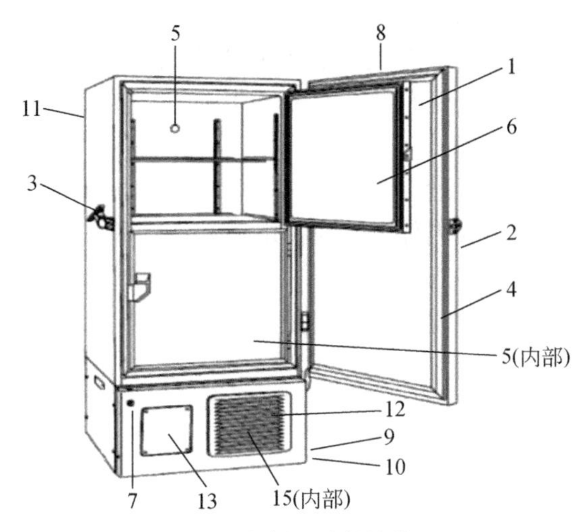

图 5-2　超低温冰箱结构图

1. 外门；2. 把手；3. 门栓；4. 磁性门封条；5. 测试用通孔；6. 内门；7. 锁；8. 控制面板；9. 小脚轮；10. 水平支架；11. 固定把手；12. 进气口；13. 温度记录仪安装隔间

（11）制冷剂：HFC。

（12）报警系统：高温报警、断电报警、远程报警接点、过滤网检。

二、消毒器的工作原理

使用专为超低温设计的压缩机，可在环境温度 30℃时，将内部温度保持在 -86℃。带数字温度显示的微电脑温度控制系统、高精度的铂电阻传感器、视听报警系统、聚亚胺酯原位整体发泡隔热层及易于开关的铰链门。

该冷冻消毒器采用蒸气压缩式制冷。蒸汽压缩制冷简称压缩制冷，是目前应用最多的制冷方式。它是利用压缩机做功，将气相工质压缩、冷却冷凝成液相，然后使其减压膨胀、汽化（蒸发），从低温热源取走热量并送到高温热源的过程。此过程类似用泵将流体由低处送往高处，所以有时也称为热泵。

三、消毒器的使用方法

室内使用，坚实平整的地面，固定好箱体，清洁干燥，通风良好的区域，必须接地。环境要求：温度 5 ~ 40℃，温度不高于 31℃时最大相对湿度为 80%，随温度升高最大相对湿度呈线性降低，当温度升高到 40℃时最大相对湿度为 50%。

具体使用方法如下：

（1）将冰箱箱门打开，让保存箱箱内空气放出。

（2）安装上搁板并关闭箱门。

（3）将电源电缆与电源连接起来，并将电源开关置于接通状态。电源开关位于格栅背后，并且其初始位置置于“ON（接通）”位置。

（4）设定所要求的温度。

（5）制冷到所要求的温度。

（6）在机器安装后，或因停电，拔掉电源线而停机时，必需待5min以后方可再次启动机器。

（7）使用时要每日观察温度并做记录。

四、消毒器的消毒因子

温度、冷冻力。

五、消毒器的消毒机制

冷冻使物品维持低温水平或冻结状态，抑制微生物的生长繁殖，延缓其生化反应，抑制酶的活力。在冷冻过程中，细胞外溶液首先产生冰晶，在蒸汽压作用下细胞内的水流向细胞外的冰晶，这时形成较大的冰晶，并且分布不均匀。由于蛋白质变性，细胞膜更易失水，从而使冰晶的体积进一步增大。大冰晶会破坏细胞壁，造成细胞质外流，进而引起细胞品质的降低。

六、消毒器杀灭微生物的效果

大多数微生物在低于0℃的温度下使之活动可被抑制；霉菌和酵母比细菌耐低温的能力更强，但低温下生育和活动逐渐减弱。冷冻可以抑菌，但不能杀死细菌，会有部分霉菌、酵母和细菌存留。一旦解冻后，温湿度合适，残存的微生物活动加剧，也会造成腐烂变质。

七、消毒器消毒过程的监测方法

物理监测。实时监测消毒器内部的温度，是否符合标准要求。

八、影响消毒器作用效果的因素

1. 冷冻温度

冷冻温度的降低分为缓速降低和快速降低。若冷冻温度缓慢降低至仪器的设定温度，冷冻过程中，水分子在细胞外产生的冰晶越多，对细胞的损害越大；若冷冻温度迅速下降，细胞内水分来不及逸出，而细胞外的水分几乎在同时冻结成玻璃状态的冰，即能良好的保存细胞的生活状态。否则将会使细胞受到严重的损伤。

2. 冷冻物品的性质

不同的冷冻物品对于冷冻消毒器的作用反应有所不同。

3. 冷冻容量

若冷冻的物品超过冷冻的最适容量，冷冻消毒的效果将会大大降低。

九、影响消毒器作用效果的注意事项

（1）为了取得最佳运行效果，每月要清洁一次冰箱。用柔软的干布从保存箱的表面和附件上擦拭掉脏物。倘若过于肮脏，请使用中性洗涤剂进行清洗，在用中性洗涤剂清洗之后，用水将中性洗涤剂完全清除干净，决不要将水喷洒到保存室的任何部分，因为水可能损害保存箱的电气绝缘，并可能造成工作故障。

（2）清洗冷凝过滤器。卸下固定格栅的安装螺钉和拉出格栅，取下安装在格栅内的过滤网，掸掉过滤网表面的尘土，过脏时用清水冲洗干净后晾干，清洁后的过滤网再装回格栅内，重新安放好格栅并拧紧安装螺钉，确保过滤器阻塞指示灯熄灭。

（3）除霜。移出冰箱内物品，关闭电源开关。打开外箱门，再打开内箱门。让低温冰箱门保持开启状态，等待冰霜融化。不断将箱室内融化的水擦拭干净。除霜完毕之后，关上冰箱内外门，按操作程序重新启动运行。温度稳定后，将物品放回到冰箱内。

十、消毒器的应用范围

此类冷冻消毒器适用广泛，是医院和实验室的理想选择，适用于长期保存血液、标本和组织贮藏以及各种测试试剂。

小　　结

冷冻是将物料的温度降低到比空气和水这些天然冷却剂的温度还要低的操作，是一种应用热力学原理人工制造低温的方法，在目前各行各业冷冻技术被广泛应用。将冷冻用于消毒，发现冷冻可以抑菌，但不能杀死细菌。本章分别介绍了低温冷冻冰箱和超低温冰箱的构造、工作原理、消毒因子、消毒机制、杀灭微生物的效果、消毒过程的监测方法、影响消毒器作用效果的因素、注意事项及其应用范围。

（胡　杰　陈昭斌）

第六章　干燥灭菌器

消毒的意识可以追溯到瘴毒学说，即古代曾经认为传染病是由于空气污染导致环境变化而引起的，并称患者体内排出的、扩散在空气中的致病性不洁物为瘴毒。很早 Varro M T 就住宅卫生提出了意见："要考虑房屋的建筑区有无沼泽，因为沼泽里有某种肉眼看不见的小动物，他们飞散到大气中，由人的鼻、口进入体内，可引起重病"。而近年来全球疫病也不断呈现愈演愈烈的趋势，如艾滋病、军团病、埃博拉病、莱姆病、SARS、禽流感等 30 余种疫病。这使得消毒知识体系不断完善、消毒技术不断提高和普及、专业性人才培养的迅速发展，以及促进专业消毒器械的发明和应用。

中国的干燥技术是在 20 世纪 50 年代发展起来的，其应用的领域宽泛，涉及的学科种类繁多，是一门跨行业、跨学科、具有实验科学性质的技术。第一届全国干燥会议于 1975 年 6 月 23 日至 30 日在南京召开，至今已 45 年了。而在近 45 年的时间内，我国干燥技术研究队伍不断壮大，学术交流活跃，整体上发生了翻天覆地的变化。

目前我国从事干燥技术研究的院校、科研院所大约有 50 多家，领域涉及化工、医药、染料、轻工、林业、食品、粮食、造纸、硅酸盐、水产等行业。全国共有设备制造厂 600 多家，企业自身拥有一支强有力的干燥科研开发队伍。通过广泛开展干燥技术基础研究、工艺研究及工业化应用研究，使得我国干燥技术正在走近国际先进水平，并且在某些技术领域已经达到国际先进水平。

随着社会的不断发展和进步，人们生活水平也在不断提高。食品、医药、轻工、化工等行业都受到了国家、企业以及民众的关注和重视。干燥和消毒作为这些领域的重要操作技术，得到了广泛的应用及发展。然而自然干燥和简单的消毒已经远远不能满足人们日常生活及生产发展的需要，干燥技术和消毒技术逐渐呈现出多样化发展的趋势，这促使了干燥和消毒两种技术的结合和普及，也促使了干燥消毒器的发明，各种机械化干燥消毒设备越来越广泛地得到应用。

干燥机是干燥机技术发展的产物。干燥机是一种利用热能降低物料水分的机械设备，用于对物体进行干燥操作。常见的干燥机有谷物干燥机、滚筒干燥机、冷冻式干燥机、吸附式干燥机、组适合干燥机以及微波干燥机、红外干燥机等。常见的消毒器有紫外消毒器、空气消毒器、高压蒸汽消毒器、高压消毒器、过滤消毒器、微波消毒器、紫外线消毒器、超声波消毒器等。相对普通的干燥机和消毒器的单一功能，干燥消毒器可做到一机多用，极大地提高了生产生活效率和产品的质量。

第一节　微波干燥灭菌器

微波是一种波长为1mm～1m，频率为$3\times10^{8}\sim3\times10^{10}$Hz的电磁波。微波在一定条件下可以使物质产热，利用这种产热功能对物质加热和干燥，在加热干燥的同时产生生物效应而杀灭微生物。微波干燥灭菌器在化工、食品、毛纺印染、茶叶加工、医药、烟草等行业都具有广泛的应用。微波干燥灭菌是热效应、场效应、量子效应等综合因素作用的结果，具有杀菌谱广、节能、快捷等优点。

一、消毒器构造

微波干燥灭菌器可分为隧道式、箱式、柜式三类（图6-1）。微波干燥灭菌器是由电源、微波发生器、波导装置、加热器、冷却系统、传导系统、控制系统等部分组成。如WMGD-70B型微波干燥灭菌机为五层隧道式，由微波加热器、微波发生器（电源箱）、微波抑制器、机械传输机构、抽湿部分、自动化控制系统等部分组成。

图6-1　箱式微波干燥器

二、消毒器的工作原理

微波干燥不同于热风、蒸汽、电加热等外部加热方法，而是材料在电磁场中由介质损耗引起的一种内部加热方法。微波干燥灭菌设备运行时首先由微波发生器发生微波，经馈能装置输入微波加热器中；需干燥消毒的物体由传输系统或人工送至加热器中，由于物质内部原有的分子无规律热运动和相邻分子之间作用，分子的转动受到干扰和限制，产生“摩擦效应”，一部分能量转化为分子热运动功能，即以热的形式表现出来，从而使物体被加热。此时水分在微波的作用下使温度迅速、均匀地提高，从而达到热效应干燥消毒杀菌的目的。

三、消毒器的使用方法

不同企业生产、型号的微波干燥灭菌器的操作规程稍有差异。一般的操作流程包括开机，开机后进行基本参数的设置（如基本控制、功率和温度设置等），工作完毕关机操作三个流程。

四、消毒器的消毒因子

微波、高温、湿度。

五、消毒器的消毒机制

微波干燥消毒主要是在微波热效应和非热效应双重作用下，使微生物体内的蛋白质和（或）生理活性物质发生变异和破坏，从而导致微生物死亡来达到干燥消毒的目的。

1. 热效应

微波干燥的热效应是微波与极性分子相互作用的结果，其机制包括偶极旋转和离子传导。在偶极旋转中，极性分子倾向于与电磁场对齐，由于与场的时间速率变化相比较慢的分子重新取向引起的摩擦而产生热量；在离子传导中，微波辐射影响分子内的电荷分布，分子重新定向增加了与溶质的碰撞，从而产生热量，使温度迅速、均匀地提高，达到热效应消毒杀菌的目的。

2. 非热效应

在微波辐射下观察到的反应速率加快、产率增加、选择性改变等现象到底是微波“热效应”还是特定效应或“非热效应”导致的，这一科学问题至今仍无定论。但微波干燥确实存在非热效应，能够起到较好的干燥效果。这并非是热效应中用一种温度的变化来解释的特殊效应。

微波的非热效应主要会引起分子加速和振动，微生物细胞膜破裂，微生物体内的蛋白质及分泌酶和其他生理活性物质的变性或改变，造成微生物失去活力或死亡。

六、消毒器杀灭微生物的效果

微波干燥杀菌技术因具有快速、高效、安全和绿色等特点，在食品的干燥、杀菌、防虫防霉等领域中广泛应用，与人体健康息息相关。

高水分稻谷容易受到霉菌的侵染而出现霉变，对稻谷的质量和品质有极大的影响。微波干燥消毒器能极大程度地降低高水分稻谷中的霉菌量，从而较少甚至是防止霉菌毒素对人体健康的危害。研究者证明在一定微波功率下，随微波处理时间增加，稻谷温度升高，含水量下降，干燥速率呈波动上升。微波处理对稻谷的加工品质、表面和内部微生物量均有影响。适宜的微波条件（927W/760 g，处理稻谷 120s 至 60℃）可以提高稻谷的出糙率和整精米率，改善加工品质；能对新粮其表面和内部霉菌量实现 99. 9% 的杀灭。

七、消毒器消毒过程的监测方法

消毒后进行病菌检测，无致病菌的检出则消毒合格。

在医疗废物的非焚烧处理中，多采用微波消毒。参考欧洲的标准，对细菌繁殖体、真菌、亲脂性/亲水性病毒和分枝杆菌的杀灭对数值达到 6 以上。对嗜热脂肪芽孢杆菌（*B. stearothermophilus* ATCC 7953）或枯草杆菌黑色变种芽孢（*B. subtilis* ATCC 9372）的杀灭对数值达到 $4\log_{10}$ 以上。

八、影响消毒器作用效果的因素

不同的干燥消毒的介质对消毒效果的影响因素有一定的差异，下面以微波干燥在食品中的应用为例，介绍影响微波干燥消毒器消毒效果的因素。

微波干燥的特点决定了从一开始水分的汽化在物块的内部就已发生，湿分迁移是依靠内部水蒸气压力差、物块内温度差和湿度差传递的，也决定了影响微波干燥的因素。研究根据能量守恒和质量守恒原理给出微波干燥过程的基本数学方程后，发现影响微波干燥的因素有很多，可分为内部因素和外部因素两大类。

1. 内部因素

内部因素指干燥消毒的物料本身物理性质的影响。

（1）物料形状大小的影响

形状大小对干燥过程的热交换、质交换有显著的影响，主要是由于物料表面积、水分迁移路径的影响。

（2）物料层厚度的影响

在粒度相同时，料层厚度增加，则气流穿流阻力增加，阻碍气流的通过；而气流量的减小，使能带走的水分总量也减少；料层厚度提高使干燥速率维持在低厚度时的干燥速率，须带走的水分总量必定增加。一增一减，使得干燥速率下降。

（3）物料含水量的影响

灭菌效果与物料含水量成正比，故可在水蒸气环境中进行灭菌，效果更佳。

由于微波灭菌是与物料的水分直接相关，因此物料中应含有适量水分，有报道说，当物料中的水分低于10%时，其灭菌效果不明显。

（4）物料盐浓度的影响

当食品具有较高盐浓度，对细胞形成高渗保护，降低水活度，影响溶液介电常数，产生涡流，从而抑制灭菌的效果。

（5）物料 pH 的影响

当pH偏离细菌生长最适酸度环境越高，细菌对微波的敏感性也越强，灭菌效力增强。

2. 外部因素

（1）空气温度的影响

空气温度不能过高或者过低，过低的温度会影响干燥速率，过高的温度会导致物料在干燥过程中收缩结成一层硬壳，阻碍物料水分的迁移，从而影响干燥灭菌的效果，一般情况下，干燥灭菌的空气温度不应该高于65℃。

（2）微波的影响

微波作用于物料上，起内热源的作用。微波频率对灭菌的效果也有很大的影响。微波频率越高，灭菌效果越好，但穿透力越差。微波时间越长灭菌效果越好，但容易出现焦化，耗能增加。

其次灭菌过程中物料内部水分首先吸收微波能，温度升高，再传热给物料骨架，水分在整个物料内同时汽化，水分的迁移主要是依靠内压力的作用，并受物料表面水分蒸发的影响。如果表面水分不能及时被带走，则微波的作用就受限制，消毒灭菌的效果就会受到一定程度的影响。

此外还有研究表明，微波干燥灭菌效果和其设备内部风速气流等多方面因素有一定的联系。

九、注意事项

（1）操作人员必须按规定穿戴防护用品。

（2）微波设备必须指定专人操作，以保证设备正常运转。

（3）维修、保养、检修设备时必须切断总电源，并挂上“有人工作、禁止合闸”的标牌。

（4）每次工作完毕，必须进行清扫，彻底清除掉入箱内的物料。

（5）设备正常运转时，不允许空载，不允许有金属物进入加热箱内，以免引起高频打火，损坏设备。

（6）每次开机、关机必须严格按操作规程进行，如遇突然断电，则应把所有开关置于“关”的位置，避免突然送电时造成元器件的损坏。

（7）如长时间不使用，在开机前先用热风机对设备底部四组变压器电容部位上的水分进行风干，以免造成电器元件的损坏。

（8）医疗废物的处理中要保证对大气污染、废水污染、残渣污染、噪声污染的防控，且需要根据实际情况设置卫生防护距离。

十、消毒器的应用范围

微波干燥技术在食品、材料化工、医药、矿产开采、陶瓷、实验室分析、湿天然橡胶加工等行业得到了广泛应用并表现出显著的优越性。

第二节　热空气灭菌箱

一、消毒器构造

热空气灭菌箱（干烤箱，如图6-2所示），是干热灭菌器中的一种常见设备。按使用方式把干热灭菌设备划分为连续式和间歇式。连续层流加热方式的设备适用于更高微生物控制的要求，间歇式设备适用于小规模生产。

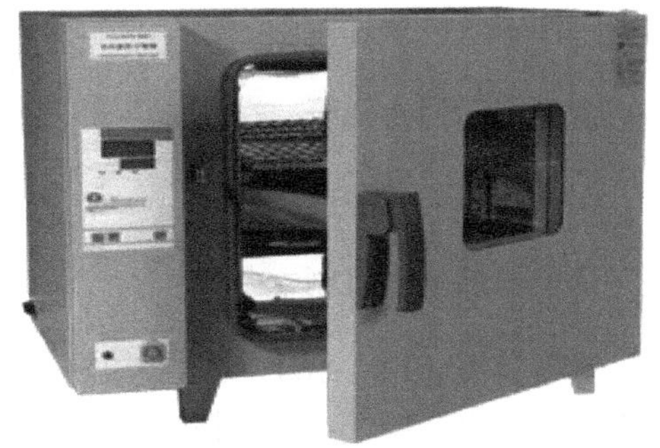

图6-2　干烤箱

二、消毒器的工作原理

热空气灭菌箱灭菌过程中，是通过温度的升高完成灭菌的。热空气型干热灭菌机利用对流给热的方法提高被灭菌物品的温度。在灭菌机中，通过加热元件以对流的方式将空气加热。流动的空气起着载热的功能，由于被灭菌物品的温度比热空气温度低，加热后的空气将热能又转移到被灭菌物品中，完成了热量的传递，达到灭菌的目的。此外还同时利用物体内部分子的热传导、辐射两种方式达到灭菌的目的。

根据标准YY 1275—2016，典型的热空气灭菌均是由升温、灭菌、冷却三个工艺构成，如图6-3所示。

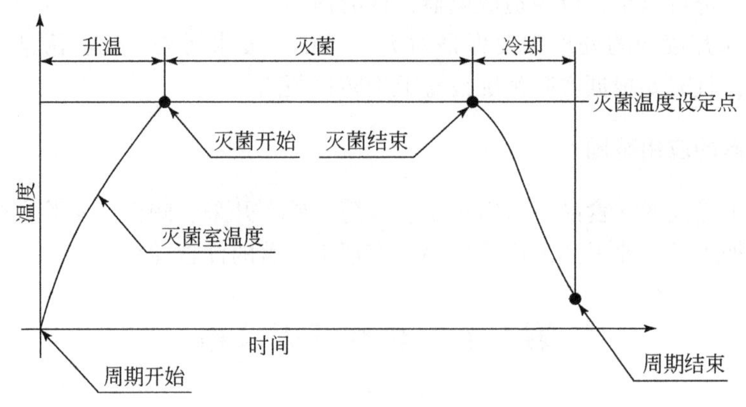

图 6-3　热空气灭菌升温、灭菌、冷却三个工艺

三、消毒器的使用方法

干烤箱的工作流程为：数据输入阶段→装料分阶段→加热阶段→过渡阶段→干燥、灭菌、除热源阶段→冷却阶段（风冷型和水冷型）→终冷却阶段→卸料等待→卸料阶段。

四、消毒器的消毒因子

温度、热力、湿度。

五、消毒器的消毒机制

热空气灭菌箱在 160 ~ 180℃加热 2h，可杀死一切微生物，包括芽孢。热力消毒器是利用高温使得细菌核酸和蛋白质化学结构发生化学键的变化，导致蛋白质、核酸以及酶等物质结构的破坏，从而达到消毒灭菌的效果。

六、消毒器杀灭微生物的效果

参考《消毒技术规范》（2002 版）2. 1. 5. 1 干热灭菌柜消毒功效鉴定试验，测定消毒器对枯草杆菌黑色变种（ATCC 9372）的杀灭效果。重复 5 次灭菌试验，在 5 次灭菌试验中，各次试验定量阳性对照的回收菌量均达 5×10^5 ~ 5×10^6 cfu/片；定性阳性对照组，细菌生长良好；阴性对照组样本应无菌生长。所有试验菌片均无细菌生长时，可判为干热灭菌合格。

七、消毒器消毒过程的监测方法

1. 工艺监测

监测的主要项目有物品的包装，物品的装放、排气情况、灭菌温度、灭菌时间。

2. 化学监测

采用3M干热化学指示卡，将指示卡粘贴于待灭菌物品上，经一个灭菌周期后，观察化学指示剂的颜色由棕色变为黑色，且变色均匀，则可认为达到灭菌条件。

3. 生物监测

以枯草杆菌黑色变种（ATCC 9372）芽孢作为指示菌。将菌片分别放入灭菌试管内（1片/管），放于灭菌室每层对角线内、外角放置2个含菌片的试管，经一个灭菌周期后，经细菌定性培养检测，若无指示菌生长，则为灭菌合格。

八、影响消毒器作用效果的因素

1. 时间

温度确定下，灭菌时间越长灭菌效果越好，但可能造成灭菌物体的损害，且加热和冷却的过程较长。

2. 温度

温度越高，加热的速度越快，灭菌时间越短，但温度过高增加灭菌过程中的危险性。

3. 比热容

热空气的比热容小，热传导率低。灭菌物体温度上升的快慢与灭菌物体的比热容有关。

九、注意事项

（1）不得处理装有液体的密闭瓶等，不适用于生物材料的灭菌，严禁将易燃、易爆物品放置在干热箱内灭菌；

（2）用于干热灭菌的物品必须是已经清洗干净而且不沾染有机物；

（3）设备在使用前需检查仪表是否灵敏，在使用中发现异常情况要及时停机并进行维修；

（4）在装料和卸料操作期间，操作人员不得将手伸入腔体内；

（5）灭菌过程中严格控制温度，温度过低灭菌不完全，温度过高可能导致灭菌物品的包装纸烤焦甚至是燃烧，增加危险性；

（6）设备使用完及时拔除电源，冷却后再进行清洁；

（7）每年请专业人员对干热箱进行全面检修；

（8）热空气灭菌的穿透性较差。

十、应用范围

适用于不怕高温物品，或不能用湿热灭菌的金属设备和蒸汽不能穿透物品的灭菌。如凡士林纱布、石蜡、各种粉剂软膏和玻璃器皿、瓷器、金属制品等的灭菌。

小　结

本章介绍了干燥灭菌器，如微波干燥灭菌器、热空气灭菌箱。干燥灭菌器具备干燥均匀、消毒效果可靠的优点，广泛应用于食品、医药、材料等多个领域。

（何　婷　陈昭斌）

第七章　脉动真空压力蒸汽灭菌器

真空消毒器是特定空间内部中部分物质被排除，使其内部压力小于一个校准大气压，并施加某些消毒因子使其达到消毒灭菌的效果的设备。脉动真空压力蒸汽灭菌器（pulsation vacuum pressure steam sterilizer）即通过抽取腔体内部空气达到一定的真空度后，再通入饱和蒸汽，达到设定的压力和温度，实现耐高温高湿物品的消毒灭菌。

预真空压力蒸汽灭菌器根据一次性或多次抽真空的不同，分为预真空和脉动真空两种，后者因多次抽真空，空气排除更彻底，效果更可靠。脉动真空灭菌器又称脉动真空压力蒸汽灭菌器，属于湿热灭菌类，是各类医疗卫生机构广泛用于手术器械、敷料、玻璃器皿等医用耗材和骨科高值医用耗材进行蒸汽灭菌处理的Ⅱ类医疗设备。当前，脉动真空灭菌器大多数都已发展成为性能优良、自动化程度较高的现代化设备，有完善的灭菌效果监测体系，实现了物理、化学和生物监测的标准化。脉动真空灭菌器已经普遍使用，灭菌效果可靠、操作方便，且具有较好的温度均匀性，对灭菌物体的损害程度较小，自动化程度高等优点，广泛应用于各医院，在各医院可作为主导的灭菌设备。

一、消毒器构造

灭菌器主要由箱体、抽真空系统、压力蒸汽发生系统、控制及显示系统等组成。如便携式脉动真空压力蒸汽灭菌器的结构如图 7-1 所示。

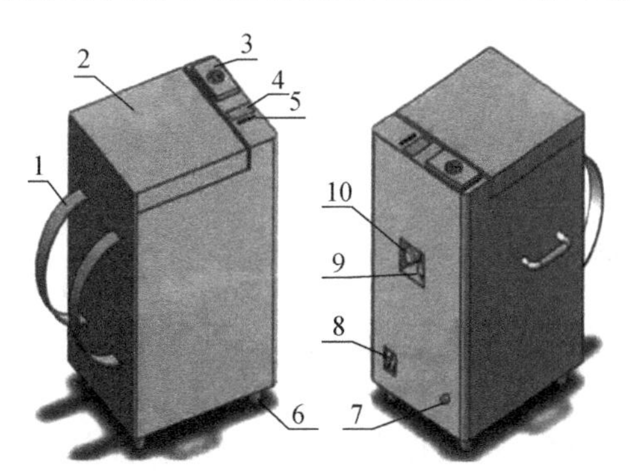

图 7-1　便携式脉动真空压力蒸汽灭菌器外形结构示意图

1. 背带；2. 自动门；3. 水箱盖；4. 显示屏；5. 操作按键；6. 支架；7. 水箱排水口；8. 电源插座；9. 安全阀；10. 空气过滤器

二、消毒器的工作原理

当液体在有限的密闭空间中蒸发时，液体分子通过液面进入上面空间，成为蒸汽分子。它们处于紊乱的热运动之中，在与液面碰撞时，有的分子则被液体分子所吸引，而重新返回液体中成为液体分子。当单位时间内进入空间的分子数目与返回液体中的分子数目相等时，则蒸发与凝结处于动平衡状态，此时虽然蒸发和凝结仍在进行，但空间中蒸汽分子的密度不再增大，此时的状态称为饱和状态。饱和状态下对应的蒸汽称为饱和蒸汽。

脉动真空蒸汽灭菌器的工作原理（图 7-2）是利用设备自身的真空系统强制抽出灭菌室内的空气，使箱体内保持负压状态。当真空度达到设计要求时，再导入饱和纯蒸汽并维持一定的时间、一定的温度（压力）。当饱和纯蒸汽与被灭菌物接触时，蒸汽均匀扩散并渗透至被灭菌物品内部，实现彻底灭菌的目的。当灭菌过程结束后，再排出灭菌室内的蒸汽，启动真空系统对内室抽真空，抽出内室的蒸汽及灭菌物品内水分，从而达到对灭菌物品干燥的作用。需确保高效去除中空器械内部空气，使高温蒸汽能充分到达每一个角落，从而保证消毒质量。

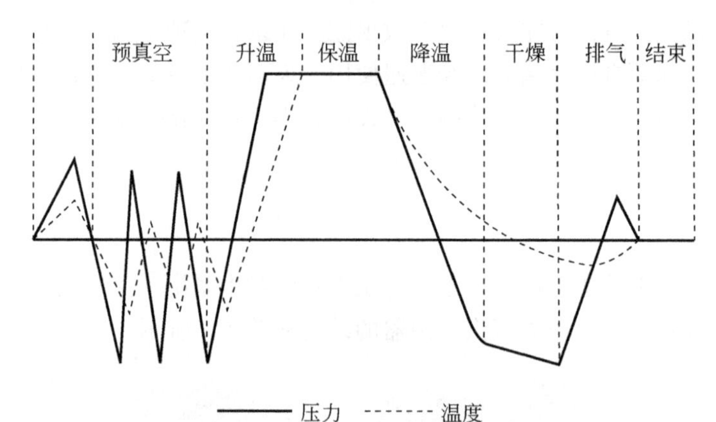

图 7-2　脉动真空蒸汽灭菌器灭菌内室中的压力—温度曲线图

三、消毒器的使用方法

脉动真空蒸汽灭菌器有多种灭菌模式，如以压力为主导，或者以时间为主导的灭菌器。但灭菌过程大致相同。如 XG1. D 型脉动真空蒸汽灭菌器预置五套灭菌程序，分别为织物程序、器械程序、液体程序、自定义程序一、自定义程序二。其主要运行程序并无大的差异。根据《消毒技术规范》（2002 版），脉动真空压力蒸汽灭菌方法如下：

（1）将待灭菌的物体放入灭菌柜，关好柜门；

（2）将蒸汽通入夹层，使压力达107.8kPa（1.1kg/cm^2），预热4min；

（3）启动真空泵，抽除柜室内空气使压力达8.0kPa；

（4）停止抽气，向柜室内输入饱和蒸汽，使柜室内压力达49kPa（0.5kg/cm^2），温度达106～112℃，关闭蒸汽阀；

（5）抽气，再次输入蒸汽，再次抽气，如此反复3～4次；

（6）最后一次输入蒸汽，使压力达205.8kPa（2.1kg/cm^2），温度达132℃，维持灭菌时间4min；

（7）停止输入蒸汽，抽气，当压力降到8.0kPa，打开进气阀，使空气经高效滤器进入柜室内，使内外压力平衡；

（8）重复上述抽气进气操作2～3次；

（9）待柜室内外压力平衡（恢复到零位），温度降至60℃以下，即可开门取出物品。

灭菌程序运行前需要对脉动真空灭菌器的灭菌性能进行验证，可验证灭菌器的完整性和可靠性，多采用空载保压试验、狄克（B-D）试验、满载热穿透试验、微生物挑战试验等。具体的操作步骤需按不同类型的消毒器厂家说明书进行操作。

四、消毒器的消毒因子

温度、湿热、压力。

五、消毒器的消毒机制

脉动真空蒸汽灭菌器主要是基于饱和蒸汽冷凝时将大量潜热释放的物理特征，从而保持待灭菌物品一直处在潮湿与高温状态中以达到灭菌目的。饱和蒸汽中的热量传送到器械上，使得器械的温度升高至132℃，器械表面的真菌、细菌、病毒等微生物内部的蛋白质在高温下变性从而达到灭菌的效果。

六、消毒器杀灭微生物的效果

有研究机构研制了一种便携式脉动真空压力蒸汽灭菌器，对10包清创缝合包灭菌效果进行评价，总共进行10批次试验，每批次有1个监测包（便携式脉动真空压力蒸汽灭菌器按“脉动3次、132℃灭菌6min、真空干燥6min”的条件进行，且载水箱中的水为野外过滤后的清洁水3L），灭菌完成后依次取出监测包和清创缝合包，将灭菌合格的清创缝合包在室内阴凉处存放14d后送检做微生物采样监测，以判别包内器材是否受到微生物的再污染。在监测合格的条件下，研究发现灭菌处理的100包清创缝合包在14天微生物检测后结果为阴性无菌生长有98包（合格率98.0%），2包有菌生长经验证判定为灭菌包装屏障缺陷导致再污染。相比较手提式排气压力蒸汽灭菌器合格率为70.0%，便携式脉动真空压力蒸汽灭菌器灭菌的合格率高，灭菌效果可靠。

有研究者研究了脉动真空压力蒸汽灭菌对金属医疗器械的灭菌效果。2000件消毒灭菌金属器械经预清洗合格后，用枯草杆菌黑色变种芽孢（AT CC9372）滴染晾干，脉动预真空压力蒸汽灭菌器（德国MMM公司）调节真空度是-0.098MPa，脉动3次，控制灭菌温度是134℃，调整灭菌时间10min，周期是60min，消耗水含量是220kg。研究表明脉动真空压力蒸汽灭菌器的灭菌率可达99.00%。

七、消毒器消毒过程中的监测方法

为维护好灭菌器的性能、灭菌过程的管理，需对灭菌过程进行监测，或对灭菌结果进行验证，是保证灭菌效果的关键步骤。可采用物理、化学、生物监测方法。

1. 物理监测

物理监测是对脉动真空压力蒸汽灭菌器的灭菌周期的工作时间、温度和工作压力进行记录，详细记录每批次物体灭菌需设置的参数以及物体自身的信息，并保存备案。

2. 化学监测

包外化学指示卡于用于标明无菌包名称、有效期、失效期、操作者工号、锅号，也可用于无菌包封口，便于包外监测。其变色只表示该物品是否经过灭菌处理，不能说明灭菌是否合格。取包内化学指示卡，将包内的化学指示卡放置于包内最难灭菌的部位，可准确反映灭菌过程完成与否，是否达到灭菌的合格要求。

B-D测试可迅速检验脉动真空压力蒸汽灭菌器的重要性能，属于化学监测的一种，可用于监测灭菌器的冷空气排除效率，专用于预真空压力蒸汽灭菌器。若B-D指示图上的色列条变化均匀，与对照图设计的颜色一致提示脉动真空灭菌器的冷空气排除率可达99%以上，灭菌器真空性能合格。

当包外指示标签、包内化学指示卡、B-D测试达到指示物规定的色泽，且颜色及性状均符合要求，才能判断为灭菌合格。

3. 生物监测

生物指示剂多采用嗜热脂肪芽孢（ATCC 7953株），放置于自制监测包的几何中心位，用化学指示胶带封包，放置于灭菌器内载物架下层排气口上方，当生物监测合格时，则为灭菌合格。

此外，除物理、化学、生物监测外，还有化学（PCD）测试，即判断蒸汽灭菌整个装载是否达到灭菌条件、评价灭菌过程有效性的测试。模拟蒸汽最难穿透的医疗包，灭菌时与整个装载放置于下排气口。通过挑战最难的医疗灭菌包及灭菌器腔温度最低点，从而验证整个装载是否满足灭菌合格条件。当PCD标注测试包合格时，可认为灭菌效果达标。验证灭菌性能的试验还有真空保压试验、空载热分布试验，满载热穿透试验、无菌验证试验等，不再一一详述。

八、影响消毒器作用效果的因素

1. 预清洗程度

灭菌物体在灭菌之前需要进行灭器械预洗，未彻底清洗干净的器械会导致污染物凝固、细菌滋生且可能形成顽固性生物膜，在医院内容易造成灭菌失败，导致医源性感染。清洗程度越高，污染量越少，灭菌效果越好。

2. 灭菌参数的影响

（1）脉动次数以及脉动幅值：脉动的作用是在灭菌之前将灭菌室和灭菌物品内的冷空气靠真空泵强制排空，冷空气排除量的多少决定灭菌效果的好坏。

脉动次数的多少及脉动幅值的大小决定空气排除彻底与否，研究表明，理论上脉动3次将灭菌室内的冷空气排除率可达99.2%，可认为是真空状态，灭菌效果好。当有1%的空气未排除时，可使得灭菌的热传递系数下降60%。相同压力下，混入空气会形成热阻，使得箱体内达不到灭菌的温度，造成灭菌失败。中山市人民医院于3年内统计，因真空度因素造成的灭菌失败率高达57.0%，可见真空度（或者说脉动次数以及幅值）是灭菌效果的一个重要影响因素。

（2）灭菌温度：灭菌温度应根据待灭菌物体的生产工艺以及性质进行设置，温度过高会对物体造成损害，温度过低灭菌效果不理想。可用留点温度计去检测箱体内的灭菌温度是否达到要求。研究表明灭菌时间相等（1min）、110℃下的灭菌效果只有121℃下灭菌效果的7.9%，130℃下的灭菌效果是121℃下灭菌效果的79.4%。可用灭菌温度系数定量评价微生物对灭菌温度变化的敏感程度，Z值越大，微生物对温度变化越不敏感，通过升温来加速杀灭微生物的收效越不明显。

（3）微生物耐热参数（D值）：D值指一定温度下将微生物杀灭90%或使之下降一个对数或单位所需的时间（分）。当D值越大时，微生物的耐热性越大，就越难达到灭菌的要求。

（4）灭菌时间：灭菌时间包含热穿透时间、热死亡时间、安全死亡时间。当灭菌温度越高时，所需的灭菌时间越短，反之，灭菌时间越长。

（5）蒸汽质量：脉动真空灭菌器需要干燥程度不小于0.90的饱和蒸汽（即含水量不超过10%），金属负载状态下要求干燥程度不小于0.95，以保持温度与压力呈线性关系。过湿的蒸汽含液态水过多，导致水蒸气与水混合，释放潜热少并可能产生湿包；过干的蒸汽不含液态水，在获得能量后变为过热蒸汽而非饱和蒸汽，同样影响灭菌效果。可用B-D试纸进行检测，如有问题则进行保压试验或利用手动操作将内室通入蒸汽以检查管路等处有无泄漏。

3. 灭菌物体的装载

待灭菌物体的装载量需少于箱体容积的80%，留有一定的空隙，分层摆放，利于蒸汽的流通，不同灭菌物体也需要分开灭菌，可达到良好的灭菌效果。

此外还有物体的打包与装卸，以及真空泵供水量等。

九、注意事项

（1）灭菌过程中需要对温度和压力的变化进行实时监控，可清晰地观察到各阶段的变化；

（2）灭菌器需定期请医学工程科工程师对其压力表每半年校正一次；安全阀每年校正一次；

（3）脉动真空压力蒸汽灭菌器每日进行一次B-D测试，检测它们的空气排除效果；

（4）消毒员经专业培训，持证上岗，严格按照国家标准执行各环节质量监控。

十、消毒器的应用范围

脉动真空压力蒸汽消毒器适用于有或无包装的、中空或实心的、中空多孔、内部有管路的各类器械和耐高温、高压湿热的敷料、器皿、橡胶等医用耗材的消毒灭菌。适用于手术室、实验室等多种场合，可对耐高温、耐高湿的医疗器械和物体进行灭菌。便携式脉动真空压力蒸汽灭菌器，适合在道路交通中断和缺少水的野外恶劣环境下使用，可有效提高灾害和野战等应急医疗救治。

小　结

脉动真空压力蒸汽灭菌器是真空消毒器的一种。本章介绍了其一般构造、工作原理、使用方法、消毒因子、消毒机制、杀灭微生物的效果、消毒过程中的监测方法、影响消毒器作用效果的因素以及应用范围等方面。脉动真空灭菌器的消毒因子是湿热，消毒灭菌的基本过程是抽出灭菌箱体内空气–通过饱和蒸汽，使微生物蛋白质变性从而实现灭菌的目的。其杀灭微生物的效果可靠且具备物理、化学、生物等完善的监测方法，广泛应用于耐高温、耐高湿的物体消毒灭菌。

（何　婷　陈昭斌）

第八章　压力消毒器

压力（pressure）是物体所承受的与表面垂直的作用力，是一种物理的量。一般认为当压强超过100mPa就是超高压。压力消毒器是利用一定大小的压力作用于微生物，达到消毒灭菌效果的一种装置。本章介绍一种以压力为消毒因子的压力消毒器——超高压加工设备。

超高压加工技术（ultra-high pressure processing）简称UHP，又称高静压技术（high hydrostatic pressure，HHP）或高压加工技术（high pressure processing，HPP）。超高压加工技术就是在密闭的超高压容器内，用水作为介质对食品等物料施以400～600MPa或用高级液压油以100～1000MPa的压力的一个物理过程，因其非热效应的灭菌机制的优点，可保证食品安全性的同时保留食品的原味而被广泛应用，UHP存在巨大的应用前景和潜在市场的发展空间。

1899年，美国化学家BertHite首次发现了450MPa的高压能延长牛奶的保存期，奠定了超高压技术的理论基础。1906年，美国物理学家Bridgman开始系统研究高压实验技术，对固体的压缩性、熔化现象、力学性质、相变、电阻变化规律、液体的黏度等宏观物理行为的压力效应研究，于1914年发现高静水压（700MPa）下蛋白质发生变性、凝固而获得了1946年诺贝尔物理学奖。可以说这便是超高压技术应用于食品加工的雏形。1986年日本京都大学的林力久教授率先开展了高压食品的实验，一度掀起高压技术在食品中应用的基础研究热潮。直到1990年有关超高压装备、技术和理论的研究才得到突破与发展，由日本明治屋食品公司首先实现了UHP在果酱、果汁、沙拉酱、海鲜、果冻等食品的商业化应用。之后，欧洲和北美的大学、研究机构和公司也相继加快了对UHP的研究和应用。

进入21世纪以来，超高压加工技术以其独特的技术优势在食品行业占据一席之地，甚至被世人誉为“21世纪十大尖端科技”之一。时至今日，超高压加工技术涉及水产品、液体饮料、肉制品、有效成分提取等诸多方面。

目前UHP在食品中应用加工的方面，日本仍居于国际领先地位，日本在超高压加工装置方面实现了标准化和定型化。相比较于日本的超高压技术，我国超高压技术在食品和医药卫生等领域中消毒杀菌的研究起步较晚，相关的标准并无统一标准，且超高压设备技术难度大、加工过程复杂、设备昂贵等因素给设计研究增加了一定的难度。

第一节　典型超高压消毒器

一、消毒器构造

超高压装置按其产生高压的方式分为外部直接加压（图 8-1）和内部间接加压。其中内部加压又分为分体式（图 8-2）和一体式加压装置（图 8-3）。图 8-4 为实验室常用小型立式超高压装置，其灭菌系统简图如图 8-5 所示。该小型立式超高压装置通常用于实验室，自动化要求不高，常常用来研究不同工艺参数对不同食品的超高压处理效果。

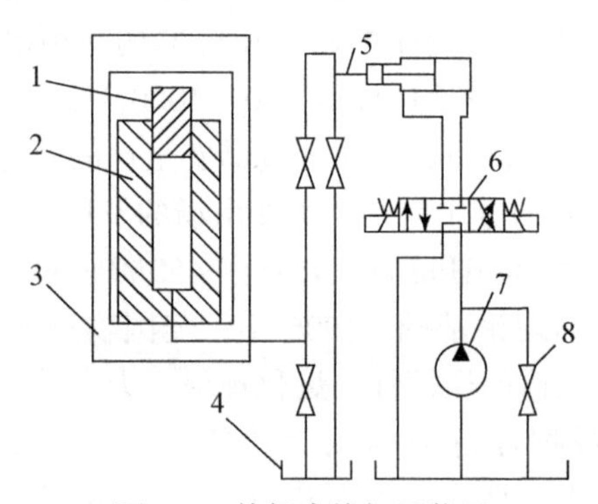

图 8-1　外部直接加压装置

1. 高压缸盖；2. 高压缸；3. 承受高压的框架；4. 水箱；5. 增压缸；6. 换向阀；7. 液压泵；8. 油箱

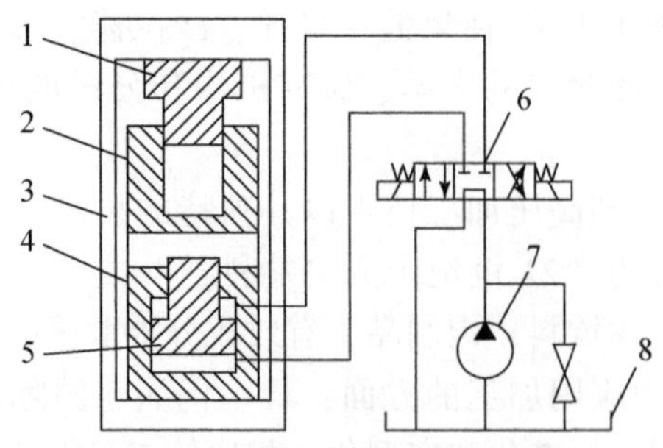

图 8-2　分体式内部加压装置

1. 高压缸盖；2. 灭菌缸；3. 承压框架；4. 增压缸；5. 增压活塞；6. 换向阀；7. 液压泵；8. 油箱

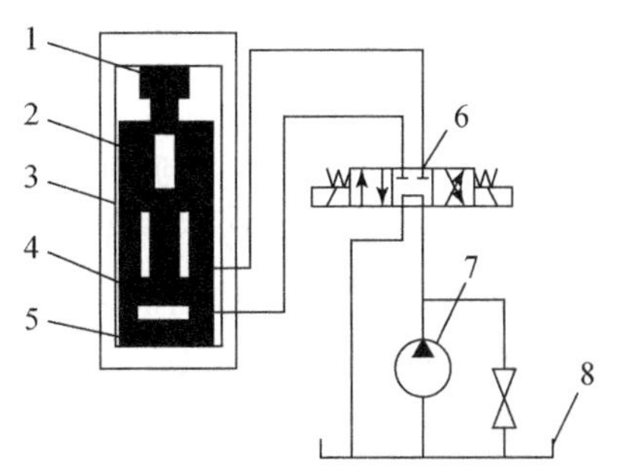

图 8-3　一体式内部加压装置

1. 高压缸盖；2. 灭菌缸；3. 承压框架；4. 增压活塞；5. 增压缸；6. 换向阀；7. 液压泵；8. 油箱

图 8-4　小型立式超高压装置

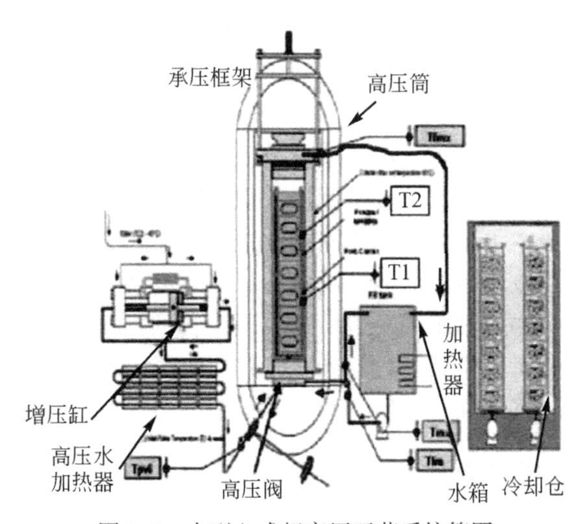

图 8-5　小型立式超高压灭菌系统简图

二、消毒器的工作原理

超高压技术遵循帕斯卡和勒夏特列两个基本原理。超高压技术是将食品原料包装后密封于超高压容器中，常以水或油流体介质作为传递压力的媒介物，在静高压（一般不小于100MPa，常用的压力范围是100～1000MPa）和一定的温度下加工适当的时间，引起食品成分非共价键（氢键、离子键和疏水键等）的破坏或形成，使食品中的酶、蛋白质、淀粉等生物高分子物质分别失活、变性和糊化，并杀死食品中的细菌等微生物，从而达到食品灭菌、保藏和加工的目的。

三、消毒器的使用方法

向超高压容器中装入包装好的试料及压力媒介物（若加工液状食品时也可直接加入），然后移动框架至高压容器中轴位置，启动油压泵，油压缸活塞上行，高压容器上升，活塞顶盖闭合，排尽液面上空气后关闭容器顶部排气阀开始升压，达到预先设定压力后，计算机控制的定时程序装置启动，依次自动进行保压、延时及停泵。实验完成后开启换向回油阀，待压力下降后开启排气阀，油压缸活塞及高压容器下落、顶盖启开，然后移开框架卸出加工物料，即完成一个循环。

四、消毒器的消毒因子

压力。

五、消毒器的消毒机制

超高压技术以液体为介质，当食品在液体介质中体积被压缩后，形成高分子物质立体结构的氢键、离子键、疏水键等非共价键即发生变化，导致蛋白质变性、淀粉糊化、酶失去活性、微生物等被杀死而达到消毒灭菌的作用。

有研究指出，在超高压的条件下：食品中小分子（如水分子）之间的距离缩小，而蛋白质等大分子物质仍保持原状，这时小分子要产生渗透和填充的效果，进入并黏附在蛋白质等大分子基团内的氨基酸周围，使微生物中的蛋白质生物大分子链在加工压力下，由超高压降为常压后被拉长，而导致蛋白质的结构部分和全部被破坏，以改变蛋白质的性质。并且在超高压条件下，食品中的某些物质的分子会穿透微生物的细胞膜，也可造成微生物的损伤。但是超高压处理只作用于非共价键，因此对维生素、色素和风味物质等低分子量物质的共价键无明显影响，从而使食品较好地保持了原有的营养价值、色泽和天然风味。

六、消毒器杀灭微生物的效果

由于各种微生物、酶耐压性不同，所以杀死不同微生物、使酶失活所需要的压力层次不同。一般来说，常温下200～300MPa压力可以杀灭细菌、霉菌、酵母菌的营养体及病毒、寄生虫；600MPa以上才能杀死耐压性高的芽孢杆菌属的芽孢。对于酶类，100～200MPa可以使一般性酶失活；50～60℃、700MPa以上可使耐压性高的过氧化物酶、果胶酶等失活。因此，若在不恰当工艺条件下仍可能有微生物、酶的存在，与光、氧接触后仍会使食品腐败变质。

研究者研究了超高压对牛乳的杀菌效果，结果表明，500MPa处理20min，大肠埃希氏菌致死率为99.9981%，猪霍乱沙门氏菌猪霍乱亚种致死率为99.9994%。

研究表明将超高压作用于新鲜芒果汁，在500MPa下处理20min后，大肠杆菌数量降低5个对数级，细菌总数≤100CFU/mL，符合我国饮料的卫生标准。

超高压对米酒进行处理后可使酵母菌和乳酸菌得到有效抑制。对啤酒在350MPa、20℃下处理3～5min，对酒中酵母菌、乳酸菌等细菌的杀灭作用显著。

研究者研究了超高压处理液体蛋的杀菌效果，结果表明，压力为440MPa、保压时间10min时，细菌致死率达99.72%；保压20min时，细菌致死率为99.9%；压力为400MPa、保压时间20min时，蛋液的初始细菌总数由13100CFU/mL降到31CFU/mL，完全符合国家鸡蛋卫生标准细菌总数小于100CFU/mL的要求。

研究者研究发现超高压对肉中的微生物有明显的致伤作用，但无法完全杀灭，如一些研究中发现高压处理不会影响乳酸杆菌和金黄色葡萄球菌在发酵香肠中的发酵能力，而这两种菌能抑制产酪胺和二胺的菌群的生长。

七、消毒器消毒过程的监测方法

检查压力表读数。

八、影响消毒器作用效果的因素

根据超高压技术遵循着帕斯卡定律和勒夏特列原理，可知UHP并不受食品的几何形状、尺寸、体积等条件的影响。研究者指出实际影响其作用效果的因素如下。

1. 压力

压力是影响超高压灭菌的主要因素。在一定范围内，压力越高，杀菌效果越好。多数微生物经100MPa以上的加压处理即可杀灭，细菌、霉菌、酵母菌等营养体在300～400MPa加压后可以杀灭，病毒和寄生虫低压处理即可杀灭。对于芽孢类生物，压力要达到1000MPa甚至更高才会杀死芽孢。如果压力达不到反而对芽孢有活化作用，故在实际应用中，间歇加压是一种有效杀死芽孢的方法。

2. 时间

在某一压力下，随着持压时间的延长，杀菌效果会有所提高。超高压杀菌可以分为低压长时、高压短时和超高压瞬时杀菌。低压长时杀菌是指在400MPa左右加压处理10～20min；高压短时杀菌指在600MPa左右加压处理1～2min；超高压瞬时杀菌指在600MPa以上加压处理数秒至1min以内。但是，当细菌残留率达到一定值后，单纯的增加超高压处理时间，杀菌效果不是很明显，结合其他的处理方式可以进一步提高杀菌效果。

3. 施压方式

食品超高压杀菌技术有连续式、半连续式和间歇式。专业团队的研究表示，连续式施压和半连续式施压相比，后者更能减少菠萝汁当中的酵母菌，这就会关系嗜热脂肪芽孢杆菌的活跃性，所以在对菠萝汁进行施压的时候更适合使用重复施压。

4. pH

压力会改变介质的pH，而每种微生物均有自身生长最适宜的pH范围，氢离子浓度对微生物的生长影响很大，特别在酸性条件下不利于多数微生物的生长发育。实际上，多数研究都表明，相比较于常压pH对微生物的影响，pH对超高压杀菌的影响力并不明显。

但也有研究表明，超高压应用于酸度较高的果蔬汁中效果较中性果蔬汁好，如超高压对低pH的鲜榨苹果汁的杀菌效果优于pH偏中性的鲜榨胡萝卜汁，经过400MPa、15min处理的鲜榨苹果汁可在4℃下贮藏7d仍保持食用安全性，而鲜榨胡萝卜汁经400MPa、45min处理，仅能在4℃下贮藏3d。

5. 温度

温度是微生物生长代谢最重要的外部条件，对超高压灭菌的影响很大。随着受热温度的升高，微生物受热变性所需的压力可以降低，也就是说温度对压力有增效的作用。但也有出现热变性和压力变性相互削弱的拮抗现象。例如大肠杆菌在47℃时常压下会迅速死亡，可是加压至400MPa时，在同样温度下反而能生存。在同样的压力下，温度越高、杀菌效果越好，但是温度过高，则容易破坏食物。因此，一定程度的提高温度对高压杀菌有促进作用，也要关注温度过高对灭菌物质的损害。

6. 食品成分

超高压杀菌时，食品成分对杀菌效果有较大的影响，微生物（营养细胞和芽孢）在营养性基质中比在非营养性基质中耐压性更强。

7. 水分活度

水分活度（aw）对于生物抵抗力压力非常关键，水分活度的降低可能会帮助微生物抵抗压力的破坏作用；但是低水分活度同时也会抑制亚致死微生物细胞的修复能力。研究表明在室温下400MPa处理酵母15min，当水分活度较高，为0.96时，微生物的致死效果较明显，当水分活度低于0.91时，酵母菌无失活现象。

8. 微生物种类

在超高压下，革兰氏阴性菌比革兰氏阳性菌更为敏感。超高压杀灭微生物的顺序是：酵母菌>霉菌>革兰氏阴性菌>革兰氏阳性菌>含芽孢细菌。

除上述影响因素外，超高压灭菌还与微生物生长阶段等因素相关。

九、注意事项

（1）必须研究每种食品相适应的环境因素。

（2）温度对超高压杀菌效果影响很大。加热和加压并用时，压力效果和加热效果有拮抗现象，在不适当的温度和压力下杀菌效果反而降低。这点对细菌以外的病毒、枯草杆菌的孢子、蛋白质、酶也是如此。

（3）对食品进行压力杀菌时，要注意物性变化，为了保持食品新鲜，需要精心设定压力和温度条件，以避免因压力引起物性变化。

（4）在高温下加压，由高温引起的食品的色、香、味、营养成分变化的化学反应在超高压下的效果还有待研究。通常化学反应速度是随温度的提高而加快，而在超高压下，受活性化体积支配，分为快速反应、慢速反应、不受压力影响的反应。对食品特有的化学反应的超高压效果的研究刚开始，适应加压的反应在高温下如何进行还难以预测。

（5）微生物在低于100MPa的压力下处于抑菌的状态，这一特性非常适用于生鲜食品的贮藏和运输，且有研究意义。耐受数百个大气压的超高压容器是相当大型的装置，现已能制造，在食品的贮存上也有使用加压方法的报道。

十、消毒器的应用范围

外加压式容积恒定，利用率高，适用于食品大容量生产装置，内加压式容积随升压减少，利用率低，适用于更高压、安全性高、小容量、更适用于研究开发。超高压技术除在食品加工方面有应用，还在疫苗的研制、血制品的制备等方面有应用。

第二节　超高压间歇式杀菌设备

一、消毒器构造

按照加工方式分类，可分为超高压间歇式杀菌设备（图8-6）和超高压连续杀菌设备。

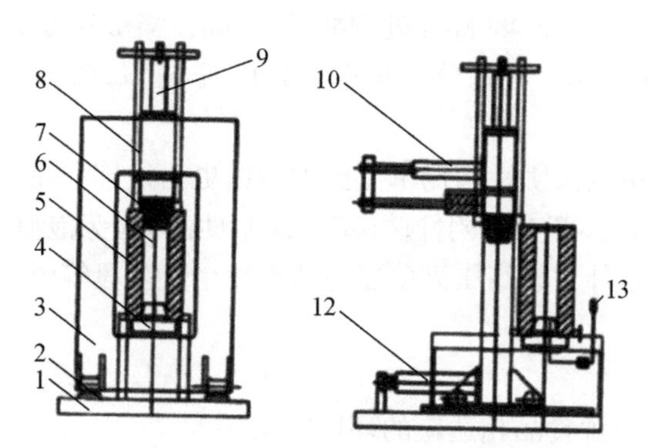

图 8-6 超高压间歇式加工装置

1. 基座；2. 滚道；3. 承压框架；4. 下封头；5. 超高压灭菌缸筒；6. 工作腔；7. 上密封头；8. 支架；9. 上封头启闭操作缸；10. 超高压缸筒平移操作缸；12. 油缸；13. 温度控制系统

二、消毒器的工作原理

当前用于工业生产的超高压灭菌装置大多数为间歇式加工方式。加工过程中，油缸向上运动，带动上密封头向上运动后，油缸将灭菌缸和承压框架沿着滑轨移动，露出灭菌缸口部，将包装好的食物置于灭菌缸后，再沿滑轨移动到预定位置，排出空气后，系统进行加压，保压一段时间，卸压。油会将灭菌缸与承压框架沿滑轨推出，取出灭菌缸中的待灭菌食物即完成一个工作流程。

三、消毒器的使用方法

按其使用说明进行。

四、消毒器的消毒因子

压力。

五、消毒器的消毒机制

同本章第一节。

六、消毒器杀灭微生物的效果

同本章第一节。

七、消毒器消毒过程的监测方法

检查压力表读数。

八、影响消毒器作用效果的因素

同本章第一节。

九、注意事项

同本章第一节。

十、消毒器的应用范围

间歇式是一种批处理系统，可以加工液体和固体状态的产品，但这些产品必须在加工前进行预处理。预处理包括包装和除气。

第三节　超高压半连续式杀菌器

一、消毒器构造

设备主要由超高压承压系统、液压系统和水介质系统组成。承压系统是设备处理物料的场所，包括承压框架、容器支架、容器体、容器堵头和堵头密封等装置。液压系统负责高静压的产生和设备部件的机械移动，主要包括水介质增压器、油泵、油箱、换向阀、卸压阀等部件。水介质系统指传压介质水的整个循环路径，主要包括高压水泵组、排水泵、水箱、单向阀、压力传感器等部件。水介质直接接触食品，各级密封必须确保水介质和液压油完全分离（图 8-7）。

二、消毒器的工作原理

在主油泵的驱动下，利用增压器使泵入的水介质的压力上升，再通过单向阀将高压水注入承压容器，使容器内的水介质形成高静压环境。水介质和物料在高压状态保持一段时间后卸压，利用极端压力的物理作用杀灭食品中微生物或改变食品的特性。

三、消毒器的使用方法

在半连续式操作方式中，产品被泵送到压力容器中后，关闭进料阀门，通过活塞进行加压，与此同时，活塞也将产品与压媒分开，达到处理效果后，开启出料阀门，利用活塞压力，将产品压入贮罐，完成一个生产周期。

四、消毒器的消毒因子

压力。

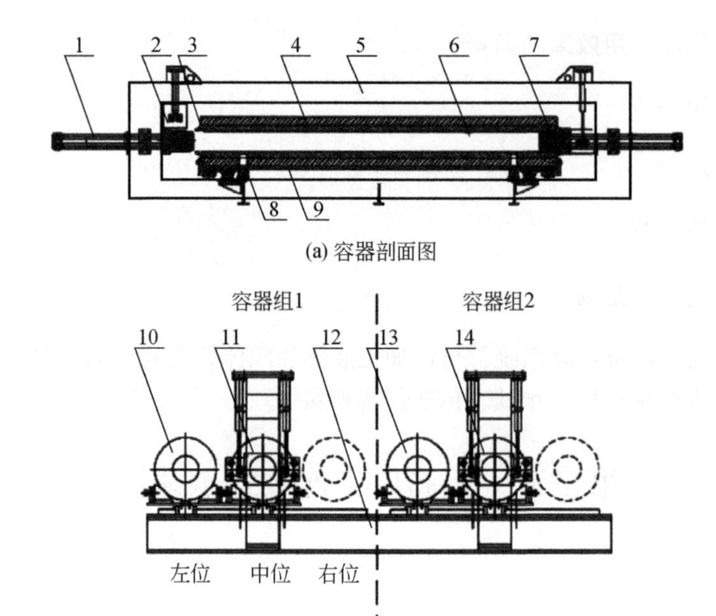

图 8-7　超高压半连续式杀菌设备主体示意图（HHP-700-400L 型超高压设备）

1. 堵头连动杆；2. 垫块；3. 堵头卡口；4. 容器壁；5. 承压框架；6. 容器腔；7. 容器堵头；8. 滑轨；9. 容器支架；10. 容器Ⅰ；11. 容器Ⅱ；12. 设备支架；13. 容器Ⅲ；14. 容器Ⅳ

五、消毒器的消毒机制

同本章第一节。

六、消毒器杀灭微生物的效果

同本章第一节。

七、消毒器消毒过程的监测方法

同本章第一节。

八、影响消毒器作用效果的因素

同本章第一节。

九、注意事项

同本章第一节。

十、消毒器的应用范围

因其稳定性和处理效率，适用于大型商业化的工厂食品加工处理，也适用于加工可泵送的流体（如果汁、酒类、乳品等）或半固体产品，超高压加工完成后再行包装。

第四节　超高压连续杀菌设备

一、消毒器构造

在实际的工业生产中，真正的食品用超高压连续化食品加工装备需要解决物料的连续加压、保压、卸压3个关键工作过程问题。因此至今还未出现用于工业化生产的超高压连续式处理设备。仅在已发布的专利中出现超高压连续物料灭菌装置。具体的结构简图如图8-8所示。

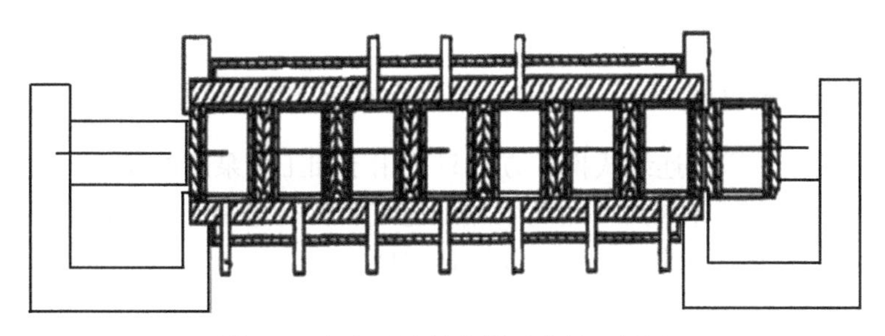

图8-8　超高压连续物料灭菌装置简图

二、消毒器的工作原理

同本章第一节。

三、消毒器的使用方法

具体操作是将被加工食品装入料仓中，从左端的灭菌缸口依次将料仓推入，压力大小从左到右进行阶梯递增，在中间压力最大位置对料仓进行定时保压，再从右端灭菌口中依次推出，完成一个工作循环。

四、消毒器的消毒因子

压力。

五、消毒器的消毒机制

同本章第一节。

六、消毒器杀灭微生物的效果

同本章第一节。

七、消毒器消毒过程的监测方法

同本章第一节。

八、影响消毒器作用效果的因素

同本章第一节。

九、注意事项

同本章第一节。

十、消毒器的应用范围

和半连续式一样、连续式操作方式只适用于加工可泵送的流体（如果汁、酒类、乳品等）或半固体产品，超高压加工完成后再行包装。由于超高压处理的特殊性，连续式操作法中的超高压系统较难实现。

小 结

压力消毒器是利用一定大小的压力作用于微生物，达到消毒灭菌效果的一种装置。本章介绍了一种以压力为消毒因子的压力消毒器——超高压加工设备，包括典型超高压消毒器、超高压间歇式杀菌设备、超高压半连续式杀菌器和超高压连续杀菌设备。

（何 婷 陈昭斌）

第九章　紫外线消毒器

1801 年，Ritter 发现在可见光紫端的外侧，有一种不可见光线，称其为紫外线（ultraviolet ray，UV）。进一步研究发现，紫外线可使氯化银变黑，而且比可见光更有效，从而证明了紫外线的化学作用。1877 年，英国人 Downes 和 Blunt 发表论文报道了用紫外线照射杀灭枯草芽孢杆菌的实验，证明了紫外线的杀菌作用，从而建立了紫外线灭菌发展史上的第一个里程碑。至 1929 年，Gates 在研究紫外线的杀菌作用时发现，不同波长的紫外线对微生物的杀灭作用不同，杀菌作用光谱平行于核酸碱基对紫外线的吸收光谱。这一发现被后人誉为紫外线灭菌研究发展史上的第二个里程碑。经过近 200 多年的研究，目前对紫外线已经有了比较清楚的了解，在这期间，虽然有许多物理的和化学的消毒方法问世，但紫外线至今仍不失为一种良好的消毒灭菌方法而被广泛应用。

用紫外线具有杀灭作用波段的光照射物体进行消毒的方法，称为紫外线照射消毒法。紫外光线是指位于可见光和 X 线之间的非电离辐射光波，波长为 10～400nm，主要来源于太阳、热物体和激发气体。紫外线可分为紫外线 A 段（315～400nm）、紫外线 B 段（280～315nm）和紫外线 C 段（100～280nm）。240～280nm 的紫外线具有杀菌作用，其中又以 253. 7nm 的紫外线杀菌能力最强。

紫外线可作用于微生物的核酸，使 DNA、RNA 的碱基受到破坏，形成嘧啶二聚体、嘧啶水化物等，从而使核酸断裂，失去复制、转录等功能，由此杀灭微生物。紫外线还可以作用于微生物的蛋白质，破坏其结构，导致酶失活、膜损伤等。

微生物对紫外线的抵抗力从强到弱依次为真菌孢子、细菌芽孢、抗酸杆菌、病毒、细菌繁殖体。紫外线消毒法适用于空气、平坦光滑物品表面和流动水的消毒处理，一般不用于灭菌处理。紫外线还适用于医疗机构、有卫生要求的生产车间、需要消毒的公共场所及家庭居室等场所的空气消毒。

目前，紫外线消毒器被广泛地应用在空气、水和物表的消毒。其中，紫外线空气消毒器主要分为挂壁或吊顶式、立式和柜式紫外线空气消毒器，紫外线灯；紫外线水消毒器主要分为过流式紫外线水消毒器、明渠式紫外线水消毒器和中压紫外线灯消毒器；紫外线物表消毒器主要是紫外线消毒柜，下面将分别介绍。

第一节　挂壁式紫外线空气消毒器

一、消毒器的构造

挂壁式紫外线空气消毒器包括壳体、风动系统、杀菌部件，风动系统和杀菌部件设在壳体内，壳体上部为出风口，下部为进风口，杀菌部件靠近进风口，风动系统靠近出风口，进风口为遮光进风口，遮光进风口为弯折钣金件排列，壳体还包括平板壳体，平板壳体为平滑镀锌钢板围成的长方体，出风口设在平板壳体上部（图9-1）。

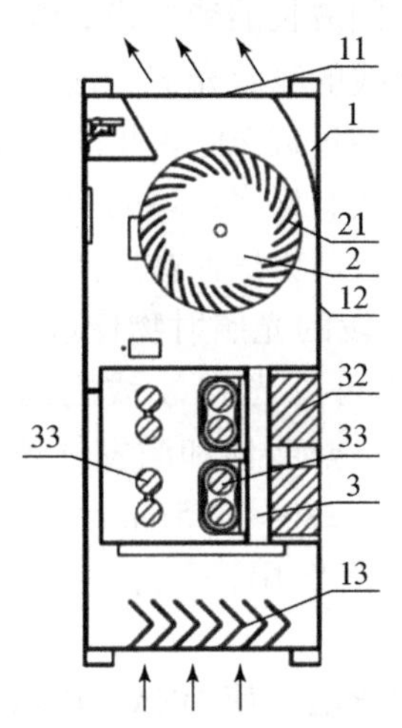

图9-1　挂壁式紫外线空气消毒器构造示意图

1. 壳体；2. 风动系统；3. 杀菌部件；11. 出风口；12. 平板壳体；13. 遮光进风口；
21. 贯流风机；32. 紫外灯管；33. 镇流器

二、消毒器的工作原理

下进上出风挂壁式空气消毒器，其特征是，杀菌部件包括杀菌支架、紫外灯管、镇流器，杀菌支架安装在平板壳体内，镇流器安装在杀菌支架一侧，紫外灯管安装在杀菌支架另一侧。紫外灯管为多个，多个紫外灯管平行排列。

三、消毒器的使用方法

根据待消毒处理空间的体积大小和产品使用说明书中适用体积要求，选择适用的紫外线空气消毒器机型。

按照使用说明书要求安装紫外线空气消毒器。

进行空气消毒时，应关闭门窗，接通电源，指示灯亮，按动开关或遥控器，设定消毒时间，消毒器开始工作。按设定程序经过一个消毒周期，完成消毒处理。动态空气消毒器运行方式采用自动间断运行。

四、消毒器的消毒因子

紫外线。

五、消毒器的消毒机制

紫外线可作用于微生物的核酸，使 DNA、RNA 的碱基受到破坏，形成嘧啶二聚体、嘧啶水化物等，从而使核酸断裂，失去复制、转录等功能，由此杀灭微生物。紫外线还可以作用于微生物的蛋白质，破坏其结构，导致酶失活、膜损伤等。

六、消毒器杀灭微生物的效果

按行业标准 GB 28235—2020 紫外线消毒器卫生要求中规定的消毒效果进行试验。

1. 模拟现场试验

在实验室温度为 20～25℃、相对湿度为 50%～70% 的条件下，开机作用至产品使用说明书规定的时间（最长消毒时间不应超过 2h），对空气中污染的白色葡萄球菌（8032）的杀灭率应≥99.9%。

2. 现场试验

在现场自然条件下按照产品使用说明书规定的条件，开机作用至产品使用说明书规定的时间（最长消毒时间不应超过 2h），对空气中自然菌的消亡率应≥90.0%。用于医疗机构环境空气消毒的，消毒后空气中菌落总数还应符合 GB 15982 的卫生标准值；用于其他场所消毒的，消毒后空气中菌落总数还应符合相关标准的要求。

七、消毒器消毒过程的监测方法

1. 生物监测

一般采用自然菌杀灭试验法进行检测。特殊情况下，可采用载体照射定量法进行检测。载体为 10cm×10cm 玻片，试验微生物在无特殊要求时，以金黄色葡萄球菌（*staphylcoccus aureus* ATCC6538）、大肠杆菌（*escherichia coli* 8099）、枯草杆菌黑色变种（ATCC9372）芽孢与白色念珠菌（*candida albicans* ATCC10231）为指示菌。开启紫外线灯 5min 后，将两个菌片（经滴染法染制而成的染菌载体）平置于无菌平皿中，水平放于待检物体表面，经常规照射时间后取出，分别投入两个盛有5mL洗脱液［含0.1%聚山梨醇-80（吐温80）、1%蛋白胨的生理盐水］试管中，振打80次，经适当稀释后，取0.5mL洗脱液做平板倾注培养，于37℃恒温培养箱培养48～72h做活菌计数。同法将未经消毒处理的菌片洗脱、培养、计数，作为阳性对照。试验重复3次，并按计算杀灭率。试验组杀灭率均≥99.90%判为消毒合格。

2. 化学监测

利用紫外线与消毒剂量指示卡（简称化学指示卡）检测紫外线灯管照射强度是否合格，判定照射剂量是否能达到消毒要求的方法。该指示卡是根据紫外线光敏涂料可随照射强度量相应色变的原理，结合使用条件下要求的照射剂量研制而成的。

3. 物理监测

指利用照度计直接读出紫外线灯辐照度值的方法。开启紫外线灯5min后，用波长为253.7nm的紫外线照度计在被检紫外线灯管下方垂直距离1m的中心处测定，待仪表稳定后，所示数据即为该紫外线灯管的辐照度值（$\mu W/cm^2$）。

普通型或低臭氧型30W直管紫外线灯，新灯管的辐照度值≥90$\mu W/cm^2$为合格；使用中紫外线灯辐照度值≥70$\mu W/cm^2$为合格。低于此值者应及时更换。高强度30W紫外线灯管辐照度值≥180$\mu W/cm^2$为合格。

八、影响消毒器作用效果的因素

（一）影响紫外线辐射强度和照射剂量的因素

1. 电压

紫外线光源的辐射强度明显受电压的影响，同一个紫外线光源，当电压不足时，辐射强度明显下降。

2. 距离

紫外线灯的辐射强度随距灯管距离的增加而降低。

3. 温度

消毒环境的温度对紫外线消毒效果的影响是通过影响紫外线光源的辐射强度来实现的。一般来说，紫外光源在40℃时辐射的杀菌紫外线最强，温度降低，紫外线灯的输出减少，温度再高，辐射的紫外线因吸收增多，输出也减少。因此，过高和过低的温度对紫外线的消毒都不利。但一些杀菌试验证明，在5～37℃范围内，温度对紫外线的杀菌效果影响不大。在低温下，微生物变得对紫外线敏感，有研究表明，在-79℃下，芽孢菌对紫外线敏感性比在22℃下强2.5倍，而细菌繁殖体为5～8倍。

4. 相对湿度

当进行空气消毒时，空气的相对湿度（RH）对消毒效果有影响。RH过高时，空气中小水滴增多，可以阻挡紫外线，因此要求用紫外线消毒空气时，相对湿度最好在60%以下，对表面消毒时，如果受照表面离光源比较远，空气中的水分粒子也影响消毒效果。

5. 照射时间

紫外线的消毒效果与照射剂量呈指数关系，可以表示为 $N/N_{0}=e^{-KIt}$，式中 N_{0} 为照射前菌数，N 为照射一定时间后菌数，t 为照射时间，I 为照射强度，K 为常数。从此式可以看出，增加照射时间（t）或提高照射强度，均可增加消毒效果，而照射剂量即为照射强度 I 和照射时间（t）的乘积，所以要杀灭率达到一定程度，必须保证足够的照射剂量。在紫外光源的辐射强度达到要求强度的情况下（例如 $40\mu W/cm^2$ 以上），可以通过保证足够的照射时间来达到要求的照射剂量。

6. 有机物的保护

有机物对消毒效果有明显的影响，当微生物被有机物保护时，需要加大照射剂量，因为有机物可以影响紫外线对微生物的穿透，并且可以吸收紫外线。

（二）微生物方面的因素

1. 微生物对紫外线的敏感性

不同微生物对紫外线的抵抗力水平不同，根据其抗力情况，可将微生物分为三类，高抗型：包括耐辐射微球菌、枯草杆菌芽孢、橙黄八叠球菌；中度抵抗型：包括球状微球菌、鼠伤寒沙门菌、酵母菌、乳链球菌；低抗型：大肠杆菌、金黄色葡萄球菌、普通变形杆菌、牛痘病毒、啤酒酵母菌、大肠杆菌噬菌体 T_3。

2. 微生物的数量

消毒物品上污染的微生物的量越多，消毒效果越差，因此在消毒前对消毒对象上污染微生物的种类和数量需要有大概的了解，以便确定照射剂量。

九、注意事项

（1）应按产品使用说明书安装、使用，定期维护、保养，保养及维修时拔下电源插头。

（2）紫外线消毒器视使用时间测定紫外线强度，紫外线灯累积使用时间超过有效寿命时，应及时更换灯管。

（3）紫外线消毒器应由专业人员维修。在紫外线下消毒操作时戴防护镜，必要时穿防护衣，避免直接照射人体皮肤、黏膜和眼睛。

（4）严禁在存有易燃、易爆物质的场所使用。

（5）使用紫外线空气消毒器时，不应堵塞紫外线空气消毒器的进风口、出风口；应根据使用环境清洁情况定期清洁过滤网和紫外线灯表面，保持清洁。动态空气消毒期间不应随意关机。

（6）使用紫外线空气消毒器时，保持待消毒空间内环境清洁、干燥，关闭门窗，避免与室外空气流通；不宜使用风速调节器。

十、消毒器的应用范围

适用于医疗卫生机构、病原微生物实验室、有卫生要求的生产车间、公共场所、学校、托幼机构等场所，在有人条件下的室内动态空气消毒，也可在无人条件下使用。

第二节　立式紫外线室内空气消毒净化器

一、消毒器的构造

立式紫外线室内空气消毒净化器，其包括壳体，其特征是壳体内自下到上依次分为均压室、紫外消毒室和吸附过滤室，均压室上部设有均压孔板，紫外消毒室内设有消毒用紫外灯，吸附过滤室内设有吸附过滤层，壳体上顶部设有出风口，下部侧面设有进风口，进风口连接于均压孔板的下方。结构简单，使用方便，主要适应于室内污染浓度较低的空气灭菌和净化（图9-2）。

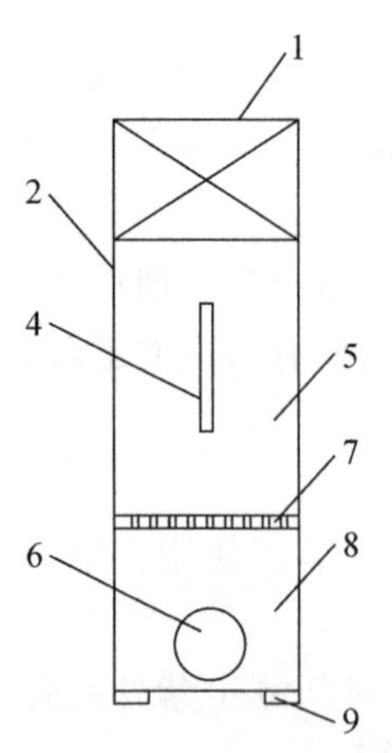

图9-2　立式紫外线室内空气消毒净化器构造示意图

1. 有出风口；2. 壳体；4. 紫外灯；5. 消毒室；6. 进风口；7. 均压孔板；8. 均压室；9. 支脚和/或滚轮

二、消毒器的工作原理

空气自进风口进入均压室后，折向向上流过均压孔板，依靠均压孔板的作用使各处气流压力和流速基本一致。然后通过紫外消毒室，依靠紫外线将空气中的微生物灭活，由此实现了对空气的灭菌，同时紫外线还通过对氧分子的作用，生成部分臭氧分子，对空气中的挥发性有机气体进行分解，由此减少了有机污染浓度。进入吸附过滤室后，依靠吸附过滤层的物理过滤、物理吸附和化学吸附等多重作用，消除了空气中的固体颗粒物和挥发性有机气体等多种污染物，实现了空气消毒和净化的目的。这种设备结构简单，适应方便，为了减少吸附过滤材料的更换频率，可用于污染物浓度较低的空气净化。

三、消毒器的使用方法

根据待消毒处理空间的体积大小和产品使用说明书中适用体积要求，选择适用的紫外线空气消毒器机型。按照使用说明书要求安装紫外线空气消毒器。进行空气消毒时，应关闭门窗，接通电源，指示灯亮，按动开关或遥控器，设定消毒时间，消毒器开始工作。按设定程序经过一个消毒周期，完成消毒处理。动态空气消毒器运行方式采用自动间断运行。

四、消毒器的消毒因子

紫外线。

五、消毒器的消毒机制

同挂壁式紫外线空气消毒器。

六、消毒器杀灭微生物的效果

同挂壁式紫外线空气消毒器。

七、消毒器消毒过程的监测方法

同挂壁式紫外线空气消毒器。

八、影响消毒器作用效果的因素

同挂壁式紫外线空气消毒器。

九、注意事项

同挂壁式紫外线空气消毒器。

十、消毒器的应用范围

适用于医疗卫生机构、病原微生物实验室、有卫生要求的生产车间、公共场所、学校、托幼机构等场所，在有人条件下的室内动态空气消毒。

第三节 柜式空气消毒净化器

一、消毒器的构造

柜式空气消毒净化器包括带紫外线杀菌灯的照射腔、电器盒，其特征在于它还包括一个柜式壳体；照射腔置于壳体的中部，在壳体下方的带滤网的进风口处设有风机、壳体。上方的出风口带过滤器。不仅能达到对室内空气消毒净化的功能，同时由于它采用封闭式、自循环式设计，所以可用于有人条件下的室内空气消毒（图 9-3 和图 9-4）。

图 9-3 柜式空气消毒净化器实物图

二、消毒器的工作原理

室内空气从壳体下方的进风口，经过滤网，空气中的大部分灰尘被过滤掉。然后由风机将净化的空气送到带紫外线杀菌灯的照射腔，腔体内壁由于覆盖了高反射系数的镜面反光材料，形成了一个紫外线辐照强度极高的紫外线照射区域，当空气中的病菌以一定的速度经过该区域时，在紫外线杀菌灯的照射作用下，产生的紫外线辐照剂量将对空气中的病菌进行一次杀菌处理，经过处理后的空气再

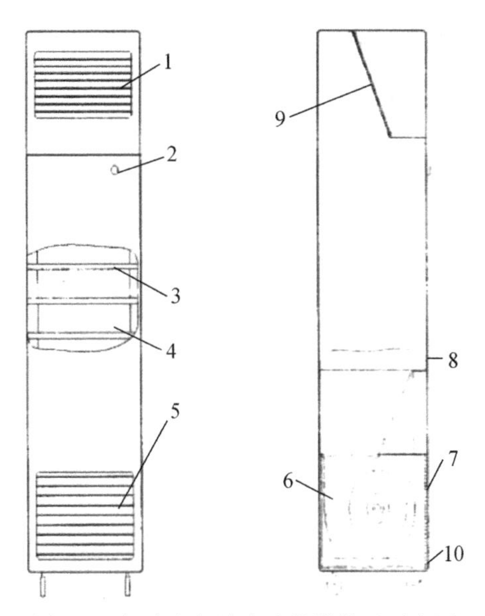

图9-4　柜式空气消毒净化器构造示意图

1. 出风口；2. 柜式壳体；3. 紫外线杀菌灯；4. 照射腔；5. 进风口；6. 风机；7. 滤网；
8. 电器盒；9. 过滤器；10. 脚轮

通过过滤器和出风口送入室内。病菌经过多次循环处理后，吸收的紫外线辐照剂量累积到足够的数量，就会被杀死，因此这种净化器开机一段时间后，房间内空气的细菌指标会被控制在合格的范围内，从而达到对室内空气进行消毒净化的目的。

三、消毒器的使用方法

柜式空气消毒净化器应按生产厂家的操作使用说明书的规定进行。

四、消毒器的消毒因子

紫外线。

五、消毒器的消毒机制

同挂壁式紫外线空气消毒器。

六、消毒器杀灭微生物的效果

同挂壁式紫外线空气消毒器。

七、消毒器消毒过程的监测方法

同挂壁式紫外线空气消毒器。

八、影响消毒器作用效果的因素

同挂壁式紫外线空气消毒器。

九、注意事项

同挂壁式紫外线空气消毒器。

十、消毒器的应用范围

同挂壁式紫外线空气消毒器。

第四节 紫外线消毒灯

一、消毒器的构造

紫外线消毒灯包括底座和消毒组件，底座的顶部设有凹槽。消毒组件包括灯座、带螺纹灯头、第一波纹管和紫外线灯管，紫外线灯管连接在带螺纹灯头上，带螺纹灯头螺纹连接灯座，灯座连接第一波纹管的一端，第一波纹管的另一端连接在凹槽内。该种紫外线消毒灯，通过设置凹槽，能够实现消毒组件在凹槽内的移入或移出，便于消毒组件的收纳。通过设置第一波纹管，能够实现消毒组件的位置与方向的调节。通过灯座与带螺纹灯头的配合，便于更换带螺纹灯头与紫外线灯管（图 9-5）。

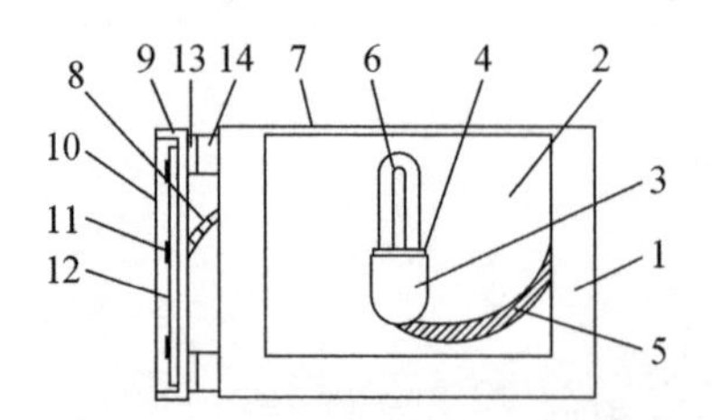

图 9-5 紫外线消毒灯构造示意图

1. 底座；2. 凹槽；3. 灯座；4. 带螺纹灯头；5. 第一波纹管；6. 紫外线灯管；7. 顶盖；8. 第二波纹管；9. 灯壳；10. 透光罩；11. LED 光源；12 基板；13. 盖合用永磁磁铁一；14. 盖合用永磁磁铁二

二、消毒器的工作原理

运用紫外线消毒灯进行空气消毒。

三、消毒器的使用方法

紫外线消毒灯应按生产厂家的操作使用说明书的规定进行。

四、消毒器的消毒因子

紫外线。

五、消毒器的消毒机制

同挂壁式紫外线空气消毒器。

六、消毒器杀灭微生物的效果

同挂壁式紫外线空气消毒器。

七、消毒器消毒过程的监测方法

同挂壁式紫外线空气消毒器。

八、影响消毒器作用效果的因素

同挂壁式紫外线空气消毒器。

九、注意事项

同挂壁式紫外线空气消毒器。

十、消毒器的应用范围

同挂壁式紫外线空气消毒器。

第五节　过流式紫外线消毒器

一、消毒器的构造

可自动清洗的过流式紫外线消毒器，包括若干紫外线灯管、消毒器筒体控制装置、清洗部件和驱动装置。紫外线灯管安装在消毒器筒体内，控制装置安装在消毒器筒体一侧。清洗部件可滑动地套设在紫外线灯管上，驱动装置连接清洗部件。使用时，驱动装置驱动清洗部件沿紫外线灯管做往复运动，从而达到自动清洗紫外线灯管的目的，清洗效果好、清洗效率高，安全、可靠。确保了紫外线的穿透力，以保证紫外线灯管的透光率保持正常，保证了杀菌效果和水质安全（图 9-6 和图 9-7）。

图 9-6　过流式紫外线消毒器实物图

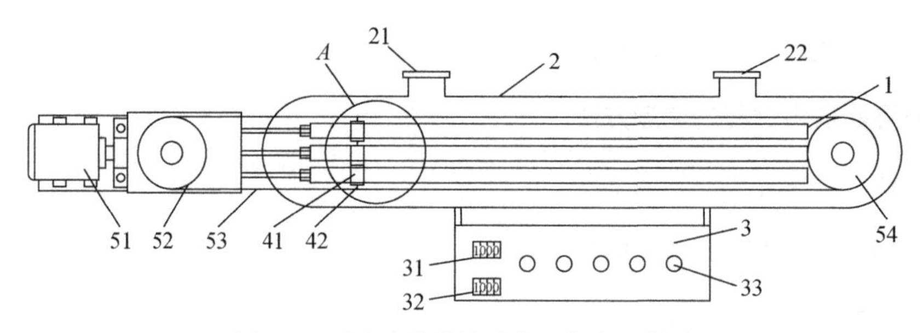

图 9-7　过流式紫外线消毒器构造示意图

1. 紫外线灯管；2. 消毒器筒体；3. 控制装置；21. 进水口；22. 出水口；31. 定时器；32. 计时器；33. 按钮；41. 清洗圈；42. 导杆；51. 电机；52. 主动轮；53. 皮带；54. 从动轮

二、消毒器的工作原理

紫外线灯管安装在消毒器筒体内，控制装置安装在消毒器筒体一侧。清洗部件可滑动地套设在紫外线灯管上，驱动装置连接清洗部件，使用时，驱动装置驱动清洗部件沿紫外线灯管做往复运动，可自动清洗紫外线灯管，从而保证了紫外线灯管的透光率保持正常，保证了杀菌效果和水质安全。

三、消毒器的使用方法

根据待消毒处理水的水质、水量、水温选择相应规格的紫外线水消毒器机型。按照使用说明书要求安装紫外线水消毒器。进行水消毒时，应接通电源，指示灯亮，按动开关或遥控器，消毒器开始工作，完成消毒处理。

四、消毒器的消毒因子

紫外线。

五、消毒器的消毒机制

紫外线可作用于微生物的核酸，使 DNA、RNA 的碱基受到破坏，形成嘧啶二聚体、嘧啶水化物等，从而使核酸断裂，失去复制、转录等功能，由此杀灭微生物。紫外线还可以作用于微生物的蛋白质，破坏其结构，导致酶失活、膜损伤等。

六、消毒器杀灭微生物的效果

按行业标准 GB 28235—2020 中规定的消毒效果进行试验。

1. 实验室微生物杀灭试验

在实验室温度为 20～25℃的条件下，按产品使用说明书规定的消毒最低有效剂量等参数和程序进行消毒处理，应使大肠杆菌（8099）下降至 0CFU/100mL。

2. 模拟现场试验

在试验现场自然条件下，按产品使用说明书规定的消毒最低有效剂量等参数和程序进行消毒处理，应使大肠杆菌（8099）下降至 0CFU/100mL。

3. 现场试验

在现场自然条件下，按照产品使用说明书规定的消毒最低有效剂量等参数和程序进行消毒处理。用于医疗机构污水消毒的，消毒后水中粪大肠菌群数应符合 GB 18466 的标准值；用于生活饮用水消毒的，消毒后水中微生物指标应符合 GB 5749 的标准值；用于游泳池水消毒的，消毒后水中微生物指标应符合 GB 37488 的标准值；用于再生水消毒的，消毒后水中微生物指标应符合城市污水再生利用相关标准的标准值；用于其他水质消毒的，消毒后的微生物指标应符合相关标准的规定。

七、消毒器消毒过程的监测方法

1. 灯管检测

（1）灯管的紫外线辐照强度。用经国家计量法定单位校准的紫外线辐照强度测定仪，在仪器标定有效期内测定。

（2）测定前灯管的稳定放电时间取 5min。电源的频率稳定在 50Hz±0.5Hz，电源电压 220V±4.4V，电测仪表的精度不应低于 0.5 级。

（3）测定时的环境温度为 25℃±2℃，相对湿度不大于 65%。

（4）紫外线辐照强度的测定次数为 3 次。取平均值为测定值。

（5）测定时，将仪器接受探头放在灯管表面正中法线下方 1m 处读值。

（6）按表 9-1 判定新旧灯管紫外线辐照强度是否合格。

表 9-1 新旧灯管紫外线辐照强度的合格与不合格判定

灯管功率/W	8	15	20	30	40
新管/（μW/cm²）	≥10	≥30	≥60	≥90	≥100
旧管/（μW/cm²）	≤7	≤21	≤42	≤63	≤70

2. 辐照剂量检测

（1）辐照剂量检测使用的紫外线辐照强度测定仪及环境要求与 1 中（1）、（2）、（3）相同。

（2）测定次数为 3 次。取平均值为测定值。

（3）测定时灯管全部开启，将仪器的接受探头置于设备的测光孔处读值。

（4）辐照剂量按下式计算：

$$辐照剂量（\mu W \cdot s/cm^2）= 辐照强度（\mu W/cm^2）\times 时间（s）$$

3. 天然水的消毒检测

（1）天然水的水质条件应符合进水的水质的浑浊度≤5 度、总含铁量≤0. 3mg/L、色度≤15 度、水温≥5℃、总大肠菌群≤1000 个/L、细菌总数≤2000 个/mL。

（2）消毒器的运行条件符合 1 中（2）、（3）规定。

（3）消毒器在额定消毒水量时的出水应符合 GB 5749 要求，细菌总数小于 100 个/mL，总大肠菌群数小于 3 个/L。

（4）出水的水质应按 CB/T 5750 进行检验。

（5）试验进行 3 次，以残留菌量较高一次者为准。用滤膜过滤活菌培养计数。

4. 人工染菌水的消毒检测

（1）指示菌采用大肠杆菌 8099，菌悬液含 1% 的蛋白胨。

（2）将菌液进行活菌计数。用脱氯自来水制成 $5\times10^5 \sim 5\times10^6$ CFU/L 的染菌水样做消毒试验。

（3）消毒器的运行条件与天然水消毒试验相同。

（4）试验次数与残留菌数的计算同 3 中（5）。

（5）在额定消毒水量时的出水，以大肠杆菌的杀灭率达 99. 9% 以上为合格。

5. 通水试验

消毒器通过额定流量，并在规定的工作压力下工作时，设备管路应通畅，无渗漏，无破损。

6. 通电试验

在电源频率为50Hz±2.5Hz；电源电压为220V±22V的电源工作条件下灯管应无闪烁熄灭现象，供电指示仪表工作应正常。

八、影响消毒器作用效果的因素

（一）影响紫外线辐射强度和照射剂量的因素

1. 电压

紫外线光源的辐射强度明显受电压的影响，同一个紫外线光源，当电压不足时，辐射强度明显下降。

2. 距离

紫外线灯的辐射强度随距灯管距离的增加而降低。

3. 温度

消毒环境的温度对紫外线消毒效果的影响是通过影响紫外线光源的辐射强度来实现的。一般来说，紫外光源在40℃时辐射的杀菌紫外线最强，温度降低，紫外线灯的输出减少，温度再高，辐射的紫外线因吸收增多，输出也减少。因此，过高和过低的温度对紫外线的消毒都不利。但一些杀菌试验证明，在5～37℃范围内，温度对紫外线的杀菌效果影响不大。低温下，微生物变得对紫外线敏感，有研究表明，在-79℃下，芽孢菌对紫外线敏感性比在22℃下强2.5倍，而细菌繁殖体为5～8倍。

4. 照射时间

紫外线的消毒效果与照射剂量呈指数关系，可以表示为$N/N_{0}=e^{-KIt}$，式中N_{0}为照射前菌数，N为照射一定时间后菌数，t为照射时间，I为照射强度，K为常数。从此式可以看出，增加照射时间（t）或提高照射强度，均可增加消毒效果，而照射剂量即为照射强度I和照射时间（t）的乘积，所以要杀灭率达到一定程度，必须保证足够的照射剂量。在紫外光源的辐射强度达到要求强度的情况下（例如40μW/cm^{2}以上），可以通过保证足够的照射时间来达到要求的照射剂量。

5. 有机物

有机物对消毒效果有明显的影响，当微生物被有机物保护时，需要加大照射剂量，因为有机物可以影响紫外线对微生物的穿透，并且可以吸收紫外线。

（二）微生物方面的因素

1. 微生物对紫外线的敏感性

不同微生物对紫外线的抵抗力水平不同，根据其抗力情况，可将微生物分为三类，高抗型：包括耐辐射微球菌、枯草杆菌芽孢、橙黄八叠球菌；中度抵抗型：包括球状微球菌、鼠伤寒沙门菌、酵母菌、乳链球菌；低抗型：大肠杆菌、金黄色葡萄球菌、普通变形杆菌、牛痘病毒、啤酒酵母菌、大肠杆菌噬菌体 T_3。

2. 微生物的数量

水中微生物的量越多，消毒效果越差，因此在消毒前对消毒对象上污染微生物的种类和数量需要有大概的了解，以便确定照射剂量。

九、注意事项

（1）应按产品使用说明书安装、使用，定期维护、保养，保养及维修时拔下电源插头。

（2）紫外线消毒器视使用时间测定紫外线强度，紫外线灯累积使用时间超过有效寿命时，应及时更换灯管。

（3）紫外线消毒器应由专业人员维修。在紫外线下消毒操作时戴防护镜，必要时穿防护衣，避免直接照射人体皮肤、黏膜和眼睛。

（4）严禁在存有易燃、易爆物质的场所使用。

（5）紫外线水消毒器的石英套管或灯管破碎时，应及时切断紫外线水消毒器电源、水源，并由专人维修。

十、消毒器的应用范围

适用于各种水体的消毒。

第六节　明渠式紫外线消毒器

一、消毒器的构造

明渠式紫外线消毒装置，包括设置在明渠中的紫外线灯具模架，其上设置石英套管和设置在石英套管内的紫外线灯管，它还包括超声波发生器和超声波换能器，其中超声波换能器设置在位于所述明渠水流中的紫外线灯具模架上（图 9-8 和图 9-9）。

图 9-8　明渠式紫外线消毒器实物图

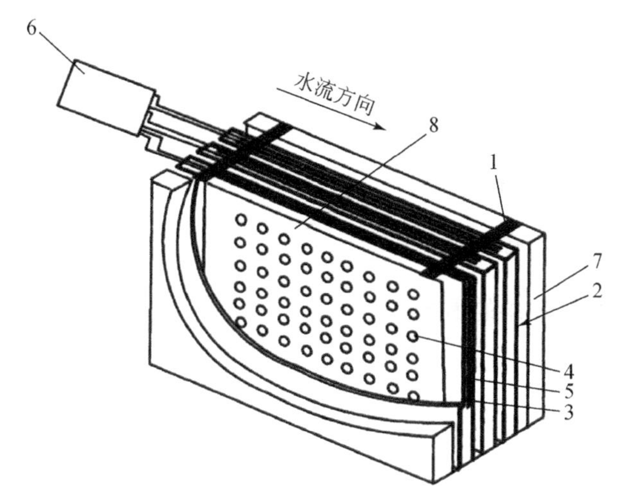

图 9-9　明渠式紫外线消毒器构造示意图

1. 框架；2. 紫外灯模组；3. 基板；4. LED 灯；5. 灯罩；6. 控制器；7. 水渠；8. 反光板

二、消毒器的工作原理

紫外线灯管设置在水流中，通过辐射损伤和破坏核酸的方式将水体中的细菌、病毒、芽孢等微生物致死，起到消毒的目的。

三、消毒器的使用方法

根据待消毒处理水的水质、水量、水温选择相应规格的紫外线水消毒器机型。按照使用说明书要求安装紫外线水消毒器。进行水消毒时，应接通电源，指示灯亮，按动开关或遥控器，消毒器开始工作，完成消毒处理。

四、消毒器的消毒因子

紫外线。

五、消毒器的消毒机制

紫外线可作用于微生物的核酸，使 DNA、RNA 的碱基受到破坏，形成嘧啶二聚体、嘧啶水化物等，从而使核酸断裂，失去复制、转录等功能，由此杀灭微生物。紫外线还可以作用于微生物的蛋白质，破坏其结构，导致酶失活、膜损伤等。

六、消毒器杀灭微生物的效果

同过流式紫外线消毒器。

七、消毒器消毒过程的监测方法

同过流式紫外线消毒器。

八、影响消毒器作用效果的因素

同过流式紫外线消毒器。

九、注意事项

（1）应按产品使用说明书安装、使用，定期维护、保养，保养及维修时拔下电源插头。

（2）紫外线消毒器视使用时间测定紫外线强度，紫外线灯累积使用时间超过有效寿命时，应及时更换灯管。

（3）紫外线消毒器应由专业人员维修。在紫外线下消毒操作时戴防护镜，必要时穿防护衣，避免直接照射人体皮肤、黏膜和眼睛。

（4）严禁在存有易燃、易爆物质的场所使用。

（5）紫外线水消毒器的石英套管或灯管破碎时，应及时切断紫外线水消毒器电源、水源，并由专人维修。

十、消毒器的应用范围

适用于各种水体的消毒。

第七节　中压灯紫外线消毒器

一、消毒器的构造

中压灯紫外线消毒器包括外壳体，外壳体的顶部开设有出水口，外壳体的底部开设有进水口，出水口与进水口上下对应设置，外壳体内设有位于出水口与进水口之间的消毒通道，外壳体的出水口处、进水口处均设有法兰，外壳体内沿左右水平方向开设安装通道，安装通道与消毒通道相互交叉垂直设置，外壳体的右侧设有螺纹接口，螺纹接口与安装通道同轴线设置，安装通道内安装有石英套管，石英套管内穿设有中压紫外灯管，外壳体的螺纹接口螺纹连接有堵盖，外壳体左侧固定连接清洁器，外壳体内设有传感器感应集成模块。它具有结构简单、操作方便、无二次污染、运行安全、可靠、维护费用低、应用领域广、便于观察运行消毒情况等优点（图9-10和图9-11）。

图9-10　中压灯紫外线消毒器实物图

二、消毒器的工作原理

中压紫外灯采用耐高压高透光石英管，单只灯管功率达到500～30000W，波长更宽，在200～400nm的有效照射幅度范围内能够有效去除细菌、病毒、氯胺、

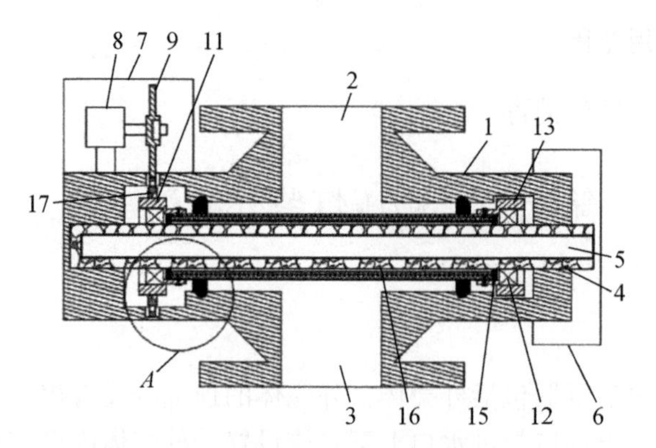

图 9-11　中压灯紫外线消毒器构造示意图

1. 外壳体；2. 出水口；3. 进水口；4. 石英套管；5. 中压紫外灯管；6. 堵盖；7. 安装盒；8. 电机；9. 主齿轮；11. 左连接套；12. 右轴承；13. 右连接套；15. 右密封圈；16. 毛刷棒；17. 齿轮

氯化物、三氯胺等。

外壳体内设有传感器感应集成模块。传感器感应集成模块包括压力传感器、温度传感器和紫外线强度探测器，出水口的法兰处设有水质检测器，不仅便于持续监控外壳体内的水流的压力、温度和紫外线强度，也便于观测消毒后的水质，结构简单，应用领域广泛。

三、消毒器的使用方法

中压灯紫外线消毒器应按生产厂家的操作使用说明书的规定进行。

四、消毒器的消毒因子

紫外线。

五、消毒器的消毒机制

同过流式紫外线消毒器。

六、消毒器杀灭微生物的效果

同过流式紫外线消毒器。

七、消毒器消毒过程的监测方法

同过流式紫外线消毒器。

八、影响消毒器作用效果的因素

同过流式紫外线消毒器。

九、注意事项

同过流式紫外线消毒器。

十、消毒器的应用范围

同过流式紫外线消毒器。

第八节　紫外线消毒柜

一、消毒器的构造

利用紫外线灯、电源适配器等部件，达到物体表面消毒目的的一种消毒器械（图 9-12 和图 9-13）。

图 9-12　紫外线消毒柜实物图

二、消毒器的工作原理

紫外线消毒柜包括柜体，柜体的前侧设置可开合的柜门，柜门上设置有透明玻璃，柜体的内腔顶部、两侧壁及底部分别设置紫外灯，柜体的内腔自上而下还间隔设置若干置物层架，可有效地对放置于消毒柜内的物品进行消毒。

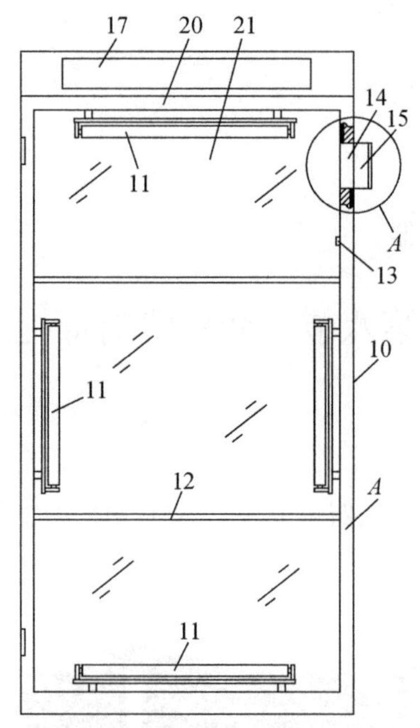

图 9-13　紫外线消毒柜构造示意图

10. 柜体；11. 紫外灯；12. 置物层架；13. 温度传感器；14. 通孔；15. 排风扇；17. 控制面板；20. 柜门；21. 透明玻璃

三、消毒器的使用方法

根据待消毒物体表面积大小和产品使用说明书的要求，选择适用的紫外线物体表面消毒器机型。

进行消毒时，应接通电源，指示灯亮，按动开关或遥控器，设定消毒时间，按照产品使用说明书要求使其被消毒物品的表面均暴露于紫外线照射下。使用紫外线消毒箱时应适量放置被消毒的物品，不应放置过满、过挤，并关闭好设有制动锁开关的门，消毒器开始工作。按设定程序经过一个消毒周期，完成消毒处理。

四、消毒器的消毒因子

紫外线。

五、消毒器的消毒机制

紫外线可作用于微生物的核酸，使 DNA、RNA 的碱基受到破坏，形成嘧啶二聚体、嘧啶水化物等，从而使核酸断裂，失去复制、转录等功能，由此杀灭微生物。紫外线还可以作用于微生物的蛋白质，破坏其结构，导致酶失活、膜损伤等。

六、消毒器杀灭微生物的效果

1. 实验室微生物杀灭试验

在实验室温度为20～25℃，开机作用至产品使用说明书规定的时间，对指标微生物的杀灭对数值应符合表9-2的规定。

表9-2　对指标微生物的杀灭效果

消毒对象	指标微生物	试验方法	杀灭对数值
医疗器械和用品表面消毒	枯草杆菌黑色变种芽孢（ATCC 9372） 龟分枝杆菌脓肿亚种（ATCC 19977 或 CMCC 93326） 金黄色葡萄球菌（ATCC 6538）	载体法	≥3.00
其他物体表面消毒	金黄色葡萄球菌（ATCC 6538） 大肠杆菌（8099）	载体法	≥3.00

注：按使用说明书要求选择相应指标微生物。

2. 模拟现场试验或现场试验

在现场自然条件下，按照产品使用说明书规定的条件进行模拟现场试验或现场试验，开机作用至产品使用说明书规定的时间。经模拟现场试验对被试物体表面上污染的指标微生物的杀灭对数值应≥3.00；经现场试验被试物体表面上自然菌的杀灭对数值应≥1.00。用于医疗机构物体表面消毒的，消毒后物体表面菌落总数还应符合GB 15982的卫生标准值；用于其他物体表面消毒的，消毒后物体表面上菌落总数还应符合相关标准的规定。

七、消毒器消毒过程的监测方法

同挂壁式紫外线空气消毒器。

八、影响消毒器作用效果的因素

同挂壁式紫外线空气消毒器。

九、注意事项

（1）应按产品使用说明书安装使用，定期维护、保养，保养及维修时拔下电源插头。

（2）紫外线消毒器视使用时间测定紫外线强度，紫外线灯累积使用时间超过有效寿命时，应及时更换灯管。

（3）紫外线消毒器应由专业人员维修。在紫外线下消毒操作时戴防护镜，必要时穿防护衣，避免直接照射人体皮肤、黏膜和眼睛。

（4）严禁在存有易燃、易爆物质的场所使用。

十、消毒器的应用范围

适用于医疗器械和用品、餐（饮）具以及其他物体表面的消毒。

小　　结

本章详细介绍了紫外线作为消毒因子的消毒器。紫外线消毒器被广泛地应用在空气、水和物表的消毒。其中，紫外线空气消毒器主要分为挂壁式、立式和柜式紫外线空气消毒器，紫外线灯；紫外线水消毒器主要分为过流式紫外线水消毒器、明渠式紫外线水消毒器和中压紫外线灯消毒器；紫外线物表消毒器主要是紫外线消毒柜。按消毒器的类型分为不同小节，叙述了消毒器的构造并附有实物图和结构示意图、消毒器的工作原理、使用方法、消毒因子、消毒机制、杀灭微生物的效果、消毒过程的监测方法、影响消毒作用效果的因素、注意事项和应用范围。

（罗俊容　陈昭斌）

第十章 超声波消毒器

超声波是振动频率高于20kHz的声波，具有一切声波的特性，可在气体、液体和固体中传播；同时，超声波也具有光波的特性，可以产生反射、折射、散射和衍射等现象；此外，还有聚焦和定向发射的特性。利用超声波进行消毒的方法称为超声波消毒法。超声发生器主要有机械式、磁致收缩式和压电式三种类型。

超声波对微生物的作用机制主要是超声效应。超声波在介质中传播时，超声波与介质相互作用，使介质发生物理和化学变化，产生力学的、热学的、电磁学的和化学的超声效应。

（1）机械效应：超声波的机械作用可使液体乳化、凝胶液化和固体分散。当超声波流体介质中形成驻波时，悬浮在流体中的微小颗粒因受机械力的作用而凝聚在波节处，在空间形成周期性的堆积。超声波在压电材料和磁致伸缩材料中传播时，可引起感生电极化和感生磁化。

（2）空化作用：超声波作用于液体时可产生大量小气泡，一是液体内局部出现拉应力而形成负压，压强的降低使原来溶于液体的气体过饱和，而从液体内逸出，成为小气泡。二是强大的拉应力把液体“撕开”成一空洞，称为空化。空洞内为液体蒸汽或溶于液体的另一种气体，甚至可能是真空。因空化作用形成的小气泡会随着周围介质的振动而不断运动、长大或突然破灭。破灭时周围液体突然冲入气泡而产生高温、高压，同时产生激波。与空化作用相伴随的内摩擦可形成电荷，并在气泡内因放电而产生发光现象。在液体中进行超声处理的技术大多与空化作用有关。

（3）热效应：由于超声波频率高、能量大，被介质吸收时能产生显著的热效应。

（4）化学效应：超声波的作用可促使或加速某些化学反应。例如，纯的蒸馏水经超声处理后会产生过氧化氢，溶有氮气的水经超声处理后产生亚硝酸，存在染料的水溶液经超声处理后会变色或褪色。这些现象的发生总与空化作用相伴随。超声波可还加速许多化学物质的水解、分解和聚合过程。超声波对光化学和电化学过程也有明显影响。各种氨基酸和其他有机物质的水溶液经超声处理后，特征吸收光谱带消失而呈均匀的一般吸收，这表明空化作用使分子结构发生了改变。

目前，超声技术主要用于医疗器械等的清洗消毒领域，因其具有高效和快速等特点，在消毒领域得到了广泛应用。超声波同样是一种有效的辅助消毒手段，其能够与臭氧、甲醛、微波、紫外线等消毒因子协同杀菌，并且能大大提高消毒因子的杀菌率。因此，目前以超声技术为基础开发的消毒器主要用于医疗器械的清洗消毒。同时由于其穿透力强、分散效果好，也被用在与其他消毒因子的协同杀菌中。超声波作为一种有效的辅助杀菌方法已经成功用于废水处理、饮用水消毒和人员通道消毒，在液体食品灭菌中的应用也有较多的研究，如啤酒、橙汁、酱油等。

第一节　超声波清洗消毒器

超声波清洗机（ultrasonic cleaner）是利用超声波振动原理，对各类几何形状复杂的医疗器械进行清洗，以除去其上黏附的油脂、放射性物质、血迹及细菌等污染物。

一、消毒器的构造

超声波清洗机主要由超声波发生器、清洗槽和箱体三大部分构成，具体构造如图 10-1 所示。

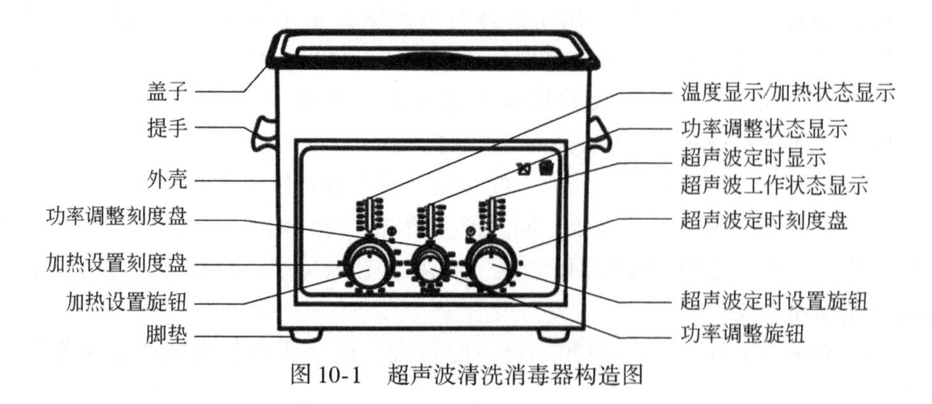

图 10-1　超声波清洗消毒器构造图

二、消毒器的工作原理

由超声波发生器发出的高频振荡信号，通过换能器转换成高频机械振荡而传播到介质即清洗溶剂中，超声波在清洗液中疏密相间的向前辐射，使液体流动而产生数以万计的直径为 50～500μm 的微小气泡，存在于液体中的微小气泡在声场的作用下振动。这些气泡在超声波纵向传播的负压区形成、生长，而在正压区，当声压达到一定值时，气泡迅速增大，然后突然闭合。并在气泡闭合时产生冲击波，在其周围产生上千标准大气压，破坏不溶性污物而使它们分散于清洗液中，粒子被油污裹着而黏附在清洗件表面时，油被乳化，固体粒子被脱离，从而达到清洗消毒的目的。

三、消毒器的使用方法

消毒器的使用方法均参照使用说明书进行。

四、消毒器的消毒因子

超声波、化学清洗剂。

五、消毒器的消毒机制

利用超声波在液体中的空化作用、加速度作用及直进流作用对液体和污物直接、间接的作用，使污物层被分散、乳化、剥离而达到清洗目的。

六、消毒器的清洗效果

由于超声波的空化作用，其清洗效果远远优于其他清洗手段。但超声波单独作用对微生物的杀灭效果不佳，与其他消毒因子协同作用时，能够大大增加对微生物的杀灭作用。

七、消毒器消毒过程的监测方法

清洗合格率：借助光源放大镜对齿牙等情况观察，不存在锈斑、腐蚀斑点；观察表面，光洁且不存在水垢、污渍、残留物质等；同时达到上述两种标准则为合格。

八、影响消毒器作用效果的因素

1. 工作参数

超声波的杀菌作用与振幅、处理时间、功率密度、频率、物料流速和温度等工作参数有关系。通常是随着这些条件的增强或升高，超声清洗机的清洗效果越好。

2. 清洗剂种类

使用的清洗剂种类也能影响超声清洗机的清洗效果。

3. 清洗液的深度

一般清洗液液面为清洗机槽的 2/3 的高度，没过清洗物件为佳。

九、注意事项

（1）电源及电热器电源必须有良好接地装置。

（2）超声波清洗器在槽中没有水或溶剂时，千万不要启动，否则会造成空振，造成振动头损坏或报废。

（3）有加热系统的超声波清洗器严禁无液时打开加热开关。

（4）清洗器槽底要定期冲洗，不得有过多的杂物或污垢。

（5）清洗器操作过程中请勿将手指放入清洗槽中，否则会感到刺痛或者不适。

（6）每次换新液时，待超声波启动后，方可洗件。

（7）采用清水或水溶液作为清洗剂，禁止使用酒精，汽油或其他腐蚀性强、易燃、易爆的液体作为清洗剂加入清洗器中，极有可能引起火灾等危险情况。

（8）当需要用腐蚀性或挥发性强的清洗液时，可采用间接清洗的方法。即首先在清洗槽内加水，再将所需清洗液倒入适宜的容器内并放入被清洗物，然后将装有清洗液和清洗物的容器浸入清洗槽中，即可开始清洗工作。

（9）尽量避免长时间连续工作，一般不超过30min为宜。每次使用完毕后应关机20min以上再次开机使用。

（10）在使用时，清洗槽内清洗或脱气的溶剂不要放入过少，至少应在槽内1/2以上，一般在槽内2/3处适宜。

十、消毒器的应用范围

适用于医院手术刀、镊子、止血钳、内镜活检钳、注射针头、各式大小注射器、试管、玻璃片、换药碗、各种盘子、圆桶、测压器等放射性、污染性、大批量医疗器械的清洗和消毒，是医院手术室、供应室及消毒中心及科研单位、制药厂的必备设备。

第二节　超声波喷雾消毒器

超声波雾化消毒机是采用高频率超声波将消毒液击碎成雾状微粒（1～10μm），然后由微形风机送风，把雾状微粒扩散到需要消毒的空间，从而完成对通道或空间内物体或人员的消毒。传统空气消毒法对人体和动物均存在不同程度的危害，如紫外线和臭氧等，而喷雾对人健康影响小。并且高频超声波因其振荡频率超过人的听觉范围，从而对人员和动物都无伤害。因此，喷雾消毒法已经运用在越来越多的空气消毒场景中。

一、消毒器的构造

超声波喷雾消毒器及配套设施包括系统控制主机、造雾主机等。造雾主机构造图如图10-2所示。将配好的消毒剂溶液从注水口倒入造雾主机，根据说明书进行相应操作后，消毒剂喷雾从喷雾口被释放到空气中进行消毒。经过不断的发展，目前超声波喷雾消毒器已经可以自动化消毒。当红外感应装置识别到人员进入的方向后，消毒器会自动开始工作，进行全方位消毒。

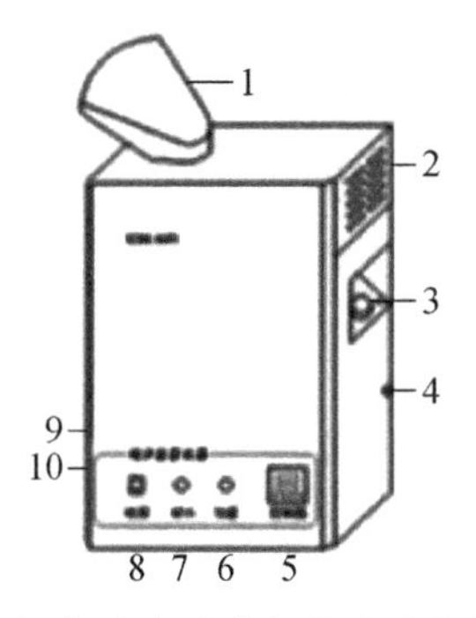

图 10-2　超声波喷雾消毒器造雾主机构造图

1. 喷雾口；2. 进风口；3. 注水口；4. 放水口；5. 控制器；6. 工作指示灯；7. 缺水指示灯；8. 电源开关；9. 交流保险；10. 输入电源

二、消毒器的工作原理

超声波喷雾消毒机采用超声雾化技术，将消毒液雾化成直径为 1～10μm 的微细雾粒，并将它喷到所需消毒的空间，达到杀灭空气中细菌及致病微生物的效果。

三、消毒器的消毒因子

化学消毒剂为主，超声波为辅。

四、消毒器的消毒机制

超声波喷雾消毒器中，超声波只是起到辅助消毒作用，即雾化消毒剂，使其气体化，而产生消毒作用的是化学消毒剂。常用的消毒剂有醇类、甲醛、过氧化氢、二溴海因等。

五、消毒器消毒过程的监测方法

消毒过程中的监测方法是自然沉降法。

以被消毒空间内四角对角线交叉点以及消毒室四角与交叉点的中点共 5 点作为采样点，计为 1 份样品。采样点距地面 60cm，每点放置 1 个普通营养琼脂培养基，将培养基的平板放在采样点上，移去平皿盖，使培养基表面暴露在消毒室空气中，5min 后盖上平皿盖。采样后，培养皿放 37℃恒温培养箱培养 24～48h 后，记录培养皿细菌菌落数。按奥氏公式（10-1）计算菌落总数：

$$C = 50\ 000\ N/AT \quad (10\text{-}1)$$

式中，C 为每立方米菌落总数（CFU/m^3），N 为每个培养皿菌落数（个），A 为培养皿面积（cm^2），T 为采样时间（min）。

得到菌落总数后，按照公式（10-2）计算杀灭率杀菌率：

杀灭率=(消毒前细菌总数-消毒后细菌总数)/消毒前细菌总数×100% (10-2)

六、影响消毒器作用效果的因素

1. 使用的化学消毒剂

超声波喷雾消毒器的消毒作用主要来自所使用的化学消毒剂，因此化学消毒剂的种类能够影响消毒器的消毒效果。

2. 喷雾粒径

喷雾粒径越小，越均匀，其在空气中分散效果越好，悬浮时间越长，从而消毒效果越好。

3. 消毒时间

消毒时间越长，消毒剂与微生物作用时间越长，消毒效果越好。

七、消毒器的应用范围

普遍适用于医疗、食品、制药、检疫、公交工具、超市及等候室等各种公共场所的空气消毒、除臭。除常见的公共场合的空气消毒外，还可以用于养殖场的空气消毒。

第三节 超声液体消毒器

食品中营养成分等物质经过高温处理容易发生转化或降解，导致品质降低。而非热加工技术既可以杀灭果蔬汁中的微生物，又能较好地保持产品固有的营养成分、色泽、香气、新鲜度并延长货期。近年来，超声波作为一种非热技术逐渐应用于液体食品的消毒。超声波在一定条件下可以杀灭果蔬汁中绝大多数微生物，能够一定程度满足液体食品防腐保存的要求。

一、消毒器的构造

超声液体消毒器结构图如图 10-3 所示，分为三个部分：超声发生器、超声传感器和超声清洗槽。清洗槽底部安装有超声发生器，超声发生器将高频电能转换成机械能之后，产生振幅极小的高频震动并传播到清洗槽内的溶液中发生空化作用。超声清洗仪的工作频率一般为 40～60kHz，功率和温度可以在一定范围内进行调节。

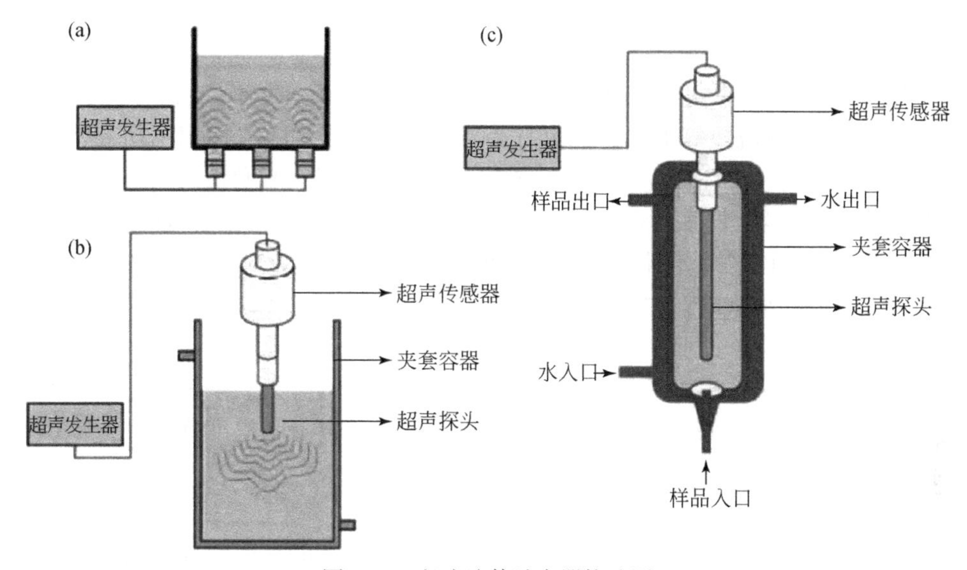

图 10-3　超声液体消毒器构造图

（a）超生发生器；（b）超声传感器；（c）超声清洗槽

二、消毒器的工作原理

超声波探头通过浸没在反应容器中释放超声波能量，产生空化作用。由于超声波探头末端表面积非常狭小，超声波探头可在短时间内释放大量能量。超声波通过空化作用在液体媒质中产生大量微小气泡，气泡在运动过程中产生强剪切力，协同气泡瞬间爆破产生局部高温和高压，破坏微生物细胞结构，导致细胞溶解。

三、消毒器的消毒因子

超声波、热力。

四、消毒器的消毒机制

超声波作为一种非热加工技术适用于果蔬汁加工，通过空化作用破坏微生物细胞壁，抑制果蔬汁中微生物繁殖。

五、消毒器消毒过程的监测方法

生物监测：生物指示剂有助于保证灭菌器正常运行，并且是验证是否灭菌成功的最佳手段。能够用于该灭菌器的微生物指标主要有菌落总数、总大肠杆菌和酵母菌。

六、影响消毒器作用效果的因素

1. 工作参数

超声波的杀菌作用与振幅、处理时间、功率密度、工作模式（连续或脉冲）、频率、物料流速等工作参数也有关系。一般而言，随着振幅、功率密度增加，处理时间延长，环境温度升高，超声波的杀菌作用逐渐增强。当环境温度低于50℃时，微生物数量的减少主要归因于超声波的空化作用，热效应对于微生物的抑制作用可以忽略不计；当环境温度大于50℃时热效应与超声波发生协同作用破坏微生物细胞壁，加速细胞溶解。

2. 物料环境

超声波的杀菌作用与果蔬汁的组分及环境因素也有关系。果蔬汁中的果肉颗粒和果胶等大分子组分对于微生物具有保护作用，可以不同程度降低空化作用和高温对于微生物的破坏作用。

3. 微生物种类

超声波的杀菌作用与微生物的种类、形态相关。一般来说，芽孢对超声波的抗性强于微生物繁殖体，真菌的抵抗力强于细菌，需氧微生物的抵抗力强于厌氧微生物，球状细菌的抵抗力强于棒状细菌。

七、注意事项

超声波单独作用于食源腐败或致病微生物难以达到完全致死效应，但是超声波协同其他杀菌技术，如温和热处理、高压、抑菌剂等可以增加杀菌和钝酶的效果。

八、消毒器的应用范围

适用于液体食品的杀菌以及残留农药降解，还可协同其他杀菌技术，如热力、高压、抑菌剂等对液体食品进行消毒。

小　　结

本章简要介绍了超声波清洗消毒器、超声波喷雾消毒器和超声液体消毒器。其中，超声波清洗消毒器适用于医疗器械的清洗和消毒，是医院手术室、供应室及消毒中心及科研单位、制药厂的必备设备。超声波喷雾消毒器适用于对公共场合的空气进行消毒。超声液体消毒器适用于液体食品的消毒以及残留农药降解。

（谢宇婷）

第十一章 微波消毒器

微波是频率在300MHz～300GHz的高频电磁波，其对应的波长范围为1mm～1m，家用微波消毒器的工作频率一般为2450MHz，而工业微波系统的工作频率通常为915MHz或2450MHz。微波最初主要应用于雷达通信领域，其热效应由美国雷达工程师Percy Spencer发现，并于1945年申请了微波加热食品的专利。

微波消毒器大多采用家用微波炉，也有部分使用改进的微波消毒器或适合于特殊条件的微波消毒器。按波长可将微波分为三个波段：分米波、厘米波和毫米波，其中分米波的运用最广泛。为使微波器件和设备标准化，减少对雷达等通信的干扰，国际电信联盟规定用于消毒灭菌的微波频率为902～928MHz、2440～2500MHz、5725～5875MHz、24000～24250MHz。鉴于微波消毒技术的快速发展，微波干燥灭菌机的开发和研制受到了越来越多家企业关注，就目前而言，国产的微波干燥灭菌机多基于高频电磁波与细菌的相互作用而研制，频率为2440～2500MHz，充分发挥了微波热力效应和电磁力效应，使被处理样品在快速干燥的同时灭菌。据孙怀远等报道，微波干燥灭菌机用于中药片剂、丸剂以及人参、天麻等药材的干燥、灭菌，与常规干燥及巴氏灭菌设备相比，数分钟内就能获得满意的干燥灭菌效果，且处理温度低于常规工艺的温度，保证了产品质量稳定。针对微波干燥灭菌机驱动滚轴与物料传送带之间产生打滑或间歇性打滑等问题，孔宪辉对隧道式微波干燥灭菌生产线物料传送控制进行了改进，在系统中新增检测报警电路，通过检测张紧滚轴的转速，钻孔检测圆盘的孔距及光电传感器中可调电阻、充电电容的参数，从而有效地预防了驱动滚轴与物料传送带之间产生打滑现象，为微波干燥灭菌机的广泛应用提供了更多的可能。下面介绍家用微波炉。

一、消毒器的构造

家用微波炉主要由炉腔、炉门和控制电路（磁控管、电源变压器、波导）、旋转工作台、时间功率控制器几部分组成（图11-1）。

1. 炉腔

也称谐振腔，是烹调食物的地方，由涂复非磁性材料的金属板制成。在炉腔的左侧和顶部均开有通风孔。经波导管输入炉腔内的微波在腔壁内来回反射，每次传播都穿过和经过食物。

图 11-1 微波炉实物图

2. 炉门

其作用是便于取放食物及观察烹调时的情形，炉门又是构成炉腔的前壁，是整个微波炉防止微波泄露的一道关卡。

3. 磁控管

磁控管是微波炉的“心脏”，由它产生和发射微波（直流电能转换成微波震荡输出），实际上是一个真空管（金属管）。

4. 电源变压器

电源变压器是给磁控管提供电压的部件。

5. 波导

波导是将磁控管产生的微波功率传输到炉腔，以加热食物。

6. 旋转工作台

旋转工作台安装在炉腔的底部，离炉底有一定的高度，由一只以 5～6r/min 转速的小马达带动。

7. 时间功率控制器

选择不同的功率对不同食物进行烹调或解冻。

二、消毒器的工作原理

家用微波炉是通过微波能与物料中细菌等微生物直接反应，热效应与非热效应共同作用，达到快速升温的目的，处理时间大大缩短。各种物料的杀菌时间一般在 3～5min，杀菌温度在 70～90℃。其特点是时间短、速度快，杀菌均匀彻底。低温杀菌，可保持物料的营养成分和风味，节能环保，设备操作简单，可控性好，工艺先进。

三、消毒器的使用方法

（1）首先需要将家用微波炉放在平整、通风的场所。

（2）在将待消毒物品放置微波炉加热前，会先检查盛放器皿是不是陶瓷、耐热玻璃之类的，不要使用金属器皿。

（3）然后将准备好的待消毒物品放入微波炉的转盘上，待消毒物品不要放太满。待消毒物品放好之后，将微波炉门关闭，选择适合的烹调时间和火温。微波炉工作的时间，尽量不要离微波炉太近，等到待消毒物品加热好之后，可以戴隔热手套将消毒完的物品取出。

四、消毒器的消毒因子

微波。

五、消毒器的消毒机制

微波消毒器杀菌是利用了电磁场的热效应和生物效应的共同作用的结果。微波对细菌的热效应是使蛋白质变质，使细菌失去繁殖和生存的条件而死亡。微波对细菌的生物效应是微波电场改变细胞膜断面的电位分布，影响细胞膜周围电子和离子浓度，从而改变细胞膜的通透性能，细菌因此营养不良，不能正常新陈代谢，细胞结构功能紊乱，生长发育受到抑制而死亡。此外，微波能使细菌正常生长和稳定遗传繁殖的核酸 RNA 和脱氧核糖核酸 DNA 的若干氢键松弛，断裂和重组，从而诱发遗传基因突变，或染色体畸变甚至断裂。

六、消毒器杀灭微生物的效果

有研究者用 ER-692 型家用微波炉（2450MHz，输出功率 650W），对染菌（类炭疽杆菌芽孢）量为 2.5×10^6 CFU/(1.5cm×1.5cm）的儿科用奶瓶、乳胶奶嘴、纱布、棉签、毛巾及药杯等的微波处理进行了杀菌效果观察。结果发现，对毛巾、奶瓶作用 20min，对药杯、纱布、棉签作用 5min，对乳胶奶嘴作用 10min，均能达到灭菌要求。除聚乙烯药杯经 10 次处理后开始变黄外，其余物品只要预湿水量适当，均无损坏。丁兰英等报道，利用家用微波炉处理 400mL 培养基，照射 7min，平皿照射 5min，试管、吸管照射 15min 均可达到灭菌要求。

七、消毒器消毒过程的监测方法

微波灭菌效果评价的方法有生物指示剂监测方法，所用指示菌为枯草杆菌黑色变种（ATCC 9372）芽孢。

八、影响消毒器作用效果的因素

影响微波消毒器杀菌效果的因素主要有微波本身的固有特性和被消毒物品的性质。包括微波频率、波长、功率、照射时间和被消毒物品的性质、含水量等。

1. 微波频率对杀菌效果的影响

不同的微波频率对微生物的杀灭效果也不同。微波频率高，分子在单位时间内改变方向或转动的次数多，互相碰撞、摩擦增多，因而物体升温快、消毒时间短、杀菌能力强，但穿透力差；微波频率低，加热速度慢，消毒时间长，但穿透力强。微波穿透物品深度的公式如下：

$$D = \frac{\lambda}{\pi \sqrt{E_r} \tan\delta}$$

式中，D 为穿透深度，λ 为波长，E_r 为介电常数，$\tan\delta$ 为介质的损耗系数。

2. 微波功率与作用时间对杀菌效果的影响

在通常情况下，微波的输出功率越大，所产生的电磁场就越强。分子运动越剧烈，加热速度越快，杀菌作用越强。微波杀菌消毒效果和微波功率与作用时间成正比。

在微波频率为2450MHz的条件下，用微波照射5mL菌悬液，作用时间为10s：当输出功率为540W时，只能杀灭大肠杆菌，不能杀灭枯草杆菌芽孢；当输出功率为850W时，则可以杀灭枯草杆菌芽孢；当微波频率为915MHz时，照射500mL菌悬液2min：当输出功率为1500W时，未能杀灭大肠杆菌；当功率增加为2800W时，不仅可以杀灭大肠杆菌，还可以将枯草杆菌芽孢全部杀灭。

3. 被消毒物品的性质对杀菌效果的影响

不同物品对微波的吸收能力不同，对微波吸收量的多少可影响消毒效果，强吸收介质如水、肉类等含水量高的物品，可以明显地吸收微波而产生热效应，这类物品可以用微波直接消毒；而金属物品如不锈钢、铁等不能吸收微波，微波在这类物品表面引起反射，不能用微波直接消毒，但可以通过放在水中或者水蒸气环境中，借助水分子而产生热量，从而达到消毒目的。

4. 被消毒物品的含水量对杀菌效果的影响

吸收微波是微波杀菌的必要条件，而水是最好、价格最低的吸波介质，所以被消毒物品的含水量对杀菌效果有明显的影响。实验证明，不含水分的材料很难用微波灭菌，细菌芽孢经过脱水处理后再用微波照射也很难将其杀灭，处于干燥状态的大肠杆菌比液体中的细菌芽孢对微波抵抗力要强。

物品的含水量也会随微波照射时间的延长而逐渐减少，因此被消毒物品的含水量对杀菌效果的影响并不是简单的正比关系。一般情况下，在其他条件不变时，含水量过多，将导致被消毒物品负载量过多，使能量分布密度降低，从而使微波杀菌效果减少；随着微波照射时间的延长，物品的含水量会减少，杀菌效果会有所升高；当含水量减少到一定程度时，杀菌效果会随含水量的减少而降低。

九、消毒器的使用注意事项

1. 物料

微波有较强穿透性，随着微波灭菌过程的进行，内部温度会高于外部，物料体积越大，其内外温度梯度差就越大，内部的热传导不能平衡产生的温度差，导致内部温度显著高于外部温度而影响物料的性状。因此必须设法消除物料内外温差，否则将会影响灭菌效果，灭菌物料体积不宜过大，以防止内焦外生的现象。此外，不能用微波干燥灭菌纸质、木、竹等易燃物料，避免温度过高而引发不必要的安全事故。

2. 灭菌条件

由于不同细菌菌种细胞膜的结构、耐热性、抗逆性等方面的差异，细菌对微波的敏感度也存在一定差异，因此微波灭菌的输出功率及照射时间也应做出相应的调整与考察。今后可采用正交试验优选最佳灭菌条件，以达到理想的灭菌效果。

3. 含湿率

物料的湿度通常是影响灭菌效果的重要因素之一，由微波的灭菌机理可知，物料内的分子极化和离子导电而产生撕裂与摩擦，进而发挥杀菌作用，因此灭菌效果与分子极性相关，而 H_2O 作为强极性分子，必然会影响灭菌效果。席晓莉等采用频率2450MHz、功率0～3kW连续高功率的微波对干湿状态的细菌进行多组比较实验，得出不同强度、辐照时间的微波作用后，物料温度无显著变化，但活菌数显著减少，湿菌的杀灭效果显著高于干菌，单纯加热的灭菌率则低于微波对湿菌的杀灭。由此可知，含湿率越高，杀菌效果越好。

4. 系统安全性

用微波进行加热或者消毒，都不能选择金属器皿，否则在耦合口附近或在腔内会产生很大驻波，影响干燥灭菌的效果。盛装需灭菌物料的容器不能用密闭的，以免内外温差过大而引起容器的破裂，诱发事故。不能空载运行微波炉，否则会引发微波炉内部温度过高而发生短路，造成安全事故。微波系统运行时，必须严格防止微波泄漏。另外，微波炉应经常清洗，特别要注意清除门上的残渣，以避免由于门关不严而导致的微波泄漏，虽然目前有关微波对人体危害的报道不多，但有研究显示，长期暴露于大功率微波可致睾丸损伤和白内障等病变，长期置身小功率微波中，可引起神经功能紊乱。因此，工作人员、孕妇和孩子应尽量远离微波源。

十、消毒器的应用范围

现在，微波消毒器的应用范围越来越广泛，包括食品的消毒、医药用品的消毒、医疗废弃物的消毒等。

小　　结

微波消毒器大多采用家用微波炉，频率在2440～2500MHz，家用微波炉主要由炉腔、炉门和控制电路（磁控管、电源变压器、波导）、旋转工作台、时间功率控制器几部分组成，消毒器的消毒因子为微波，影响微波消毒器杀菌效果的因素主要有微波本身的固有特性和被消毒物品的性质。

（邓　桥　陈昭斌）

第十二章　阳光消毒器

世界气象组织（WMO）定义阳光为在地面上测得在120W/m^2以上的太阳直接辐射。阳光是地球上可获得的最充裕的免费的天然消毒因子，来自太阳的紫外线、可见光和红外线的组合效应能够灭活微生物，达到消毒的目的。虽然目前有许多化学和物理的消毒方法可供选择，但没有任何方法可以完全取代古老的阳光消毒。这是由于阳光消毒有许多优点，阳光消毒杀菌谱广、对消毒物品无损害、易于使用、价格低廉且不产生消毒副产物。现阶段，阳光消毒技术已受到越来越多的关注与研究。

太阳光中的紫外线波长范围是290～400nm，灭菌作用不够理想。日本科学家证明太阳能可以用于灭菌。美国科学家也研究过太阳能光催化反应的灭菌作用，并且给出了作用条件：对于灵杆菌、大肠杆菌、金黄链球菌等普通细菌，暴露在阳光下，若有TiO_2存在，几分钟之内就可以被杀灭；若没有TiO_2，要两个小时以上才能被杀灭。观察杀灭细菌的效果，发现0.01%的TiO_2浓度最有效，0.001%的TiO_2浓度也很有效；若TiO_2的浓度达到0.1%或更高，杀菌效果则下降。把太阳能消毒灭菌法用来处理污染的地下水、工业废水、空气和土壤，具有很大的竞争优势。近年来，太阳能消毒灭菌在工程上取得了进展，出现了很多种聚光和非聚光反应器，催化剂也得到了改进，并提出了系统的设计方法。

一些学者已经在研究使用太阳能集热系统升高温度所产生的改进。其他研究人员专注于对再循环料流反应器的开发，该技术通过使用不同的太阳能集热器提高太阳光光学组分灭活。而其他人使用了固定的或悬浮的TiO_2光催化剂。

阳光消毒器很大程度上依赖于太阳的UVA，在海平面接收时，该部分由大致相同的直接和漫反射的电磁辐射组成。漫反射的成分在阴天或大气被颗粒污染时更多。当暴露在阳光下，而大部分可用的辐照不能达到水中时，阳光消毒器只有上侧被照射。

鉴于UVA的漫反射性质，以及阳光消毒器的圆柱形状，与基于成像光学的系统相比，基于具有低聚光系数的非成像光学的聚光系统的使用具有明显的潜力。CPC（复合抛物面集热器）是具有漫焦点的非成像聚光系统。被聚集的光线被均匀地分布在吸收器中。它们的主要优势是聚集漫射辐射。因此，它们不仅仅依靠直接的太阳辐射，甚至在阴天也很有效。此外，它们聚集辐射时不依赖于阳光的方向，和依赖方向的成像系统相反的是，它们无需跟踪太阳。

目前，阳光消毒技术日趋完善，被发达国家广泛应用于工业废水处理、地下污水、空气和土壤等各个方面。阳光消毒法高效、简便、低成本的特点，对于可持续发展和绿色能源来说具有重大的意义。随着我国经济实力的日益增强和人们环保意识的不断提高，我国在废水处理开始采用阳光消毒技术，相信阳光消毒在其他方面的应用也会逐渐展开，阳光消毒技术的前景十分广阔。

第一节　非聚光阳光消毒器

非聚光阳光消毒器是太阳能集热器按照太阳辐射是否聚集分类的一类，太阳能集热器的作用是确保在太阳能的热利用过程中能够高效吸收太阳辐射并将其转换为热能，它是太阳能热利用系统中的核心装置。非聚光型集热器一般工作温度较低，为低温非跟踪型集热器，可以采用液体或空气作为传热工质，按照集热器内是否有真空，主要分成真空管集热器和平板集热器两类。而聚光型集热器由于聚光作用可以产生较高的工作温度，可以是中温集热器或高温集热器，工作温度较高时一般都需要跟踪太阳，所以大多为跟踪型集热器，也可以采用液体或气体作为传热工质。

一、消毒器的构造

非聚光阳光消毒器，其核心装置为平板型集热器。从外观来看像一个平板，如图 12-1 所示。它主要由吸热板、透明盖板、保温层和外壳四个部分组成。

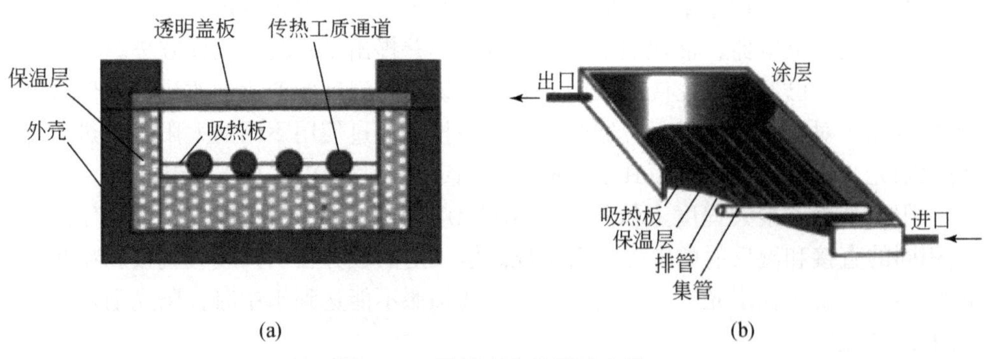

图 12-1　平板型集热器示意图

（a）横截面示意图；（b）内部三维结构示意图

1. 吸热板

吸热板的主要功能是吸收太阳辐射并向传热工质传递热量，一般需要满足以下技术要求：吸收效率高，热传递性能好，不易被传热工质腐蚀，具有一定的抗压能力，加工工艺简单。吸热板的材料种类很多，有铜合金、铝合金、铜铝复合材料、镀锌钢等。为了强化太阳辐射的吸收及减少自身辐射损失，吸热板表面会涂覆深色的选择性吸收涂层。供传热工质流动的排管和集管也布置在吸热板上，排管是指纵向排列的构成流体通道的部件，集管则是吸热板上下两端横向连接构成流体通道的部件。其中排管按照排布方式，又主要包括管板式、翼管式、扁盒式、蛇管式四种。

2. 透明盖板

透明盖板的功能主要有三个：一是使太阳辐射透射到吸热板上；二是保护吸热板使其不会受到外部因素影响；三是阻止内部热量向环境散失。因此透明盖板的技术要求包括太阳透射率高、红外透射率低、导热系数小、冲击强度高、抗腐蚀性能好等。综合以上技术要求，一般采用平板玻璃或者玻璃钢板（玻璃纤维增强塑料板）作为透明盖板。前者由于含有 Fe_2O_3成分导致太阳透射率不高，而且其抗冲击强度较低；后者则具有较高的红外辐射透射率，抗腐蚀性能较弱。综合考虑，目前采用最多的还是平板玻璃。

3. 保温层

保温层是抑制热量向外传导从而减少集热器向环境散热的部件。主要技术要求是导热系数低、不易变形、不易挥发。通常采用的隔热材料主要有玻璃棉、聚苯乙烯、酚醛泡沫等。当采用聚苯乙烯时，由于聚苯乙烯在大于 70℃ 的时候会发生一定的收缩进而影响吸热板的吸热效果，所以通常要在吸热板与聚苯乙烯材料之间放置一层薄的岩棉或者矿棉，并在四周贴上一层薄的镀铝聚酯薄膜。

4. 外壳

外壳是用来保护以及固定吸热板、透明盖板、保温层的部件。其要求有一定的强度与刚度、较好的密封性与耐腐蚀性。通常使用的外壳一般是铝合金板、不锈钢板、塑料板等。

平板型太阳能集热器结构简单、运行可靠、成本低廉，且吸热面积大、承压能力强，特别适合于建筑一体化要求，一直以来都是国际太阳能市场的主导产品，已经广泛应用于生活用水加热、工业用水加热、建筑采暖与空调等诸多领域。

二、消毒器的工作原理

非聚光阳光消毒器的工作方式是太阳辐射透过透明盖板照射在有选择性吸收涂层的吸热板上，吸热板温度升高并将热量传递到吸热板上排管内的传热工质上，从而获得较高温度的传热工质。外壳由保温材料填充使其起到减少散热的作用。通过温度和辐射的联合对目标物品起到消毒作用。

三、消毒器的使用方法

放在阳光下通电即可使用。

四、消毒器的消毒因子

太阳光的光谱范围从 γ 射线到无线电波，蕴含巨大的辐射能量。约 50% 的太阳辐射能量在不可见光谱区，其中绝大部分辐射能量在红外线光谱中，较少部分在紫外线光谱中。而消毒效果主要取决于紫外线和红外线两种不可见光波。紫外线是太阳光谱中波长在 200 ~ 380nm 范围内的不可见光波，红外线（infrared ray）是电磁波波长处于 0.76 ~ 1000μm 的光波。在强烈的太阳光下，温度可达到 60 ~ 80℃，但一般红外线使得阳光温度达到 40℃ 结合 UV 强度对细菌和病毒杀灭率可达到 99.99%。寄生虫对阳光不太敏感，但随着暴露时间加长、温度达到 50℃ 以上，如隐孢子虫等也会处于死亡状态。从理论上讲，UV 照射剂量越高，杀灭效果越好。但环境的湿度、温度等也会对 UV 的消毒效果有影响。

五、消毒器的消毒机制

阳光消毒的作用机制是通过紫外线辐射的杀菌作用和红外辐射提升温度产生的热效应的综合作用杀菌。紫外线可以破坏微生物的脱氧核苷酸，同时对蛋白质、酶及其他生命攸关的物质亦有一定的损伤作用。阳光消毒的过程即是辐射与温度的协同作用，能提高消毒效果。

六、消毒器杀灭微生物的效果

阳光消毒能对很大范围的微生物起杀灭作用。目前，国内外对阳光消毒的消毒效果在实验室与现场调查中均做了研究。对于灵杆菌、大肠杆菌、金黄色葡萄球菌等普通细菌，暴露在阳光下，两个小时以上可以被杀灭，但若有催化剂 TiO_2 的存在下，几分钟之内就可以被杀灭，其去除率可达 80% 以上。军团菌属于水生环境菌属，由空气传播，若水中该细菌大量繁殖，会增加人体的感染机会。传统的医院消毒措施，耗能高且效率较低，利用太阳能，设计的阳光消毒器杀灭军团菌，能够提供安全、无军团菌的环境，同时极大降低了成本和能源消耗。这种阳光消毒器使用大面积的镜子、驱动锅炉和涡轮生产电力，以获得更高的温度，然后与热回收系统相结合，减少了对热量的需求同时达到了灭菌的温度。

七、消毒器消毒过程的监测方法

1. 生物监测法
2. 化学监测法

每一消毒包外应使用包外化学指示物，每一消毒包内应使用包内化学指示物，并置于最难消毒的部位。对于未打包的物品，应使用一个或者多个包内化学指示物，放在待消毒物品附近进行监测。经过一个消毒周期后取出，据其颜色或形态的改变判断是否达到消毒要求。

3. 物理检测法

日常监测：每次使用过程中应连续监测并记录消毒时的温度、湿度和辐射值等消毒参数。消毒温度波动范围在±3℃内，时间满足最低消毒时间的要求，同时应记录所有临界点的时间、温度与辐射值，结果应符合消毒的要求。

定期监测：应每年用温度压力检测仪监测温度、湿度和辐射值等参数。

八、影响消毒器作用效果的因素

1. UV-A 辐射的影响

太阳辐射可以分为三种波长范围：紫外辐射、可见光和红外辐射。紫外辐射不能被人眼感知到，它是一种非常强烈的辐射，可以对皮肤和眼睛造成严重伤害，并破坏活细胞。200～320nm 范围内的大多数 UV-C 和 UV-B 光被大气中的臭氧（O_3）层吸收，从而保护地球免受太空的辐射危害。只有在可见紫光附近的 320～400nm 波长范围内，辐射较高的 UV-A 才能到达地球表面。UV-A 光对存在于水中的人类病原体具有致死作用。这些病原体可在人类胃肠道中找到其特定的生物条件，它们不具有侵入环境的条件。因此，它们比环境中通常富含的生物体对阳光更敏感。UV-A 辐射直接与活细胞的 DNA、RNA 和酶相互作用，改变分子结构并导致细胞死亡。UV 辐射也与溶解在水中的氧反应并产生高反应性氧（氧自由基和氢过氧化物）。这些反应性分子也会干扰细胞结构并杀死病原体。

2. 温度的影响

阳光的另一个方面是长波辐射红外线。人类的眼睛也看不到这种辐射，但可以感受到波长超过 700nm 的光所产生的热量。被水吸收的红外线辐射会对水有加热作用。而微生物对热敏感。

3. 气候和天气状况

消毒过程的效率取决于阳光可用量。然而，太阳辐射分布不均匀，并且随地理位置的不同而变化，而太阳辐射的可用量取决于地理位置、季节和一天的时间。

（1）太阳辐射的地理变化。满足阳光消毒的天气与气候条件，最适合的地区是北纬或南纬 15°～35°，这些半干旱地区光照充足，降雨量少；第二个最有利的区域位于赤道和 15°N 和 15°S 之间，由于高湿度和频繁的云层覆盖，该地区的散射辐射量很高。

（2）太阳辐射的季节和日常变化。太阳辐射的季节差异对于消毒的适用性很重要。在特定地点实施阳光消毒之前，需要评估季节性辐射强度。太阳总辐射强度至少为 500W · h /m²，大约需要 6h 才能使阳光消毒有效。同时太阳辐射强度也受到日常变化的影响。随着云量增加，辐射能量减少。在阴天时，UV-A 辐射强度降低到日常强度的 1/3，阳光消毒器必须连续暴露两天才能达到所需的辐射剂量，并确保病原体的完全失活。

九、影响消毒器作用效果的注意事项

（1）阳光不强或天空云彩较多时，应延长辐照时间。云量超过 50% 时，应连续辐照 2d；水温超过 50℃，只需要辐照 1h。

（2）雨天时不能使用阳光消毒法。

十、消毒器的应用范围

现在非聚集阳光消毒器主要应用于饮用水、工厂污水等的消毒。但非聚光阳光消毒器利用阳光效率较低，温度上升有限，其应用范围相对于聚光阳光消毒器较窄。

第二节　聚光阳光消毒器

在非聚光的情况下，太阳能集热工质的温度一般低于 100℃，因此非聚光的消毒技术适用场合有限。为了提高工质温度从而扩大太阳能的热能利用范围，可以采用聚光型的光热利用技术。它通过由反射镜、透镜或其他光学器件组成的聚光器将进入较大面积采光口的太阳辐射改变方向，并聚集到较小面积的吸收器上，从而获得较高温度的热能。聚光型的光热利用和非聚光型的光热利用可能存在很大的不同。由本章第一节可知，非聚光型的集热器一般既可以利用直射辐射也可以利用漫射辐射，但是聚光型的集热器只能有效地利用直射辐射而不能利用漫射辐射。此外，为了最大化地将太阳辐射汇聚到接收器上，聚光型集热器一般需要配置跟踪系统来对太阳位置进行准确跟踪。总之，聚光型的光热利用系统可以输出高温、大功率的能量、提供高温蒸汽或热油等，为阳光消毒器的广泛应用奠定了基础。

一、消毒器的构造

在聚光型的光热利用系统中，聚光型集热器是其核心组成部分，通常由聚光器、接收器和跟踪系统组成。聚光型集热器种类繁多。按照对入射太阳辐射的聚集方式不同，可以分为反射式集热器和折射式集热器。反射式集热器是通过一系列的反射镜片将太阳辐射聚集到接收面，如槽式抛物面集热器；而折射式集热器

是将入射太阳辐射通过透镜汇聚到接收面，如菲涅耳透镜集热器。按照聚光后是否成像，又可以分为非成像集热器和成像集热器：非成像集热器是指聚集太阳辐射时在接收面上不会形成焦点或焦线的集热器，如复合抛物面集热器；而成像集热器是指聚集太阳辐射时在接收面上形成焦点或焦线的集热器。对于成像集热器，按照聚焦方式又可以分为点聚焦和线聚焦两种，分别将太阳辐射基本上汇聚到一个焦点和一条焦线上。点聚焦集热器包括旋转抛物面集热器、塔式集热器等，而线聚焦集热器包括槽式抛物面集热器、反射式线性菲涅耳集热器等。此外，还可以依据聚光比大小、工作温度、跟踪方式等的不同对集热器进行分类。

二、消毒器的工作原理

通过使用由反射镜、透镜或其他光学器件组成的聚光器将进入较大面积采光口的太阳辐射改变方向，并聚集到较小面积的吸收器上，从而获得较高温度的热能。

三、消毒器的使用方法

放置在阳光下即可使用。

四、消毒器的消毒因子

同“非聚光阳光消毒器”。

五、消毒器的消毒机制

阳光消毒的作用机制是通过紫外线辐射的杀菌作用和红外辐射提升温度产生的热效应的综合作用杀菌。紫外线可以破坏微生物的脱氧核苷酸，同时对蛋白质、酶及其他生命攸关的物质亦有一定的损伤作用。阳光消毒的过程即是辐射与温度的协同作用，能提高消毒过程的效率。

六、消毒器杀灭微生物的效果

阳光消毒能对很大范围的微生物起杀灭作用。目前，国内外对阳光消毒的消毒效果在实验室与现场调查中均做了研究。对于灵杆菌、大肠杆菌、金黄色葡萄球菌等普通细菌，暴露在阳光下，两个小时以上可以被杀灭，但若有催化剂 TiO_2的存在下，几分钟之内就可以被杀灭，其去除率可达 80% 以上。军团菌属于水生环境菌属，由空气传播，若水中该细菌大量繁殖，会增加人体的感染机会。传统的医院消毒措施，耗能高且效率较低，利用太阳能，设计的阳光消毒器杀灭军团菌，能够提供安全、无军团菌的环境，同时极大降低了成本和能源消耗。这种阳光消毒器使用大面积的镜子、驱动锅炉和涡轮生产电力，以获得更高的温度，然后与热回收系统相结合，减少了对热量的需求同时达到了灭菌的温度。

七、消毒器消毒过程的监测方法

1. 化学监测法

每一消毒包外应使用包外化学指示物，每一消毒包内应使用包内化学指示物，并置于最难消毒的部位。对于未打包的物品，应使用一个或者多个包内化学指示物，放在待消毒物品附近进行监测。经过一个消毒周期后取出，据其颜色或形态的改变判断是否达到消毒要求。

2. 物理检测法

日常监测：每次使用过程中应连续监测并记录消毒时的温度、湿度和辐射值等消毒参数。消毒温度波动范围在±3℃内，时间满足最低消毒时间的要求，同时应记录所有临界点的时间、温度与辐射值，结果应符合消毒的要求。

定期监测：应每年用温度压力检测仪监测温度、湿度和辐射值等参数。

八、影响消毒器作用效果的因素

1. UV-A 辐射的影响

太阳辐射可以分为三种波长范围：紫外辐射、可见光和红外辐射。紫外线辐射不能被人眼感知到，它是一种非常强烈的辐射，可以对皮肤和眼睛造成严重伤害，并破坏活细胞。幸运的是，200～320nm 范围内的大多数 UV-C 和 UV-B 光被大气中的臭氧（O_3）层吸收，从而保护地球免受太空的辐射危害。只有在可见紫光附近的 320～400nm 波长范围内，辐射较高的 UV-A 才能到达地球表面。UV-A 光对存在于水中的人类病原体具有致死作用。这些病原体可在人类胃肠道中找到其特定的生物条件，它们不具有侵入环境的条件。因此，它们比环境中通常富含的生物体对阳光更敏感。UV-A 辐射直接与活细胞的 DNA，核酸和酶相互作用，改变分子结构并导致细胞死亡。UV 辐射也与溶解在水中的氧反应并产生高反应性氧（氧自由基和氢过氧化物）。这些反应性分子也会干扰细胞结构并杀死病原体。

2. 温度的影响

阳光的另一个方面是长波辐射红外线。人类的眼睛也看不到这种辐射，但我们可以感受到波长超过 700nm 的光所产生的热量。被水吸收的红外线辐射会对水有加热作用，而微生物对热敏感。

3. 气候和天气状况

消毒过程的效率取决于阳光可用量。然而，太阳辐射分布不均匀，并且随地理位置的不同而变化，而太阳辐射的可用量取决于地理位置、季节和一天的时间。

（1）太阳辐射的地理变化。满足阳光消毒的天气与气候条件，最适合的地区是北纬或南纬15°～35°，这些半干旱地区光照充足，降雨量少；第二个最有利的区域位于赤道和15°N和15°S之间，由于高湿度和频繁的云层覆盖，该地区的散射辐射量很高。

（2）太阳辐射的季节和日常变化。太阳辐射的季节差异对于消毒的适用性很重要。在特定地点实施阳光消毒之前，需要评估季节性辐射强度。太阳总辐射强度至少为500W·h/m^2，大约需要6h才能使阳光消毒有效。同时太阳辐射强度也受到日常变化的影响。随着云量增加，辐射能量减少。在阴天时，UV-A辐射强度降低到日常强度的1/3，阳光消毒器必须连续暴露两天才能达到所需的辐射剂量，并确保病原体的完全失活。

九、影响消毒器作用效果的注意事项

（1）能量来源问题。阳光消毒技术需要充足的光照，因此使用它必须考虑到气候和天气条件的限制。在阳光不充足的地区以及阴雨天时，阳光消毒技术必须要延长暴露时间，甚至是没有办法使用阳光消毒技术进行消毒处理。

（2）处理规模问题。阳光消毒技术仅适合于少量目标物品的消毒，不适合处理大规模的目标物品。

（3）消毒目标微生物问题。阳光消毒器并不能改变目标物品的化学性质。阳光消毒器仅能对微生物起消灭作用。

（4）应用人群问题。阳光消毒器能去除99.9%的细菌和病毒，并且在一定程度上从被污染的目标物品中去除寄生虫，但是通过阳光消毒处理后的水并不是灭菌的，在一定程度上受到污染和紧急感染的风险。

十、消毒器的应用范围

阳光消毒器有一系列的优点：①对太阳能剂量收集的最大化；②提高消毒功效，尤其是针对抵抗性强的病原体；③提高给定太阳能曝光时间内的处理目标物品的输出；④降低工艺的用户依赖性；⑤找到尽可能廉价的消毒系统，该系统可能不需要使用复杂技术，而是利用本地材料构建。目前阳光消毒技术日趋完善，已经被广泛应用于工业废水处理、地下污水、空气和土壤等各个方面。

小　结

阳光消毒杀菌谱广、对消毒物品无损害、易于使用、价格低廉且不产生消毒副产物。现阶段，阳光消毒技术已受到越来越多的关注与研究。阳光消毒器已广泛应用于业废水处理、地下污水、空气和土壤等各个方面。本章分别介绍了非聚光阳光消毒器和聚光阳光消毒器的构造、工作原理、消毒因子、消毒机制、杀灭微生物的效果、消毒过程的监测方法、影响消毒器作用效果的因素、注意事项以及其应用范围。

（胡　杰　陈昭斌）

第十三章　电离辐射消毒器

用X射线、γ射线和高能电子辐射灭菌物品的冷灭菌方法，被称为电离辐射灭菌法。电离辐射（ionizing radiation）是一切能引起物质电离的辐射的总称，具有很高的能量和很强的穿透力。电离辐射灭菌是20世纪50年代发展起来的一种新工艺。电离辐射包括X射线、γ射线、高速电子（β射线）、质子、α射线等。常用于消毒灭菌的有X射线、γ射线、高速电子（β射线），在辐照消毒、灭菌、食品保藏和医疗等领域都有广泛应用。

我国医疗卫生用品电离辐射的研究和应用始于20世纪80年代，并逐步得到重视和发展。1996年国家技术监督总局和卫生部发布了《医疗卫生用品辐射消毒，灭菌质量控制标准》（GB 16383—1996），2000年制定了《医疗卫生用品电离辐射灭菌操作技术要求》，2014年发布了《医疗卫生用品辐射灭菌消毒质量控制》（GB 16383—2014），适用于所有开展辐射灭菌和消毒的单位。此外在污染菌的抗性研究、生物知识的研究、灭菌剂量、辐照机理等多方面也取得了一定的成就。

第一节　X射线电离辐射消毒器

一、消毒器的构造

1895年伦琴发现X射线后，Mink在次年就提出电离辐射可用于医疗用品灭菌的想法，但实际上电离辐射灭菌开始实用阶段是在20世纪50年代后期。X射线电离辐射消毒器主要由辐射源、辐射源的升降装置、产品传送系统、电气控制系统、保护性屏障以及其他配套装置组成。

二、消毒器的工作原理

典型的X射线辐射源包括电子加速器，电子束引出装置以及装换靶，电子束扫描穿过转换靶产生高能光子，当其辐照物体时，达到消毒灭菌的目的。

三、消毒器的使用方法

具体使用方法应按照辐照工厂流程严格进行。此处以食品为例简述电离辐射消毒器的使用方法：

辐照设备的选址、设计以及建造、单位人员需要符合相关标准；辐照装置在设备安装之后，必须进行安装鉴定，以保证设备的性能能够达到设计要求；安装鉴定完成之后应进行运行鉴定，以确定设备能够按照设定程序进行运行。

1. 辐照产品的接收

待辐照灭菌的产品接收并合理贮藏（不同类型的辐照食品应该分开存放，并有明显的标志）。

2. 辐照设备的选择

应该根据辐照食品的种类、辐照目的和产品状态（如散装或定型包装）以及其他特性、辐照设备的处理能力选择辐照设备。

3. 辐照加工安排

（1）满足工艺规范的制定和食品安全要求。

（2）确定辐照工艺剂量：工艺剂量应该在最低有效剂量和最高耐受剂量之间。(最低有效剂量是指在食品辐照时，为达到某种辐照目的所需要的最低剂量，即工艺剂量的下限值；最高耐受剂量是指在食品辐照时，不会对食品的品质和功能特性产生负面影响的最大剂量，即工艺剂量的上限值)。

（3）建立相应的食品装载模式：每类食品的不同包装应该单独建立装载模式。装载模式的设计应该在辐照容器容许质量范围内最大限度地充满容器空间，并尽可能均匀分布，以使剂量不均匀度最小。

（4）对剂量的测定。

4. 辐照后处理

产品审核，合格后出具相应的辐照加工证书放行。

四、消毒器的消毒因子

X 射线。

五、消毒器的消毒机制

X 射线消毒灭菌的本质是能量的传递。辐射灭菌消毒技术是一种安全、高效、环保的医用耗材灭菌新技术。其原理是采用高能射线辐照，微生物受电离辐射后，吸收能量，引起分子或原子电力激发，产生一系列物理、化学和生物学变化，最终导致死亡。具体的作用机制：一是直接作用是微生物的脱氧核糖核酸、蛋白质等，使之受到高能射线照射后发生电离、激发或化学键断裂，导致分子结构的破坏，从而丧失功能。二是射线作用于微生物的水分子等产生自由基，自由基间接作用于生命物质而使微生物死亡。辐射杀菌的间接作用占主要地位。

六、消毒器杀灭微生物的效果

高能射线对各种细菌、芽孢、病毒和真菌的细胞壁有强烈的穿透和杀伤作用，以破坏其细胞结构、达到消毒灭菌的目的，是取代环氧乙烷熏蒸法的最理想的方法。

从食品中常见微生物种类看，耐辐射性依次为芽孢菌>酵母菌>霉菌>革兰氏阳性菌>革兰氏阴性菌。致病和非致病微生物的杀灭效果也存在差异。研究人员发现，X 射线辐照的短小芽孢杆菌生物指示菌菌落总数的 D_{10} 值为 1.016kGy (kGy 即 1kg 被辐照物质吸收 1000J 的能量)，杀灭效果理想。

七、消毒器消毒过程的监测方法

1. 生物指示剂

每批次产品做消毒或灭菌效果监测。于最小剂量处，每次至少布放 10 片生物指示剂。辐射后取出指示菌片按照《中华人民共和国药典（二部)》（2010 年版本）的要求进行无菌检查。

辐射灭菌法最常用的生物指示剂为短小芽孢杆菌孢子，如 NCTC 10327、NCIM 10692、ATCC 27142。每片活孢子数 $10^5 \sim 10^6$，置于放射剂量 25kGy 条件下，D_{10}值约 3kGy。但应注意灭菌产品中所负载的微生物可能比短小芽孢杆菌孢子显示更强的抗辐射力。因此短小芽孢杆菌孢子可用于监控灭菌过程，但不能用于灭菌辐射剂量的建立。

2. 电离辐射剂量指示标签

电离辐射剂量指示标签贴于外层，严格检查有无漏气及破损。辐射前为黄色，达到规定剂量时经橙色和橘红色变为红色，提示消毒条件已具备，物品已达到灭菌效果，可以用于临床。但严格说来标签辐射后变为红色只能显示是否经过照射，属于“照否标签”。

有些辐射指示剂还可以判断辐照剂量，当辐照剂量约为 5kGy 时，指示剂从原本的黄色变为浅红色/橙色；约 10kGy 时，变成大红色（如 Radots 拉德辐照灭菌标签)。

八、影响消毒器作用效果的因素

1. 辐照剂量

合理的剂量设定至关重要，不仅可以节省能源，还可以避免高剂量的辐射对材料性能的影响。

2. 微生物种类

各种微生物对辐照抵抗力不同，不同菌种和同一菌种的菌株在不同的生长期对辐照的抵抗力也有所差异。一般来讲，细菌静止期比对数生长期的细菌抵抗力要强。

3. 物品的污染程度

菌量的不同，所需要的辐照剂量也不同，菌量大则需要更大的辐照剂量才能达到灭菌的效果。

4. 温度

温度增加可加强辐照灭菌的效果。

5. 氧气

有无氧气的灭菌效果还要根据微生物的生长特性所判断。对于细菌繁殖体，有氧条件下更易杀灭；对于厌氧芽孢杆菌，则无氧条件下更为适宜。

6. 含水量

其他条件相同下，微生物在干燥时抵抗力要比潮湿条件下要大。

九、注意事项

电离辐射灭菌应用时总的需要注意几点：

（1）选择电离辐射灭菌时，开始必须进行“材料研究”，因为很多材料经过辐射灭菌后，强渡降低，有损失产品的价值。

（2）电离辐射对各种微生物都有杀灭作用，为了保证灭菌质量，灭菌工艺程序必须规范化、标准化，必须对各种微生物，特别是常见的致病菌和病毒，进行耐辐射性研究，这是开展电离辐射灭菌的基础。目前已经制定了一些相应的标准，主要涉及灭菌保证水平的标准、辐射灭菌剂量的计算、污染菌的抗辐射性、标准生物指示菌的选择（IAEA 的医疗用品辐射灭菌导则中主张用短小芽孢杆菌）、E601（*bacilluspumilus* E601）和粪链球菌 ATCC 19681（*streptococcus-faecalis* ATCC 19681）、无菌检验等方面。

（3）物品中所负载的微生物可能比短小芽孢杆菌孢子显示更强的抗辐射力，因此短小芽孢杆菌孢子可用于监控灭菌过程，但不能用于灭菌辐射剂量建立的依据。

（4）剂量约束，做到防护和安全最优化。使用设备时注意防护，应对个人受到的正常照射和潜在照射危险加以限制（治疗性照射除外）。

（5）辐射处理后的产品，对于包装完好无损，剂量监测结果符合辐射工艺要求的产品才可给予放行。

此外 X 射线电离辐射消毒器还应注意固定场地中应用，因为 X 射线的产生设备体积大，不便于移动。

十、消毒器的应用范围

1. 食品工业

国家标准 GB 18524—2016《食品安全国家标准食品辐照加工卫生规范》中规定食品辐射可用电子加速器产生的能量不高于 5MeV 的 X 射线。

2. 食品保鲜

目前，用辐射处理进行杀菌消毒的方法已经得到了广泛的研究与应用。朱佳廷用 2～8kGy 的辐照剂量对大豆蛋白粉进行辐照灭菌，发现辐照剂量为 8kGy 时，杀菌率可达到 100%。

3. 环境保护领域

在水处理过程中，电离辐射会带来化学效应（如污染物分解和聚合）、物理化学效应（如胶体变性）以及生物效应（如灭菌消毒）等多种变化。辐射技术已经被用于解决一系列的环境问题，如脱氯和染料降解、污泥处理、有机污染物氧化、杀虫剂去除及药物降解等。此外还在制药领域有广泛的应用。

第二节　γ 射线电离辐射消毒器

一、消毒器的构造

γ 射线在辐射灭菌方面研究较早，应用也比较广泛，主要是 ^{60}Co-γ 射线的应用。γ 射线电离辐射消毒器主要由辐射源、辐射源的升降装置、产品传送系统、电气控制系统、保护性屏障以及其他配套装置组成（图 13-1）。

图 13-1　γ 源射线电离辐射消毒器

二、消毒器的工作原理

γ射线是核素原子核衰变时，从高能态跃迁至低能态或基态释放产生的一种基本粒子，也是一种电离辐射，其能量大小几乎是原子核的能级之差，受到辐射的物质内部的原子和分子产生激发和电离，从而发生一系列直接和间接的物理、化学和生物反应，起到消毒灭菌的作用。γ射线的产生主要通过放射性核素^{60}Co或^{137}Cs源，目前多以^{60}Co辐射源为主。^{60}Co在衰变时会放出1.17MeV和1.33MeV两种不同能量的γ射线。

三、消毒器的使用方法

具体使用方法应按照辐射工厂流程严格进行。

四、消毒器的消毒因子

γ射线。

五、消毒器的消毒机制

γ射线消毒灭菌的本质和X射线一样是能量的传递，消毒机制也都是作用核酸、蛋白质、微生物水分子等达到灭菌的效果。

六、消毒器杀灭微生物的效果

高能射线对各种细菌、芽孢、病毒和真菌的细胞壁有强烈的穿透和杀伤作用，以破坏其细胞结构、达到消毒灭菌的目的，是取代环氧乙烷熏蒸法的最理想方法。用γ射线辐射的短小芽孢杆菌生物指示菌菌落总数的D_{10}值为0.946kGy，总体来说，灭菌效果好，但与高能电子束和X射线对短小芽孢杆菌的杀菌效果无显著性差异。

七、消毒器消毒过程的监测方法

包括生物指示剂和电离辐射剂量指示标签，详见本章第一节。

八、影响消毒器作用效果的因素

影响γ射线电离辐射消毒器的作用效果的因素包括辐照剂量、微生物种类、物品的污染程度、温度、氧气、含水量等。

九、注意事项

除电离辐射灭菌的的注意事项外，还需要注意γ射线源的射线产生不可控、废料具有放射性，需要复杂的处理办法。

十、消毒器的应用范围

1. 食品工业

国家标准 GB 18524—2016《食品安全国家标准食品辐照加工卫生规范》中规定食品辐照可用的电离辐射源为^{60}Co 或^{137}Cs 放射性核素产生的 γ 射线。

2. 杀虫储藏

^{60}Co-γ 射线所产生辐射效应可有效地杀灭谷物中的害虫。由于其具有穿透力强的特性，可均匀地穿透谷粒、包装产品内部，杀灭其中的害虫，对谷物储藏保鲜的效果比较明显。

3. 降解真菌毒素

研究发现，辐射不仅能在食品加工及储藏过程中起到杀菌的作用，还能有效地降解很多霉菌产生的毒素。研究 γ 辐射处理对小麦、玉米和大麦种子中镰刀霉菌产生的伏马毒素 B_1 的降解技术表明，用 5kGy 剂量分别照射小麦、玉米和大麦后，伏马毒素 B_1 的降解率分别为 96.6%、87.1%、100%。用 7kGy 剂量辐照小麦和玉米可以将其中的毒素完全降解。

4. 降解农药残留

辐射在降解食品中的农药残留以及其他的污染物方面也有很广阔的应用前景。采用^{60}Co-γ 射线对苹果汁进行辐射后，发现对其中菊酯类农药和氨基甲酸酯类农药等多种农药的降解起到了很显著的效果。

第三节　高能电子束消毒器

1956 年，美国 Ethicon 公司首先使用电子直线加速器，对手术缝线和一次性使用的皮下注射器以及针头进行了灭菌实验。1960 年后在英法等有了工业规模的运行。目前，高能电子束灭菌的技术实现了产业化，已经是比较成熟的技术，可以杀灭细菌、病毒等病原体，加速难降解物质的降解速率，广泛适用于辐射消毒、食品贮藏和环境保护等领域。

一、消毒器的构造

常见的电子加速器有静电加速器和直线加速器。目前，用于辐射消毒的电子束主要由直线加速器产生，其输出最大功率达到 15 ~ 25kW，输出/输入比约为 10% ~ 20%。电子直线加速器主要由调制器、电子枪、加速管、速调管、微波传输系统和真空系统等部件组成（图 13-2 ~ 图 13-4）。

图 13-2 高能电子束消毒器

图 13-3 加速器主体

图 13-4 高压脉冲电源以及速调管

现有一种智能型电离辐射厨具消毒柜设备，是一种利用高速离子束来杀菌消毒的厨具消毒柜，杀菌效果理想。结构如图 13-5 所示。

二、消毒器的工作原理

用于辐射消毒的电子束主要由直线加速器产生，直线加速器的输出最大功率达到 15～25kW，输出/输入比约为 10%～20%。电子直线加速器主要由调制器、电子枪、加速管、速调管、微波传输系统和真空系统等部件组成。其中，调制器为电子枪和速调管提供脉冲高压电源，电子枪为系统提供入射电子，周期性地向加速管中发射电子，形成电子团。加速管内具有初速度的电子团，在微波的作用下加速运动，形成电子束。此微波由微波激励源产生，经速调管调制后进行功率

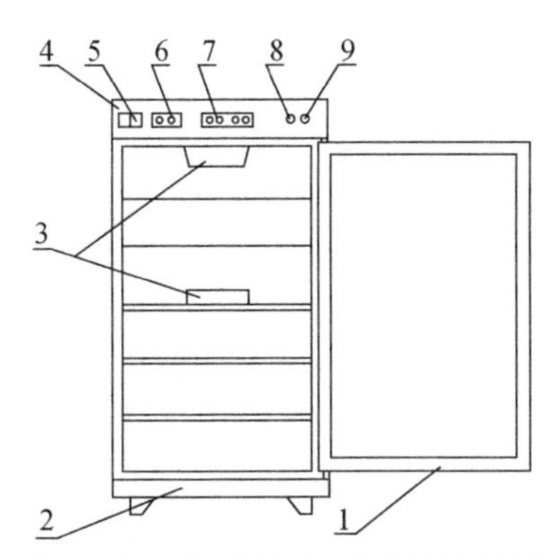

图 13-5　智能型电离辐射厨具消毒柜

1. 柜门；2. 柜体；3. 电离辐射器；4. 控制面板；5. 时间显示屏；6. 定时器；7. 程序设定器；8. 消毒指示灯；9. 电源指示灯

放大，经波导传输进入加速管。电子束在加速管中被加速到接近光速，能量达到10MeV。通过射线作用，从而达到杀灭虫卵及微生物、降解有害残留物、改变生物体遗传特性等目的。电子加速器上也可以加装X射线转换靶，具有产生高能电子束和高能X射线两种功能，可以根据辐射产品的要求，选择使用电子束或X射线进行辐射。

三、消毒器的使用方法

基本和X射线和γ射线电离辐射消毒器的使用方法一致，规范操作见各辐射机构操作标准，此处不再详述。

四、消毒器的消毒因子

电子射线。

五、消毒器的消毒机制

消毒的基本原理是高能电子加速器产生的高能电子束（10MeV以下）辐射消毒产品，通过高能电子束激发电子的直接作用和-H自由基、-OH自由基的生成，并作用于微生物的蛋白质、酶、核酸及DNA，使微生物的功能、代谢与结构发生变化，从而将微生物灭活，达到消毒灭菌的目的。

六、消毒器杀灭微生物的效果

电子束射线对各种微生物都有杀灭作用，一般以细菌繁殖体效果最好，其次为霉菌、酵母菌、细菌芽孢。

北京放射医学研究所以短小杆菌 E_{601} 和炭疽杆菌的芽孢作为检测对象，以灭菌 D_{10} 值为依据进行灭菌试验，并以 γ 射线和电子束比较。电子束灭菌对两种菌芽孢的灭菌 D_{10} 值分别为 1. 83kGy 和 2. 23kGy，略高于 γ 射线灭菌。另外同一研究中在 SML 5520 电子束邮件灭菌模式实验中，初始污染菌量分别为短小杆菌芽孢 3.8×10^6 CFU/片、炭疽杆菌芽孢 1.74×10^6 CFU/片。模拟实际使用情况，进行灭菌实验，发现短小杆菌芽孢经 10kGy、炭疽杆菌芽孢经 15kGy 辐射，即可完全杀灭。低于医疗用品辐射灭菌 20kGy 的剂量标准，可见 20kGy 完全可以保证邮件灭菌的安全性。

研究大功率电子加速器不同辐射剂量的电子束对大肠杆菌、金黄色葡萄球菌和变形杆菌 3 种微生物的杀灭效果，发现辐射剂量达到 2. 0kGy 时，可完全杀灭金黄色葡萄球菌，2. 2kGy 时可完全杀灭大肠杆菌和变形杆菌。但是三种微生物具有明显不同的杀灭作用，电子束的剂量也存在差异。研究表示这可能是由于种间差异，导致了不同的菌种对同一辐射源及同一辐射剂量的不同敏感性；也可能是由于不同菌种的最适生存条件不同，尽管都是在同一条件下培养生长，但它们的生理状态存在差异，导致不同菌种对同一辐射处理反应也不同。

研究了电子束辐射处理对番茄微生物的质控和安全效应，发现 0. 7kGy 和 0. 95kGy 辐射均能显著降低沙门氏菌、乳酸菌、酵母菌和霉菌的群体水平，其中沙门氏菌更易被破坏，因此认为 0. 7kGy 以上剂量可降低番茄体内的病原菌水平，1kGy 效果更佳。

七、消毒器消毒过程的监测方法

对包装好的细胞工厂进行电子束辐照灭菌，包装的同时在细胞工厂的上、下、前、后、左、右、中不同位置放入短小芽孢杆菌指示剂，其菌落数达 5×10^6 CFU/mL，以验证辐射灭菌的均一性和有效性。指示剂经电子束辐照后，放入 TSB 培养基中，置 30 ~ 35℃ 条件下培养 7d，判定培养基的染菌情况，同时设阳性对照（未经电子束辐照的指示剂直接培养）和阴性对照（不加指示剂的培养基）。

八、影响消毒器作用效果的因素

1. 辐射剂量

灭菌剂量是指达到所需灭菌保证水平（SAL）的吸收剂量，灭菌保证水平是指通过有效的灭菌过程后产品处于有菌状态的最大期望概率。一般来说，25kGy 是一种有效的灭菌剂量，能够提供 10^{-6} 的灭菌保证水平。

2. 微生物种类

不同微生物由于种群的不同，对辐照的抵抗力不同。即使同一种群不同菌株的微生物，它们对辐射的抵抗力也不同。研究发现高能电子束辐射对金黄色葡萄球菌、大肠杆菌和变形杆菌进行灭菌试验，3 种微生物达到灭菌效果所需要的辐射剂量不同。

3. 微生物量

为达到对不同数量细菌的灭菌效果，所需的高能电子束产生的辐射剂量也不同。研究发现，当其他条件不变，当细菌量较低时，只需较低的辐射剂量就可以达到灭菌效果；细菌量较高时，需要较高的辐射剂量才能达到灭菌效果。

4. 温度

在一定温度范围内，温度越高，达到灭菌效果所需的辐射剂量越少，高能电子束辐射杀菌的效果越好。

5. 氧气

杀菌的能力会高于无氧条件辐射杀菌能力。与有氧条件相比，无氧条件下的物质中微生物对辐射抗性更强。高能电子束照射微生物时，在无氧环境中能降低微生物对辐射的敏感性，一般真空和含氮环境中的敏感性低于有氧环境中的敏感性。

九、注意事项

（1）辐射前需要评估待灭菌物品是否可采用电子束灭菌，特殊材质容易产生性能变化的产品需严格把关，如有些食品采用电子束辐射后会出现变脆、色泽变化等现象。

（2）辐射剂量的选择需要根据不同物品类型决定。

（3）电子束的穿透相对弱，包装过大的物体会导致中间部分无法吸收剂量，灭菌不完全，所以包装尺寸需要在专业人士的指导下定制。

（4）辐射消毒灭菌产品严格来说需提供产品的初始菌数据和辐射后的交货微生物标准，辐射技术员可以通过此数据制定对应的灭菌强度，同时核算出来的灭菌强度是否超出平时的辐射经验值，如果超出平时的辐射剂量经验值需重新做产品辐射耐受剂量测试。

十、消毒器的应用范围

目前，高能电子束辐射技术主要应用于消毒需求量大且不宜使用化学、热力等方式消毒的领域，如医疗用品、加工业以及废弃物等的消毒处理。

1. 医疗用品的辐射消毒

采用电子束辐射技术可以对不同种类的医疗用品进行消毒处理，如手术器械、手术缝合线、外科手套、人工血管、导尿管、血袋、创伤敷料、骨移植替代物及塑料注射器等医疗器材，可在原包装不打开的条件下直接进行消毒，清洁无残留。

在产妇、初生婴幼儿的卫生用品、婴儿玩具等方面采用辐射的效果也颇佳，其辐射剂量一般都在 10 ~ 15kGy 之间。

2. 加工业辐射消毒

化妆品消毒：化妆品含多种营养物质，是微生物生长的良好培养基，其生产到销售的各个环节都容易受到微生物的污染，特别是致病微生物的污染，不仅会损害化妆品的品质，还可能危害人体健康。研究表明，以 8kGy 的电子束辐射剂量对化妆品原料和成品进行消毒，能杀灭化妆品中大肠杆菌等微生物。

烟叶消毒：烟叶吸水能力比较强，其包装密封性不足，导致在夏季雨季容易霉变。研究显示，采用电子加速器对烟叶实施电子束辐射处理，可有效杀灭卷烟中的霉菌和细菌，且不影响卷烟的总糖、烟碱氮等成分，说明使用高能电子束辐射技术处理卷烟，可有效防止烟叶霉变。

食品消毒：电子加速器产生的电子束可有效控制食品中的微生物，确保食品符合卫生标准，为食品安全提供保障。高能电子束辐射技术可用于畜禽肉类及其制品、水产品、方便食品、饮料等的杀虫灭菌，粮食、饲料、新鲜水果、干果、调味品的防霉，延长食品的保鲜期和保质期。

药用植物辐照消毒：药用植物（中草药、中药材、中成药）辐射灭菌已在世界各国广泛应用。美国、加拿大、法国、比利时、丹麦、荷兰、南非、南斯拉夫等国都已批准草药的辐射灭菌卫生标准，辐射剂量一般都为 10kGy，但美国标准中允许最高剂量为 3kGy。

3. 环保消毒

污水：污水的电子束辐射处理，即利用加速后的电子束流对污水进行辐射，使水中的污染物发生分解或降解、有害微生物发生变性等，以达到消毒净化污水的目的。Maruthi 采用电子束对污水进行处理，结果显示在 1.5kGy 的辐射剂量下，可有效消毒污水中的总大肠菌群等微生物，在 3kGy 的辐射剂量下，还能有效减低生活污水的有机负荷。

污泥：污泥中微生物较多，经过电子束辐射处理后，污泥中的微生物数量可降低到安全水平，可安全应用于农业生产中。

4. 商品流通消毒

（1）防治工艺美术品害虫：对于竹木、雕刻工艺品、扇子、毛笔、动植物、贺卡等商品，特别是古代木刻、木雕等极易受竹蠹类害虫危害，造成损失。用电子束辐射 0.6kGy，在 30 天内各虫态全部死亡。

（2）防治图书档案害虫：我国档案馆保存档案中虫害率达 4% 以上，其主要害虫有书虱、书窃蠹、衣鱼、烟草甲、蟑螂、白蚁等，用电子束辐射 1.5kGy，在 14 天内就能将其各虫态全部杀灭。

还有皮革及其制品辐射防霉，各类名贵书画保存等方面也均有应用。

5. 其他消毒领域的应用

还可以应用于检疫处理，如直接照射货物，杀灭病原菌、害虫等。总体来说高能电子束消毒器具有操作温度低、安全可靠、节约成本、消毒彻底等优点，但是对一些高分子材料的医疗卫生用品容易损坏，安全防护要求高、基建投资费用较大。

小　　结

本章重点介绍了 X 射线、γ 射线、高速电子（β 射线）电离辐射消毒器。电离辐射灭菌是一种适用于忌热物体的低温灭菌方法（又称为“冷灭菌”），适用于怕热物品大规模的消毒灭菌。相比化学消毒法其不存在消毒剂残留的毒性问题，安全性高，且灭菌彻底，广泛适用于制药、加工、食品、环境、医疗、海关检验等领域，并且越来越受到各行业的重视，具有良好的发展前景。

（何　婷　陈昭斌）

第十四章　纳米消毒因子消毒器

纳米结构是指物质粒径在100nm以下的结构，而具有这种结构的材料称作纳米材料。在纳米水平上对物质和材料进行研究处理的技术称作纳米技术。纳米技术应用广泛，如纳米材料、纳米传感器以及纳米医学等。目前医院感染问题突出，二次污染带来严重后果，政府在解决水体、空气污染问题方面也投入了大量资金，收效显微。为减少化学消毒剂在空气和水体中使用时带来的化学残留，以及高温消毒带来的耗能和操作不便，科学家们将纳米技术应用到消毒领域。纳米消毒因子消毒不仅消毒效果显著，同时对环境和人体的危害较小，造成二次污染的概率也很低，因此也逐渐投入空气消毒和污水处理中使用。纳米技术用于消毒的途径主要包括：①将具有抗菌作用的金属矿物质制备成纳米级颗粒，如TiO_2、ZnO、CuO等，其抗菌机制是通过光催化反应将金属矿物质还原成活性很强的原子，原子可与细菌的有机物反应，生成CO_2和H_2O，快速杀死细菌。②以某些纳米微粒为母体，经过化学修饰及改性处理，再连接上其他具有抗菌作用的物质。如SiO_2和银离子复合而成的银系纳米复合粉。其杀菌机制是，纳米粉缓释出的银离子扩散到微生物的细胞内，破坏细胞内的蛋白质结构，引起细胞的代谢障碍。纳米铁等也是同样的原理。③直接制备成纳米级别的抗菌消毒药物：8N8、20N20等纳米消毒乳剂。

随着科学知识的普及，人们对微生物污染认识的进一步提高，开始探求替代传统含氯消毒剂、高温高压消毒的更加高效、低成本、无公害的消毒方法。纳米技术在消毒领域的应用则促进这一问题的解决。以TiO_2为例，其在紫外光的催化作用下，形成活性很强的氧原子和氢氧自由基，其能与有害污染物反应生成CO_2、H_2O、卤素离子等，达到完全无机化。此外，它还具有能耗低、操作简便、反应条件温和，减少二次污染的作用。其他纳米微粒如ZnO和CuO等也具有同样的特点。随着纳米技术的推广，一系列的纳米消毒新产品得以开发，如利用含纳米抗菌微粉的纤维制成的抗菌纺织品，抗菌陶瓷、玻璃、抗菌塑料以及消毒剂等。本章主要介绍利用纳米消毒因子制成的消毒器。

目前，常用的纳米因子消毒器包括：

(1) 纳米光催化空气净化器，其原理是纳米半导体氧化物材料的高能量子激发和光催化反应实现高效灭菌消毒，如TiO_2、ZnO等，通常适用于手术室术前、术中、有人或无人的状态下的空气消毒。研究发现，纳米光催化空气消毒器在无人或有人活动的情况下，均可保证空气菌落数保持在较低水平，明显优于术前紫外线消毒方法。在此基础上，有研究者通过改良纳米 TiO_2 光催化空气消毒器，发现作用30min 可清除空气中的白色葡萄球菌，而传统的紫外线消毒穿透能力小，覆盖空间小，对人体皮肤和眼睛有直接伤害。因此，改良纳米 TiO_2 光催化空气消毒器可用于公共场所的空气消毒。纳米光催化技术通常具有以下优点：①抗菌作用，如纳米消毒因子对大肠杆菌、葡萄球菌、绿脓杆菌都有较好的杀灭作用；②无毒性；③除臭，能分解有机气体；④亲水性；⑤自净性；⑥产生负离子。

（2）过氧化氢纳米雾消毒灭菌仪：将过氧化氢消毒剂雾化成1μm 以下的小微粒，有的甚至达到纳米级，这些小微粒在空气中做无规则的布朗运动，保证其与空气中的微生物充分接触，从而达到消毒灭菌的目的。此外，雾化后的粒子在接触物体表面后会产生反弹作用，不会在物体表面凝成较大的液滴从而对其产生腐蚀作用。因此，过氧化氢纳米雾可用于各种密闭空间（如医院病区、动物实验中心等）的消毒，也可用于各种设备（如隔离器、冷冻干燥器、生物安全柜等）的消毒。

除开上述两种纳米消毒因子外，纳米银作为一种优良的灭菌试剂也得到了较好的应用。纳米银通过破坏细菌细胞壁，改变细菌细胞膜通透性，使细胞内容物如蛋白质等流出从而达到杀灭细菌的目的。纳米银除开较强的抗菌作用及广谱的的抗菌活性外，还具有无耐药性、安全性较高的优点。目前，已有研究者研制出一种纳米微波灭菌消毒柜，这种灭菌柜是将含纳米银离子的灭菌薄膜黏附在消毒柜的内壁上形成抑菌灭菌涂层，用于抑制消毒柜内壁上细菌的孳生，再配合紫外线和微波发生器，使消毒柜内始终处于无菌条件。尽管如此，纳米技术也存在一些限制，例如纳米银材料在不加保护剂的情况下容易发生颗粒聚集而失去纳米特性或被氧化成棕色的氧化银，进而影响纳米银的抗菌活性。此外，纳米银是否会对人体正常细胞产生负面影响还未可知，有待进一步的毒理试验。

纳米消毒因子具有高效、广谱、环保等特点，本章主要介绍两种以纳米因子为基础制造的消毒器：纳米光催化空气净化器和过氧化氢纳米雾消毒灭菌仪。

第一节　纳米光催化空气净化器

一、消毒器的构造

空气净化装置是由壳体、净化系统（过滤装置）、送风系统、负离子发生器、电控等几个部分构成。纳米光催化空气净化器则是将 TiO_2 纳米材料应用到空气净化器中。但随着技术的进步，越来越多的纳米光催化空气净化器被生产出来，型号、外观、性能各不相同（图 14-1 和图 14-2）。

图 14-1 纳米光催化空气净化器

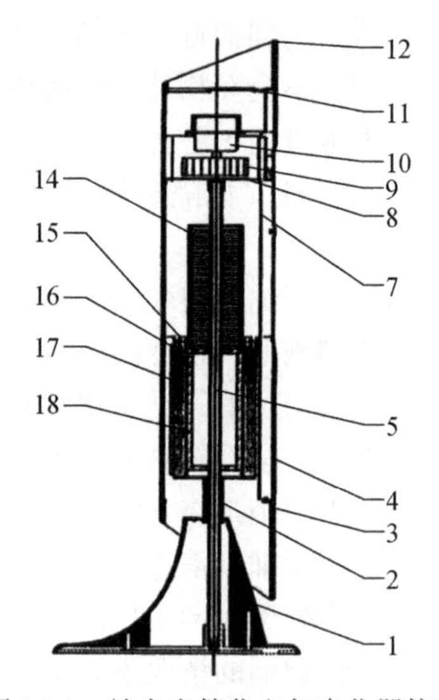

图 14-2 纳米光催化空气净化器构造

1. 外壳；2. 托盘；3. 下端盖；4. 过滤装置和风机；5. 支撑轴；7. 支架；8. 密封部件；9. 风轮；10. 风机电机；11. 上罩；12. 上端盖；14. 纳米反应器；15. 隔板；16. 高效空气过滤器；17. 第一过滤材料；18. 第二过滤材料

二、消毒器的工作原理

纳米光催化空气净化器的工作原理是有害气体被滤网除去灰尘杂物、细小微粒和一些细菌，然后进入光催化反应器，TiO_2经光催化活化后对各种污染物质包括有害异味气体进行吸附净化，最后再排出清新空气。

三、消毒器的使用方法

纳米光催化空气净化器在启动后即开始正常运行，其工作流程为：在风机的作用下，污染空气进入进风口，颗粒、尘埃、部分细菌经滤料除去，有害气体如甲醛、有害微生物经过纳米反应器，与活性物质反应后被除去，最后排出干净的空气。

四、消毒器的消毒因子

纳米光催化空气净化器的消毒因子主要是纳米级别的具有消毒作用的金属矿物质，如 TiO_2、ZnO、CuO 等，目前较为常用的是 TiO_2。

五、消毒器的消毒机制

纳米消毒因子在一定光源的照射下，在光催化剂的导带和价带中分别形成自由电子和电子空穴，它们可有效地氧化或还原吸附在催化剂表面上的气体分子，杀死细菌和病毒，并能将有害有机物、细菌等转化为无害的水和二氧化碳。光催化反应不存在二次污染，不同于传统的物理和化学净化方法，具有较好的环保价值。此外，纳米材料减小了粒径，增加了比表面积，光催化的效能也就越高，有利于其充分发挥消毒灭菌的功能（图 14-3）。

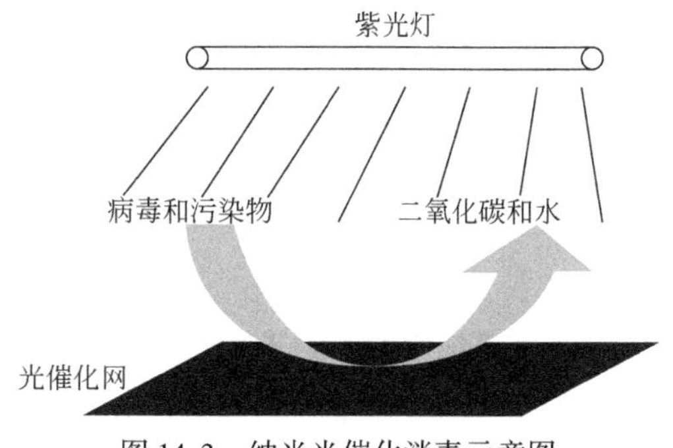

图 14-3　纳米光催化消毒示意图

六、消毒器杀灭微生物的效果

纳米 TiO_2、纳米银等都具有广谱杀菌功能，能抑制和杀灭大肠杆菌、绿脓杆菌、金黄色葡萄球菌和白色念珠菌等。研究表明，在医院静态环境或动态环境中，纳米光催化空气净化器开机作用 60min 后，室内空气质量能达到《国家医院消毒卫生标准》Ⅱ类环境卫生空气标准。

七、消毒器消毒过程的监测方法

按照《消毒技术规范》（2002 年版）规定，在用纳米光催化空气净化器进行消毒处理后，对空气进行采样，细菌培养以及菌落计数，最后看是否合格。具体方法参照《消毒技术规范》。

八、影响消毒器作用效果的因素

（1）纳米粒子粒径大小可影响光催化反应后粒子的活性，因此在设计时应选择合适的粒径范围。

（2）滤网质量，滤网需要定期清洗。

（3）紫外灯质量，紫外灯故障会导致光催化反应不能发生。

九、消毒器的应用范围

纳米光催化空气消毒器的应用范围较广，除用于各种公共场所的空气消毒，还可用于医院手术室、污染区以及其他实验室、研究中心、学校、疗养院等。

十、注意事项

（1）一般净化器内设有紫外线故障警报装置和滤网清洗提示系统，滤网要定期清洗，避免积尘过多，影响机器正常运作。

（2）注意定期维护仪器。

第二节　过氧化氢纳米雾消毒灭菌仪

一、消毒器的构造

过氧化氢纳米雾消毒灭菌系统主要由纳米雾消毒灭菌仪主机、过氧化氢清除检测系统、管道连接系统和外部喷雾头系统组成，其中主机又由过氧化氢消毒喷雾系统、液滴干燥分离系统和电路控制系统等部分组成（图 14-4）。

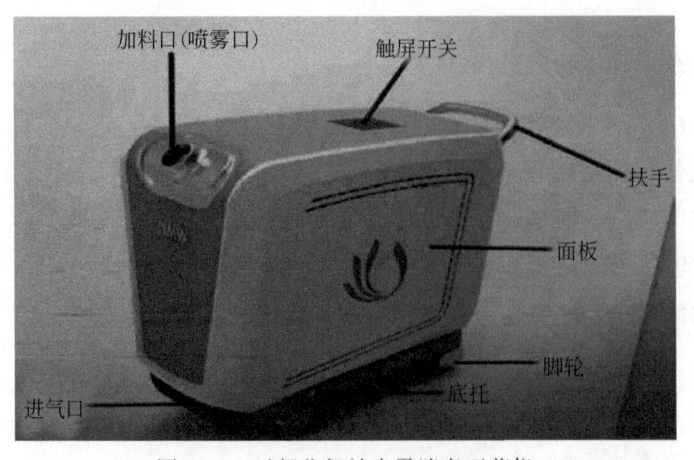

图 14-4　过氧化氢纳米雾消毒灭菌仪

二、消毒器的工作原理

过氧化氢纳米雾消毒灭菌技术（图 14-5）是将喷雾干燥技术与文丘里（Venturi）原理相结合，将过氧化氢雾化至 1μm 以下的干燥小微粒，使其能长时间悬浮在空气中做无规则的布朗运动，在与物体表面接触后反弹，从而保证了消毒剂与空气中的细菌充分接触从而达到消毒灭菌的目的。

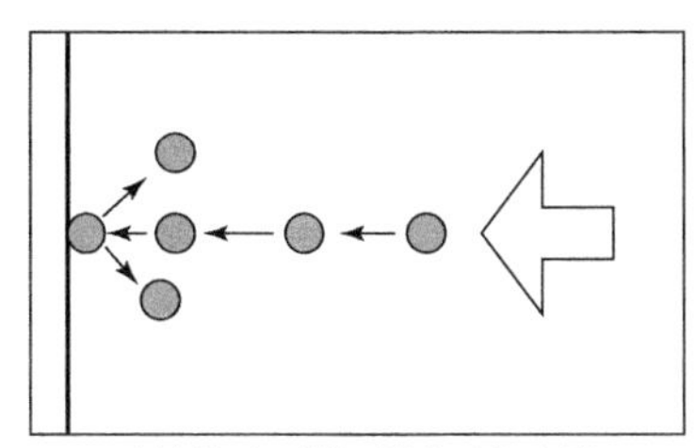
小液滴会反弹 所以不会破裂

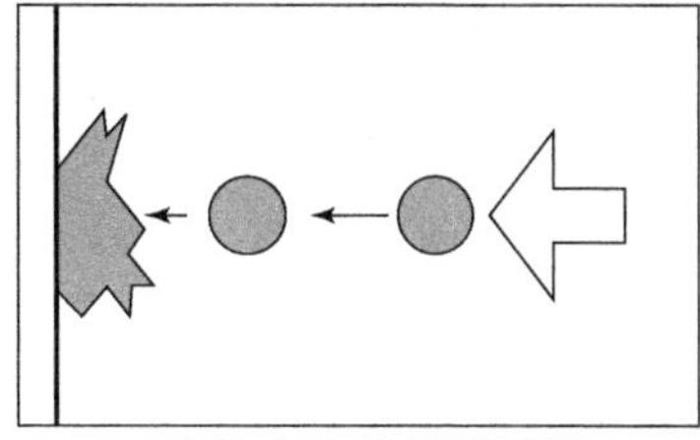
大液滴破裂 所以湿润黏附

图 14-5　过氧化氢纳米雾消毒灭菌技术示意图

三、消毒器的使用方法

过氧化氢纳米雾消毒灭菌的过程可分为 6 个阶段：

（1）在进行消毒前，应用 75% 酒精对设备表面进行擦拭消毒，同时将待消毒空间内的空调关闭。

（2）根据待消毒空间大小，计算喷雾体积或时间。

（3）将计算好的消毒液放入消毒器的储液装置中。

（4）开启电源开关，开始喷雾。

（5）喷雾完毕后，密闭 90 ~ 120min。

（6）通风。目的是排除多余的过氧化氢气体，使房间内的过氧化氢浓度低于允许暴露水平。

四、消毒器的消毒因子

过氧化氢纳米雾（超干雾）消毒因子。

五、消毒器的消毒机制

雾化后的过氧化氢在空气中做无规则的布朗运动，悬浮时间较长，可与空气中的细菌充分接触，过氧化氢可破坏细菌屏障结构，改变细菌细胞膜通透性从而杀死细菌。此外，过氧化氢还可破坏细菌的酶、氨基酸、DNA 分子，进而阻止细菌的生长繁殖。

六、消毒器杀灭微生物的效果

研究表明，用过氧化氢纳米雾消毒灭菌器在GMP车间洁净区进行消毒，当过氧化氢消毒液浓度为3%，喷雾量为5mL/m^3，密闭时间为2h，即可杀死大量孢子，达到灭菌要求。当活化过氧化氢消毒液浓度为6%，喷雾量为10mL/m^{3}时对传统冷冻干燥机进行消毒，作用2h即可达到灭菌要求。

七、消毒器消毒过程的监测方法

按照《消毒技术规范》规定，用过氧化氢纳米雾消毒灭菌仪消毒后进行现场采样，细菌培养和菌落计数，看是否符合规定。具体方法参照《消毒技术规范》。

八、影响消毒器作用效果的因素

（1）空气湿度会对消毒效果产生一定的影响，消毒时，尽量保证消毒的空间或物体处于干燥状态。

（2）密闭时间会对消毒效果产生影响，一般时间越短消毒效果越差，因此在消毒时应根据具体情况选择密闭时间。

九、消毒器的应用范围

此种消毒器不仅适用于大型空间如GMP车间、医院病房、实验动物中心、小型仓库、公共卫生区域，同时也适用于小型空间如隔离器、冷冻干燥机、孵化箱、传递窗、生物安全柜等场所的消毒。

十、注意事项

（1）严格按照说明书操作要求进行操作。

（2）消毒时尽量保持待消毒的空间或物体处于干燥状态，空气相对湿度<75%。

（3）消毒过后注意通风以排除多余的过氧化氢气体，避免对人体造成危害。

（4）消毒时应根据具体情况选择喷雾量以及作用时间。

（5）注意仪器的维护。

小 结

本章主要介绍了两种纳米因子消毒器：纳米光催化空气净化器、过氧化氢纳米雾消毒灭菌仪。纳米消毒因子具有高效、广谱、低成本、操作简便、节能环保的特点，由于纳米因子粒径较小，可长时间在空气中做布朗运动，与有害病菌充分接触进而抑制杀灭，可广泛应用于公共场所、手术室、密闭空间、器械、设备等的消毒。

（李德全　陈昭斌）

第十五章　甲醛消毒器

甲醛，化学式 HCHO 或 CH_2O，分子量 30.03，又称蚁醛。无色气体，有刺激性气味，对人眼、鼻等有刺激作用。气体相对密度 1.067（空气 = 1），液体密度 0.815g/cm^3（−20℃）。熔点 −92℃，沸点 −19.5℃。易溶于水和乙醇。水溶液的浓度最高可达 55%，通常是 40%，称为甲醛水，俗称福尔马林（formalin），是有刺激气味的无色液体，有很强的还原作用。甲醛能与细菌蛋白质结合，使蛋白质变性，具有强大的广谱杀菌作用，对细菌、芽孢、霉菌及病毒均有效。甲醛的作用机制是凝固蛋白质，直接作用于有机物的氨基、巯基、羟基、羧基，生成次甲基衍生物，从而破坏蛋白质和酶，导致微生物死亡。

甲醛作为高效消毒剂已应用多年，多年以来，许多科学家相继研究了甲醛气体对医院病房和其他物品的消毒作用，尽管各研究结果并不完全一致，但甲醛强大的杀菌作用得到公认。目前普遍使用的甲醛消毒器有低温蒸汽甲醛灭菌器，甲醛熏蒸灭菌器，氧化法传统甲醛熏箱。

第一节　低温蒸汽甲醛灭菌器

低温蒸汽甲醛灭菌器适合对细长管道、多腔隙电动力器械、电子仪器和精密光学仪器的灭菌。

一、灭菌器的构造

立式灭菌器，由灭菌仓、仓锁、注水真空泵、喷汽嘴、水蒸发器、电加热垫、无菌过滤器、供水系统和自动再供水系统组成（图 15-1）。

图 15-1　低温蒸汽甲醛灭菌器实物图

二、灭菌器的工作原理

低温蒸汽甲醛真空（low temperature steam and formaldehyde，LTSF）灭菌技术是通过反复利用对灭菌室抽真空及充进蒸汽来置换灭菌室内空气，保证灭菌室内甲醛浓度，借助真空状态下蒸汽分子运动能量增大，加大其穿透能力以达到灭菌效果，对不耐热器械是较好的灭菌方法。

三、灭菌器的使用方法

（1）灭菌前物品准备与包装：将待灭菌的物品彻底清洗干净，晾干。用专用纸塑包装袋包装、封口。

（2）灭菌物品装载：灭菌柜内装载物品上下左右均应有空隙（物品不能接触柜壁），物品应放于金属网状篮筐内或金属网架上，物品装载量不应超过柜内总体积的80%。

（3）灭菌处理：按照使用说明书的规定操作。低温蒸汽甲醛灭菌程序通常按照以下六个步骤进行：①预热，加热腔体的夹套，使腔体内壁达到预定的温度；②预真空，反复数次注入蒸汽和抽真空来实现灭菌腔体内的预真空；③灭菌，甲醛气体和水蒸气的混合气体在负压的情况下充分渗入被灭菌物品的内部，依靠不断注入蒸汽来维持所需的灭菌温度；④排出气体，通过20～50次脉动蒸汽的液化和气化的状态变化过程，有效地减少物品内部的甲醛残留物；⑤干燥，反复抽真空，除去灭菌物品上残留的湿气；⑥等压过程，最后注入新鲜的空气，使灭菌腔体内外的压力相等。

四、灭菌器的消毒因子

甲醛。

五、灭菌器的消毒机制

甲醛杀菌作用是阻止细菌核蛋白的合成，影响微生物胞浆基本代谢。甲醛是强烷化剂，分子中的醛基可与微生物蛋白质和核酸分子中的氨基、羧基、羟基、巯基等发生反应，生成次甲基衍生物，从而破坏了生物分子的活性，致微生物死亡。

六、灭菌器杀灭微生物的效果

能杀灭所有微生物包括芽孢。

七、灭菌器消毒过程的监测方法

除必要的工艺监测之外，低温蒸汽甲醛灭菌效果可以经过物理、化学和生物检测方法对其进行监测。物理监测通过对压力表、温度计和适时采样的打印机打印出的参数等方法实施监测。化学监测是在灭菌物品的外包装材料上印有包外化学指示物或粘贴指示胶带，作为指示灭菌过程的标志；另在每个包内放置化学指示卡，作为灭菌效果的参考。每月应做生物效果监测。生物监测是用生物指示剂嗜热脂肪肝菌（ATCC7953）芽孢菌管或菌片，进行定期监测。

八、影响灭菌器作用效果的因素

杀菌效果受到温度、湿度、压力等诸多因素的影响。适宜的杀菌温度是在50~80℃的范围内，温度过低可使甲醛聚合而失去作用，随着温度的升高，杀菌作用增强；适宜的杀菌湿度是80%~90%。浓度越高，灭菌速度越快；在0.04~0.31mg/L的甲醛浓度范围内，浓度越高以及作用时间越长，杀菌效果越好。必须用一面塑料薄膜-面纸的专门包装袋，以保证足够的排气和甲醛气体穿入率。有机物甲醛气体穿透力很差，有机物可形成保护层，阻碍甲醛对深层微生物的杀灭。物品的性质和被污染的程度。由福尔马林产生的甲醛气体杀菌作用的速度明显慢于由多聚甲醛产生的甲醛气体。

九、注意事项

合理包装，所用灭菌包装材料甲醛蒸汽应能够穿透，细菌不能透过。可用纸与棉布包装，不宜用聚乙烯膜、玻璃纸。

十、灭菌器的应用范围

低温真空甲醛灭菌适合对细长管道、多腔隙电动力器械、电子仪器和精密光学仪器的灭菌，且低温甲醛灭菌时间短，一个周期仅104min±10min，大大满足了临床手术的需要。值得一提的是，低温甲醛灭菌对器材的包装、功能无损害，对人安全无害，无残留物质污染环境；而且运行成本低，监测方便。

第二节　甲醛熏蒸灭菌器

甲醛熏蒸灭菌器适用于杀灭暴露于空间表面的细菌和病毒，可以对药厂洁净车间、洁净厂房、进出口出入口岸、生物安全试验室、洁净病房等密闭空间进行消毒灭菌。

一、灭菌器的构造

它主要由两个容器和一个专用自动化控制模块构成，其中一个容器盛放甲醛液体，另一个盛放氨水液体（图 15-2）。

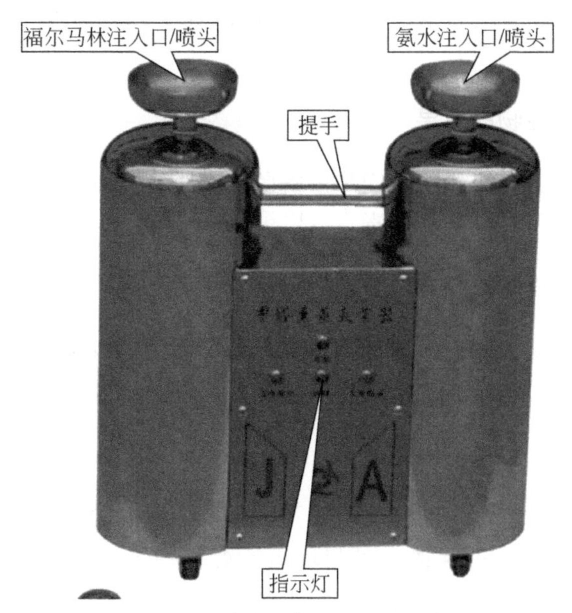

图 15-2　甲醛熏蒸灭菌器实物图和构造图

二、灭菌器的工作原理

先使甲醛蒸汽充满待灭菌的空间，经过一定时间后，杀灭暴露于空间表面的微生物，而后熏蒸灭菌器自动释放氨气，中和甲醛蒸汽，消除对人有害的残留物质。

三、灭菌器的使用方法

（1）甲醛蒸发消毒。

（2）氨水中和。

消毒灭菌的全过程所需时间是通过安装在甲醛熏蒸灭菌器内的专用电路设计来进行控制的，过程安全可靠，使用方便。

两种消毒方式：置于消毒空间内直接熏蒸和连接通风管道进行熏蒸。

四、灭菌器的消毒因子

甲醛。

五、灭菌器的消毒机制

甲醛杀菌作用是阻止细菌核蛋白的合成，影响微生物胞浆基本代谢。甲醛是强烷化剂，分子中的醛基可与微生物蛋白质和核酸分子中的氨基、羧基、羟基、巯基等发生反应，生成次甲基衍生物，从而破坏了生物分子的活性，致微生物死亡。

六、灭菌器杀灭微生物的效果

甲醛能使菌体蛋白质变性凝固和溶解菌体类脂，可以杀灭物体表面和空气中的细菌繁殖体、芽孢、真菌和病毒。

七、灭菌器消毒过程的监测方法

消毒过程全自动控制，可通过指示灯直观了解消毒设备的全程工作状态。可设置甲醛在线浓度检测设备，可进行甲醛最高浓度及甲醛残留浓度检测。

八、影响灭菌器作用效果的因素

在剂量和作用时间恒定的情况下，消毒效果随着温度增加而升高。在环境温度增至60℃时甲醛气体的穿透力可与环氧乙烷相媲美。到80℃时，气体的穿透力超过环氧乙烷的穿透力。相对湿度对甲醛气体杀菌作用的影响是，甲醛消毒时RH应在70%以上，以80%~90%为宜。在温度和相对湿度恒定的情况下，杀菌效果随着剂量和作用时间的增加而升高，但是当剂量达到一定程度时杀菌效果的加强并不明显。

九、注意事项

（1）熏蒸前对畜舍彻底清扫，除粪、扫灰尘、冲刷，并将需要消毒的饮水器、料槽等工具设备洗刷干净，放入畜舍中，以备一同消毒。

（2）做好密封工作，把门窗缝隙、墙壁裂缝、天窗等部位用塑料布或纸条封好，避免因留有空隙而致舍内有效浓度降低，影响消毒效果。

（3）依计算所得的量预备好消毒用的器皿，可选用陶瓷或搪瓷，也可用塑料桶或铁桶，把内部罩上塑料布，并将其放在畜舍的中央位置，为防止药液外溢，容器的容量为所盛甲醛容积的4倍以上。

（4）为保证消毒效果，采取一定措施将舍温提高到20℃以上（不低于15℃）和70%以上相对湿度，生产中有时可通过向甲醛中加入一定量的清水，以提高消毒环境相对湿度的措施，来增加消毒效果。

十、灭菌器的应用范围

可以对药厂洁净车间、洁净厂房、进出口出入口岸、生物安全试验室、洁净病房等密闭空间进行消毒灭菌。

第三节　氧化法传统甲醛熏箱

甲醛熏箱主要用于对常规器械的消毒，对不能承受高温高压、紫外照射的昂贵器械进行彻底的消毒。

一、消毒器的构造

由箱体、抽屉、底轮等组成（图15-3）。

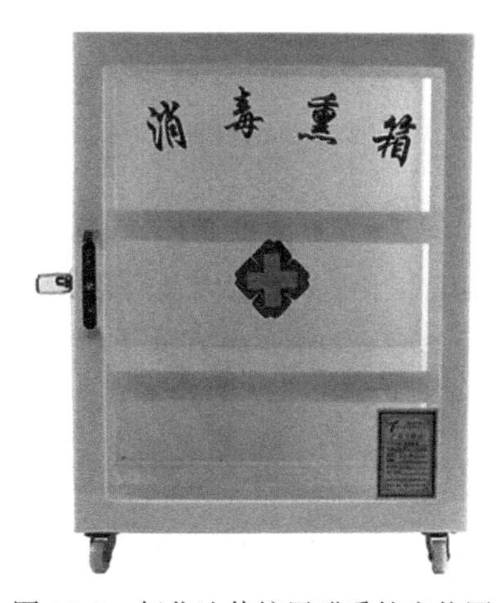

图15-3　氧化法传统甲醛熏箱实物图

二、消毒器的工作原理

根据甲醛的物理挥发特性和分子化学杀毒特性进行消毒，由于甲醛消毒剂具有在常温挥发的特性，因此利用其挥发分子有效杀毒。

三、消毒器的使用方法

（1）首先要做好消毒物品的准备，将各种水流管、T型管、导尿管、各类羊肠线、引流袋、明胶海绵及电刀导线、低压骨砧头、喉腔镜、口镜、气管镜、腹腔镜、宫腔镜、胃肠镜，包括各种手术器械、介入室导管、B超室（探头）、病案室病历单及血压计、听诊器等均按各种类型及大小进行整理放入抽屉内。

（2）将消毒剂配好之后［按熏箱体积每立方米配甲醛250mL、高锰酸甲（pp粉）10g］倒入熏箱最下层抽屉内，然后关好熏箱密封门熏蒸45min即可。最佳熏蒸时间为6～9h。

四、消毒器的消毒因子

甲醛。

五、消毒器的消毒机制

甲醛杀菌作用是阻止细菌核蛋白的合成，影响微生物胞浆基本代谢。甲醛是强烷化剂，分子中的醛基可与微生物蛋白质和核酸分子中的氨基、羧基、羟基、巯基等发生反应，生成次甲基衍生物，从而破坏了生物分子的活性，致微生物死亡。

六、消毒器杀灭微生物的效果

甲醛能杀灭细菌繁殖体、芽孢、分枝杆菌、真菌、病毒等。

七、影响消毒器作用效果的因素

杀菌效果受到温度、湿度、甲醛浓度等因素的影响。随着温度的升高，杀菌作用增强；适宜的杀菌湿度是80%～90%，不宜低于70%。甲醛的浓度按80mL/m^3注入，空气中的甲醛已达饱和。

八、注意事项

（1）在物品消毒前首先必须将物品上的油污清洗干净，检查各种管道是否畅通。

（2）熏蒸物品在消毒前必须进行分类，锐利的器械用纱布包裹，仪器的关节处要打开。

（3）必须保护物品干燥，避免因潮湿而影响消毒效果。

（4）要严格检查消毒熏箱的密封程度，不合格的应及时更换。

九、消毒器的应用范围

熏箱可对不能煮沸、浸泡的高温灭菌物品或精密仪器进行灭菌消毒。

小　结

甲醛作为高效消毒剂，在国内外已应用多年。甲醛能与细菌蛋白质结合，使蛋白质变性，而具有强大的广谱杀菌作用，对细菌、芽孢、霉菌及病毒均有效。甲醛的水溶液称为甲醛水，俗称福尔马林，是常用的标本保存剂。

目前普遍使用的甲醛消毒器有低温蒸汽甲醛灭菌器、甲醛熏蒸灭菌器、氧化法传统甲醛熏箱。低温蒸汽甲醛灭菌器是通过反复利用对灭菌室抽真空及充进蒸汽来置换灭菌室内空气，保证灭菌室内甲醛浓度，借助真空状态下蒸汽分子运动能量增大，加大其穿透能力以达到灭菌效果，适合对细长管道、多腔隙电动力器械、电子仪器和精密光学仪器的灭菌；甲醛熏蒸灭菌器先使甲醛蒸汽充满待灭菌的空间，经过一定时间后，杀灭暴露于空间表面的微生物，可以对药厂洁净车间、洁净厂房、进出口出入口岸、生物安全试验室、洁净病房等密闭空间进行消毒灭菌；氧化法传统甲醛熏箱是根据甲醛的物理挥发特性和分子化学消毒特性进行消毒灭菌，可对不能煮沸、浸泡的高温灭菌物品或精密仪器进行灭菌消毒。

（陈梓楠　陈昭斌）

第十六章　环氧乙烷灭菌器

烷基化气体消毒器是以烷基化剂作为消毒因子的商品化消毒设备或装置。烷基化剂是一类以甲烷、环氧乙烷为基础的衍生物，主要通过对微生物的蛋白质、DNA 和 RNA 的烷基化作用而将微生物灭活的消毒灭菌剂。虽然这类化合物的液体亦有杀灭微生物的作用，但在消毒灭菌工作中主要是其气体。烷基化气体消毒剂包括甲醛、环氧乙烷、乙型丙内酯、环氧丙烷、溴化甲烷和乙撑亚胺等。近年来，由于需要消毒灭菌的物品种类越来越多，特别是医学上大量精密的电子仪器、塑料制品及人造纤维的出现，给诊疗器材的消毒灭菌带来了很多新的难题。而烷基化消毒剂正好可以弥补其他消毒方法的不足，以其消毒效果可靠、对物品损害小的优势越来越受到关注。目前，不仅在医药工业上，而且在医院、实验室物品的消毒和灭菌上，烷基化消毒剂都被广泛应用。

环氧乙烷属于杂环类化合物，为非特异性烷基化合物。分子式为 C_2H_4O，分子量为 44.05。环氧乙烷蒸气压比较大，在 25℃ 时为 173.32kPa，30℃ 为 207.98kPa，因此对消毒物品的穿透力很强，扩散性可以穿透微孔而到达物品的深部，有利于物品的消毒和灭菌。环氧乙烷具有毒性，易燃易爆，当空气中含有 3%~80% 环氧乙烷时，可形成爆炸性混合气体，遇到明火时发生燃烧或爆炸。环氧乙烷是继甲醛之后出现的第二代化学消毒剂，至今仍为最好的冷消毒剂之一。早在 1929 年就有学者指出，环氧乙烷具有杀菌作用。但它最早作为消毒、灭菌剂应用是在 1936 年。1936 年 Schrader 等将环氧乙烷与 CO_2 混合，用于杀灭各种害虫和细菌。在第二次世界大战期间及其之前，环氧乙烷主要应用于食品工业产品的灭菌防霉，使用范围仅限于对热敏感的产品。1949 年，Phillips 和 Kaye 等对环氧乙烷进行了系统、全面的研究。此后，环氧乙烷受到了普遍的重视，广泛应用于医药工业、医院消毒灭菌和传染病疫源地污染物品消毒灭菌等方面。20 世纪 50 年代环氧乙烷开始用于医院灭菌。我国研究环氧乙烷消毒方法首先是从工业消毒开始，由中国军事医学科学院为解决皮毛行业炭疽杆菌感染和皮毛出口能通过边检的问题而研制出一套简易消毒方法。上海市疾病预防控制中心（原上海市卫生防疫站）消毒站于 1967 年在全国率先采用环氧乙烷方法进行灭菌，为中国首家环氧乙烷灭菌单位。

环氧丙烷作为消毒剂应用大约是 20 世纪 40 年代，尤其是 1949 年 Phillips 和 Kaye 的研究之后，人们曾对环氧丙烷抱有希望。但后来发现其挥发性差、穿透力低，生物学活性仅相当于环氧乙烷的一半，加之环氧乙烷备受重视，人们减弱对环氧丙烷的兴趣，故其应用普遍不受重视。然而后来发现，环氧乙烷虽然具有穿透力强，杀菌作用强等优势，但消毒后可在消毒物品残留少量有毒的乙二醇，1958年国外限制将环氧乙烷用于食品和药物的灭菌。由于环氧丙烷的水解产物为无毒的丙二醇，故在食物和药物的灭菌上容许使用环氧丙烷。目前环氧丙烷仍主要用于食品工业的灭菌，在医学消毒上应用不广。

1932年法国人Le Goupil首次使用溴化甲烷作为杀虫剂。后续有学者研究发现，溴化甲烷对炭疽杆菌芽孢、真菌具有杀灭作用，并应用于进口羊毛的灭菌和船只消毒。我国于1953年开始使用溴化甲烷熏蒸棉籽。20世纪60年代苏联使用60%环氧乙烷和40%溴化甲烷的混合气体对宇宙飞船灭菌，并指出这样的混合物不仅不易燃烧，而且两种化合物之间有许多协同作用。1970年Porter等发现，两种化合物混合后穿透力更好，从而提高了杀菌作用。但溴化甲烷在医学消毒学上应用不多，而在农产品的灭菌上更普遍些。半个多世纪来，在所有熏蒸剂中，其使用量最大，应用范围最广。然而，由于其对臭氧层具有破坏作用，1992年哥本哈根会议根据“蒙特利尔协议”，将溴化甲烷列入臭氧层消耗物质的名单，其应用前景不容乐观。

在烷基化气体消毒器研发方面，常见的商品化产品有环氧乙烷灭菌器和环氧乙烷灭菌袋，其他鲜有报道。环氧乙烷灭菌袋可用丁基橡胶制作，亦可用厚度0.4mm聚乙烯薄膜制作。适用于快速消毒小型物品。可先将物品放入袋内，挤出空气，扎紧袋口。环氧乙烷给药可事先放安瓿于袋内，扎紧袋口后打碎，使其气体扩散；亦可将钢瓶放在40~50℃温水中气化后与袋底部胶管相通，使气体迅速进入，用药量为2.5g/L。将橡胶袋底部通气口关闭，放入20~30℃室温中放置8~24h。

按气源来分，环氧乙烷灭菌器可分为混合气体型和100%纯环氧乙烷型。混合气体型灭菌器可采用氟利昂（因破坏臭氧层，现已被禁用）或CO_2为混合气体（即8.5%环氧乙烷，91.5%CO_2），CO_2作为混合气体具有不破坏环境、经济实惠等作为优点，但也存在分层现象，可能影响灭菌质量，易促使环氧乙烷形成聚合物，堵塞管道，而且灭菌时间较长。此外整个灭菌过程是正压。100%纯环氧乙烷气体型灭菌器采用小剂量环氧乙烷气罐配套使用，无需额外的连接线和过滤器，可将环氧乙烷气体直接、安全地释放到灭菌器腔体中。在灭菌程序真正启动之前，灭菌器可对当时灭菌条件进行自检，当条件达到后，灭菌器将自动刺破气罐，释放灭菌剂。整个灭菌过程为负压灭菌，具有不易泄露、灭菌时间较短等优点。例如3M公司针对100%纯环氧乙烷气体型灭菌器配有一次性单剂量环氧乙烷气罐，增加了使用的安全系数。

按容积不同，分为大中小型环氧乙烷灭菌器，容积大于$10m^3$以上为大型设备，1~$10m^3$为中型设备，小于$1m^3$为小型设备。它们各有不同的用途。大型环氧乙烷灭菌器一般作为工业消毒设备，如大批量的一次性医疗用品和出口皮毛产品的灭菌消毒，用药量为0.8kg/m³～1.2kg/m³，在55～60℃下作用6h。中型环氧乙烷灭菌器也是工业消毒设备，这种灭菌设备完善，自动化程度高，可用纯环氧乙烷或环氧乙烷和二氧化碳混合气体。一般要求灭菌条件是浓度800～1000mg/L，温度55～60℃，相对湿度60%～80%，作用时间6h。灭菌完成需抽真空。小型环氧乙烷灭菌器，多用于医疗卫生部门处理少量医疗器械和用品，目前有100%纯环氧乙烷或环氧乙烷和二氧化碳混合气体两种类型灭菌器。这类灭菌器自动化程度比较高，可自动抽真空、自动加药、自动调节温度和相对湿度、自动控制灭菌时间。医用环氧乙烷灭菌执行《GB 18279—2000 医疗器械环氧乙烷灭菌确认和常规控制》标准。

环氧乙烷灭菌器是指利用环氧乙烷作为消毒因子的柜式或箱式结构的设备或装置。溴化甲烷气体消毒也适用于环氧乙烷灭菌器。下面介绍环氧乙烷灭菌器。

一、消毒器的构造

环氧乙烷灭菌器由灭菌器主体、控制系统、密封门、管路等部分组成（图16-1）。

图16-1　环氧乙烷灭菌器实物图

二、消毒器的工作原理

预处理后进入灭菌循环，即处理（抽真空、加湿、加温）—灭菌（加药、保持、抽真空），然后进入通风结束。在灭菌循环过程中，由于环氧乙烷具有烷基化学活性，可参与化学反应的结果是式微生物的蛋白质、DNA和RNA发生非特异性烷基化作用，即与蛋白质上的羧基、氨基、硫氨基和羟基中的游离氢离子相结合成为羟乙基，从而迫使细菌酶的代谢功能受到阻碍而死亡。环氧乙烷穿透力强，对布类、纸箱、塑料均有穿透而无损从而发挥灭菌作用。

三、消毒器的使用方法

环氧乙烷灭菌程序需包括预热、预湿、抽真空、通入气化环氧乙烷达到预定浓度、维持灭菌时间、清除灭菌柜内环氧乙烷气体、解吸以去除灭菌物品内环氧乙烷的残留。具体操作应按照环氧乙烷灭菌器生产厂家的操作使用说明书的规定执行：根据灭菌物品种类、包装、装载量与方式不同，选择合适的灭菌参数。一般操作程序如下：

（1）首先将清洗干净的干燥物品按常规要求放入柜室搁架中，关闭柜门。准备指示灯亮，程序灯闪烁。

（2）预温加热加湿至 40～60℃，相对湿度 60%～80%，抽真空至 21kPa 左右，通入环氧乙烷，用量 900～1000mg/L，在最适相对湿度（60%～80%）情况下作用 6～12h。

（3）换气，解吸待检。

四、毒器的消毒因子

环氧乙烷。

五、消毒器的消毒机制

环氧乙烷能与微生物的蛋白质、DNA 和 RNA 发生非特异性烷基化作用，蛋白质上的羧基、氨基、硫氨基和羟基被烷基化，使蛋白质失去了在基本代谢中需要的反应基，阻碍了细菌蛋白质正常的化学反应和新陈代谢，从而导致微生物的死亡。

环氧乙烷还能抑制微生物酶的活性，如磷酸脱氢酶、肽酶、胆碱氧化酶和胆碱酯酶，阻碍了微生物的正常代谢过程，从而导致其死亡。

六、消毒器杀灭微生物的效果

环氧乙烷属广谱杀菌剂，可杀灭细菌繁殖体及芽孢、霉菌、病毒、真菌。消毒后残留菌数应达到有关卫生标准的规定。

七、消毒器消毒过程的监测方法

（1）程序监控。一是消毒设备各个硬件部分是否正常；二是物品包装是否正常；三是监测各项灭菌参数（用药量、温度湿度和作用时间）是否达标。

（2）化学监测法。常用环氧乙烷化学指示卡或胶带，根据变色情况间接判断灭菌是否合格。每包必须放化学指示卡于包中心进行化学监测，每包必须放化学指示胶带于包外，包外化学指示胶带由黄色变成橘红色为合格，一次性纸塑包装边缘由粉红色变为黄色为合格。化学指示卡由原来的褐色变为绿色为合格。

（3）生物监测法。采用生物指示菌片（枯草杆菌黑色芽孢变种 ATCC 9372）。

八、影响消毒器作用效果的因素

环氧乙烷灭菌效果受到多种因素的影响，如环氧乙烷的作用浓度、时间和温度、环境的湿度和相对湿度、消毒处理的时间长短、微生物的菌龄和含水量、柜体或箱体密闭性、消毒物品的表面性质和厚度、包装方式和密封、有机物含量等。

（1）浓度和时间。环氧乙烷的浓度是影响其灭菌质量最为重要的因素，浓度越高，杀菌所需时间越短，最常见的浓度为 450～1200mg/L。灭菌的时间一般 105～300min。

（2）温度。一般来说，在一定范围内，随着温度升高，环氧乙烷杀菌作用加强。但是，当温度高得足以使药物发挥最大作用时，再升高温度，杀菌作用亦不再增强。灭菌温度一般为 35～60℃。

（3）相对湿度。灭菌物品的含水量、微生物本身的干燥环境和灭菌环境的相对湿度，对环氧乙烷的灭菌效果均有显著的影响。一般最常见的相对湿度为 45%～75%。小型处理以 30%～50% 为宜；对大型物品（容积超过 0.15m^3），要求湿度较高，在 60%～80%。湿度过大，因水解反应，可损耗环氧乙烷；湿度过小，有机物质形成硬壳，可妨碍环氧乙烷穿透，增加消毒的难度。

（4）微生物的菌龄。一般认为菌龄较大的微生物，对环氧乙烷的抵抗力比幼龄微生物强。

（5）消毒物品的表面性质和厚度。消毒物品的表面性质对环氧乙烷气体的消毒效果有明显的影响。纸、布等有孔材料消毒效果好。玻璃、金属等无孔材料较差。塑料、橡胶、水液等可吸收大量环氧乙烷，降低作用浓度，导致消毒效果下降，消毒时应适量加大药物用量。目前常用纸塑物品、包装材料、聚乙烯、无纺布，不能使用尼龙、聚酯膜、铝箔、密封的玻璃和玻璃纸做包装材料。

（6）物品包装方式和密封。物品包装时不宜过紧或过松。

（7）有机物的含量。一般来说，菌体表面含有的有机物越多，就越难以杀灭。这是因为，一方面有机物质在微生物的外面形成一层保护层，另一方面周围的有机物和环氧乙烷发生反应，消耗掉一部分的消毒剂，使到达微生物内部的环氧乙烷量减少。故灭菌物品要彻底清洗，可加酶浸泡。对于不能清洗的物品，需要适当增加环氧乙烷的用量。

九、注意事项

（1）环氧乙烷灭菌器必须安放在通风良好的地方，切勿将它置于接近火源的地方。为方便维修及定期保养，环氧乙烷灭菌器各侧（包括上方）应预留一定的空间。应安装专门的排气管道，且与大楼其他排气管道完全隔离。

（2）因环氧乙烷有毒，易燃易爆，应储存在阴凉、通风的库房。保证环氧乙烷灭菌器及气瓶或气罐远离火源和静电。严格按照国家制定的有关易燃易爆物品储存要求进行处理。

（3）投药及开瓶时不能用力太猛，以免药液喷出。

（4）定期对环氧乙烷工作环境进行空气浓度的监测。

（5）应对环氧乙烷工作人员进行专业知识和紧急事故处理的培训。过度接触环氧乙烷后，迅速将患者移离中毒现场，立即吸入新鲜空气。

（6）待灭菌物品必须清洁干净，晾干或烘干，不能将湿的物品放进环氧乙烷灭菌器内进行灭菌。灭菌物品包装材料可以是专用复合包装纸、包装袋、包装盒、牛皮纸或双层棉布。金属箔、聚氯乙烯膜、玻璃纸、尼龙膜、聚酯膜、聚丙烯膜等不透气材料不可作为包装材料。密闭金属容器也不可用于包装物品。

（7）消毒时灭菌器必须密封，柜门周围有耐氧化密封圈，防止环氧乙烷外漏。

（8）环氧乙烷不能用于食品和药品的消毒，其水解后可产生少量有毒的乙二醇。也不能用于血液灭菌，因为它可导致细胞溶解、补体灭活和凝血酶破坏。

十、消毒器的应用范围

可用于金属制品、内镜、透析器和一次性使用的医疗器械的灭菌，各种织物、塑料制品、粮食等工业消毒灭菌，传染病疫源地物品（如化纤织物、丝、棉、皮革、皮毛、文物、油画、纸张、文件等档案资料）消毒处理。

小　　结

随着科学技术的高速发展，环氧乙烷灭菌器已从原先的混合气体型灭菌发展更新到纯环氧乙烷灭菌。近年来计算机网络技术给环氧乙烷灭菌带来极大的发展与提升，环氧乙烷灭菌器还可自动切换气源、远程监控、可区分语音通信、远程报警等，使用愈发简单易行。此外有毒气体排放检测装置配套使用，安全系数也逐步提升。

（区仕燕）

第十七章　臭氧消毒器

臭氧消毒器是以臭氧作为消毒因子的商品化消毒设备或装置。臭氧分子式为O_3，分子量为47.998，在常温常态常压下，较低浓度的臭氧是无色气体，当浓度达到15%时，呈现淡蓝色。臭氧可溶于水，但臭氧水溶液的稳定性受水中所含杂质的影响较大，特别是有金属离子存在时，臭氧可迅速分解为氧，在纯水中分解较慢。臭氧的密度是2.14g/L（0℃，0.1MPa），沸点是－111℃，熔点是－192℃。臭氧分子结构是不稳定的，在水中比在空气中更容易自行分解。

1785年，德国的物理学家冯·马鲁姆（Van Marum）在使用大功率电机时，发现电机放电时产生一种异味。但正式确认这种异味物质为臭氧的是德国科学家舒贝因（Schonbein），他于1840年向慕尼黑科学院提交了一份备忘录中宣告了臭氧的发现，从此开始了臭氧产生方法和应用技术的研究。第一台西门斯型臭氧发生器是在1857年由冯·西门斯（von Siemens）研制的。它基本上由两根玻璃管组成，外管外壁和内壁均用锡覆盖。空气原料气流从环状空间通过，内管和外管的金属表面连接到电源的接线拄—这是当前大量应用的无声放电臭氧发生器的原型。工业上正在使用或已见报道的这类臭氧发生器各种各样，根据臭氧产生的方法，可分为高压放电式臭氧消毒机、紫外线式臭氧消毒机、电解式臭氧消毒机。

1. 高压放电式臭氧消毒机

使用一定频率的高压电流制造高压电晕电场，使电场内或电场周围的氧分子发生电化学反应，从而制造臭氧。这种臭氧消毒机具有技术成熟、工作稳定、使用寿命长、臭氧产量大（单机可达1kg/h）等优点，是国内外相关行业使用最广泛的臭氧消毒机。高压放电式臭氧消毒机又分为以下几种类型：①按发生器的高压电频率划分，有工频（50～60Hz）、中频（400～1000Hz）和高频（>1000Hz）三种。工频发生器由于体积大、功耗高等缺点，目前已基本退出市场。中、高频发生器具有体积小、功耗低、臭氧产量大等优点，是现在最常用的产品。②按使用的气体原料划分，有氧气型和空气型两种。空气型发生器产生的臭氧浓度相对较低，氧气型发生器的臭氧浓度较高。③按冷却方式划分，有水冷型和风冷型。臭氧消毒机工作时会产生大量的热能，需要冷却，否则臭氧会因高温而边产生边分解。水冷型发生器冷却效果好，工作稳定，臭氧无衰减，并能长时间连续工作，但结构复杂，成本稍高。风冷型冷效果不够理想，臭氧衰减明显。总体性能稳定的高性能臭氧消毒机通常都是水冷型。风冷型一般只用于臭氧产量较小的中低档臭氧消毒机。④按介电材料划分，常见的有石英管（玻璃的一种）、陶瓷板、陶瓷管、玻璃管和搪瓷管等几种类型。目前使用各类介电材料制造的臭氧消毒机市场上均有销售，其性能各有不同，玻璃介电体成本低、性能稳，是人工制造臭氧使用最早的材料之一，但机械强度差。陶瓷和玻璃类似但陶瓷不宜加工特别在大型臭氧机中使用受到限制。搪瓷是一种新型介电材料，介质和电极于一体，机械强度高、可精密加工、精度较高，在大中型臭氧消毒机中广泛使用，但制造成本较高。⑤按臭氧消毒机结构划分，有间隙放电式（DBD）和开放式两种。间隙放电式的结构特点是臭氧在内外电极区间的间隙内产生臭氧，臭氧能够集中收集输出，使用浓度较高，如用于水处理。开放式发生器的电极是裸露在空气中，所产生的臭氧直接扩散到空气中，因臭氧浓度较低通常只用于较小空间的空气灭菌或某些小型物品表面消毒。间隙放电式发生器可代替开放式发生器使用。但间隙放电式臭氧消毒机成本远高于开放式。

2. 紫外线式臭氧消毒机

使用特定波长（185nm）的紫外线照射氧分子，使氧分子分解而产生臭氧。由于紫外线灯管体积大、臭氧产量低、使用寿命短，所以这种发生器使用范围较窄，常见于消毒碗柜上使用。

3. 电解式臭氧消毒机

通常是通过电解纯净水而产生臭氧。这种发生器能制取高浓度的臭氧水，制造成本低，使用和维修简单。但由于臭氧产量小、电极使用寿命短、臭氧不容易收集等方面的缺点，其用途范围受到限制。目前这种发生器只是在一些特定的小型设备上或某些特定场所内使用，不具备取代高压放电式发生器的条件。但是电解式臭氧消毒机的原料是纯水，所以产生的臭氧浓度高，更加纯洁，与空气源相比，没有氮氧化合物。而且臭氧水浓度高。

臭氧是一种强氧化剂，具有广谱杀微生物作用，其杀菌速度较氯快 300 ~ 600 倍。欧洲在一百多年前即有用臭氧消毒饮用水，1906 年法国建成第一个城市臭氧自来水消毒装置。我国青岛冷藏厂于 1994 年建成了海水臭氧消毒处理站，应用 500g/h 臭氧发生器处理 $200m^3/h$ 海水。之后又有用于空气消毒的报告，我国食品药品监督管理局于 2003 年 7 月规定“医用臭氧空气消毒机用于医院空气霉菌，作为 I 类医疗器械管理”。目前臭氧消毒设备的应用领域极其广泛，具体应用如下：

（1）企事业单位公共场所：企业污水处理、社区物业公司（合作）、影院、宾馆、饭店、娱乐厅、发廊、美容院、公共浴池、疗养院、医院、无菌室、车站的候车厅、大小娱乐室、库房和酒店、宾馆的客房、博物馆等单位。

（2）养殖、种植行业：笼具、器具、室内空气、水消毒。

（3）食品加工、保鲜运输行业：对粮食、禽蛋、中草药、肉制品、水果、蔬菜、饮用水的消毒、保鲜。

（4）水处理行业：包括饮用水、游泳池水、养殖水、工业废水、医院污水等处理。

（5）适用于各种汽车美容（清洁）护理店、汽车用品销售公司、各地区的出租车公司、客运服务公司、公交车公司等单位用于各种车辆日常的汽车消毒除味、杀菌除霉、清洁保养等用途。汽车消毒净化一体机还可以用于车站的候车厅、机房、库房和酒店、宾馆的客房日常灭菌消毒，清除甲醛、甲苯、汽油味、烟味、汗味、霉菌等异味，同时达到净化空气的功效。

第一节　臭氧空气消毒机

臭氧空气消毒机是指利用臭氧杀灭或去除室内空气或物体表面中微生物，并能达到消毒要求，具有独立动力、能独立运行的设备或装置。按安装形式可分为移动式、手提式、壁挂式、吊灯式、落地式和中央空调内置式等。

一、消毒器的构造

臭氧空气消毒机主要由臭氧发生器（包括空气压缩及净化系统、冷却系统、臭氧发生系统、电源控制系统、臭氧化气体处理系统五大部件）、箱体、控制面板等构成（图 17-1 ~ 图 17-3）。

图 17-1　臭氧空气消毒机实物图

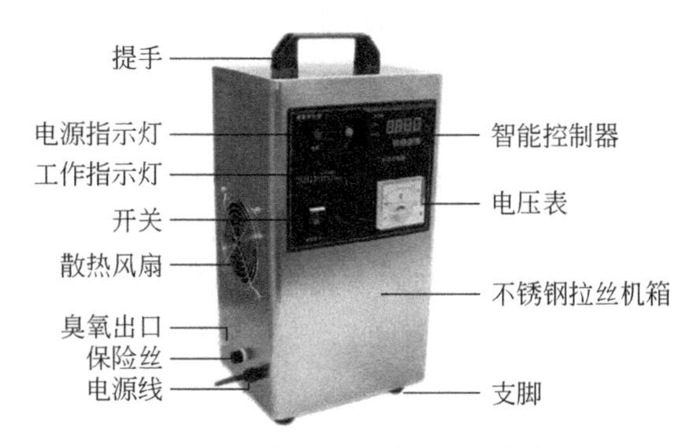

图 17-2　臭氧空气消毒机实物部件图

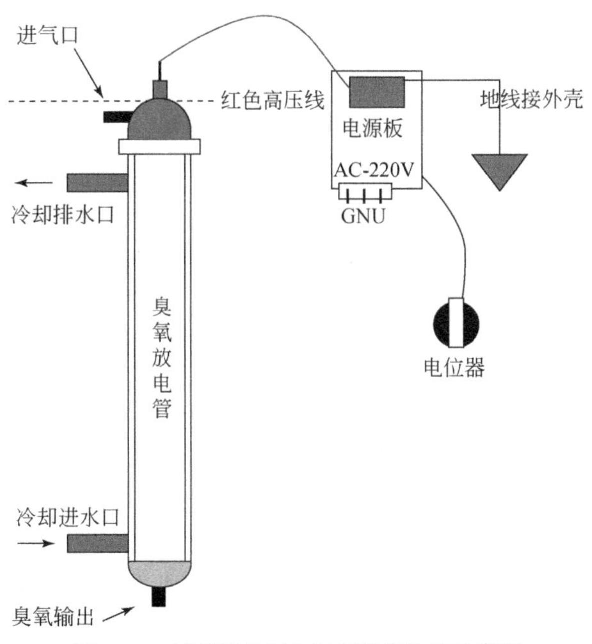

图 17-3　某品牌臭氧空气消毒机构造示意图

二、消毒器的工作原理

臭氧发生器通过高压放电或电解方式产生臭氧，臭氧释放到局部封闭的空间中，在较短的时间内破坏细菌、病毒和其他微生物的结构，使之失去生存能力，杀菌速度快，当其浓度超过一定数值后，消毒杀菌甚至可以瞬间完成。臭氧对细菌、霉菌、病毒、真菌、原虫、卵囊都具有明显的杀灭效果。还可以通过氧化反应有效去除有毒气体如 CO、NO、SO_2、芥子气等，消除异味净化空气。臭氧同时还具有很强的除霉、腥、臭等异味的功能。

三、消毒器的使用方法

作为室内空气消毒时，首先关闭窗户，开启臭氧发生器后操作人员立即离开消毒房间并关门。消毒时随臭氧浓度和杀灭微生物的种类而定，可按臭氧发生器使用说明书设定。消毒至预设定时间后，关闭臭氧发生器，待室内臭氧浓度降低至≤0.2mg/m^{3}后（由厂家提供相应时间），人员才可进入。

四、毒器的消毒因子

臭氧。

五、消毒器的消毒机制

臭氧是一种强氧化剂，其杀菌、灭菌或抑菌通常是物理的、化学的及生物学方面的综合结果。其作用机制可归纳为：①作用于细胞膜，导致细胞膜的通透性增加，细胞内物质外流，使细胞失去活动；②使细胞活动必需的酶失去活性；③破坏细胞内的遗传物质或使其失去功能。臭氧杀灭病毒是通过直接破坏核酸完成的。而杀灭细菌、霉菌类微生物则是臭氧首先作用于细胞膜，使细胞膜的结构受到损伤，导致新陈代谢障碍并抑制其生长，臭氧继续渗透破坏膜组织导致其死亡。

六、消毒器杀灭微生物的效果

臭氧属广谱杀菌剂，可杀灭细菌繁殖体及芽孢、霉菌、病毒、真菌、原虫、卵囊，可破坏肉毒杆菌毒素。用于医疗环境室内空气的消毒，其消毒效果必须达到《GB 15982—1995 医院消毒卫生标准》的要求，用于疫源地空气消毒，消毒后室内空气中不得检出病原菌，细菌数应达到医院Ⅲ类场所的卫生要求；用于室内空气的预防性卫生消毒，应使菌数减少到2500CFU/m^{3}以下。

七、消毒器消毒过程的监测方法

（1）消毒器出风口臭氧浓度监测、消毒过程中空气中臭氧浓度监测。

（2）空气消毒模拟现场试验：在室温20～25℃，RH 50%～70%，开机至说明书规定的时间，对白色葡萄球菌的杀灭率≥99.9%。

（3）空气消毒现场试验：自然条件下，用空气消毒机进行空气消毒现场试验，开机至说明书规定的时间，对空气中自然菌的杀灭率应≥90%。

八、影响消毒器作用效果的因素

（1）房间或空间密闭性：空气消毒时需紧闭门窗，以免臭氧外溢，浓度下降，达不到预期杀菌效果。

（2）臭氧有效浓度：臭氧的消毒效果直接受到其浓度的影响。一般来说，浓度越大，杀菌效果越好。当空气中臭氧含量为0.21mg/m³时，作用10min，对金黄色葡萄球菌杀灭率为90%，当浓度增加到0.72mg/m³时，杀灭率达99.99%。

（3）作用时间：按消毒技术规范中要求，室内要求达到臭氧浓度≥20mg/m³，在RH≥70%条件下，消毒时间≥30min。

（4）相对湿度：空气中的相对湿度直接影响空气中臭氧的稳定性，因而对杀菌效果影响明显。试验证明，空气中臭氧浓度为5.55～5.67mg/m³，在相对湿度为56%时，60min后臭氧量下降85%，对细菌芽孢杀灭率为50%，将相对湿度增加到100%，60min后臭氧浓度只下降26.5%，对细菌芽孢杀灭率达98.78%。

（5）温度：温度增加，臭氧的杀菌作用只略有增强，臭氧气体熏蒸消毒受温度影响比较小，气温由16℃增加到37℃，臭氧浓度下降率几乎没有差别。

九、注意事项

（1）采用臭氧消毒室内空气，消毒时人必须离开房间。消毒后待房间内闻不到臭氧气味时才可进入（大约在关机后30min左右）。

（2）臭氧对人体黏膜有一定的刺激性，消毒后必须在室内臭氧浓度降低至国家容许浓度（0.2mg/m³）以下，人员才可进入。

（3）室内空气消毒时，需关闭门窗，以免臭氧外溢达不到有效作用浓度。

十、消毒器的应用范围

可用于手术室、无菌室、病房、医疗卫生用品生产企业、医院儿科病房、妇科检查室、注射室、换药室、烧伤病房等空气需消毒的各类房间（细菌总数≤500CFU/m³的各类普通病房和房间等）消毒。还可用于食品加工车间、养殖场、宾馆、饭店、办公室、银行、学校、图书馆、档案馆、汽车等各种公共场所和居家空气和表面消毒。

第二节　臭氧水消毒机

臭氧水消毒机，也称高浓度臭氧水一体机，它可通过高频高压电晕法产生的高浓度臭氧，通过水汽混合方式（如气液混合泵、水起分离器等）与水混合，成为高浓度臭氧消毒水，因此我们把产生高浓度臭氧水的设备或装置称为臭氧水消毒机。高浓度臭氧水利用其活性氧极强的氧化能力，可破坏微生物体内的原生质，从而达到灭菌消毒的目的。用高浓度臭氧水消毒，常用的方法有喷淋、冲洗、喷雾、浸泡、抹擦等。

一、消毒器的构造

臭氧水消毒机由空压机、储气罐、冷干机、制氧机、臭氧发生器、流量计、射流器、水泵、箱体、控制面板等构成（图 17-4 和图 17-5）。

图 17-4　高浓度臭氧水消毒机实物图

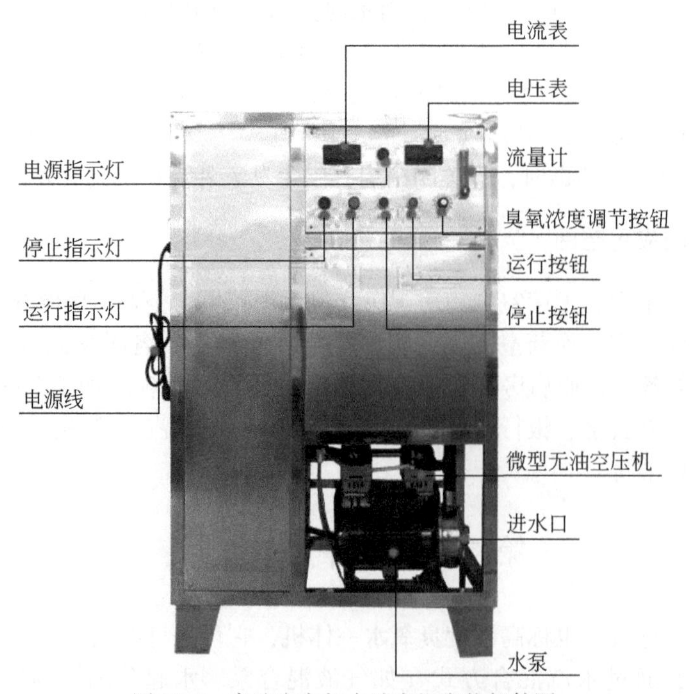

图 17-5　高浓度臭氧水消毒机实物部件图

二、消毒器的工作原理

臭氧发生器通过高压放电或电解方式产生臭氧，臭氧释放到局部空间中，通过在较短的时间内破坏细菌、病毒和其他微生物的结构，使之失去生存能力，杀菌速度快，当其浓度超过一定数值后，消毒杀菌甚至可以瞬间完成。

三、消毒器的使用方法

常用的方法有喷淋、冲洗、喷雾、浸泡、抹擦等。臭氧水中臭氧浓度应不低于2.0mg/L，用于细菌繁殖体消毒时，臭氧浓度不低于2.0mg/L，作用时间不少于1min；用于杀灭芽孢时，臭氧浓度不得低于12mg/L，作用时间不少于20min。具体的作用时间根据使用说明书上提供的臭氧浓度和微生物杀灭情况而定。

四、毒器的消毒因子

臭氧。

五、消毒器的消毒机制

臭氧是一种强氧化剂，其杀菌、灭菌或抑菌通常是物理的、化学的及生物学方面的综合结果。其作用机制可归纳为：①作用于细胞膜，导致细胞膜的通透性增加，细胞内物质外流，使细胞失去活动；②使细胞活动必需的酶失去活性；③破坏细胞内的遗传物质或使其失去功能。臭氧杀灭病毒是通过直接破坏核酸完成的。而杀灭细菌、霉菌类微生物则是臭氧首先作用于细胞膜，使细胞膜的结构受到损伤，导致新陈代谢障碍并抑制其生长，臭氧继续渗透破坏膜组织导致其死亡。

六、消毒器杀灭微生物的效果

臭氧属广谱杀菌剂，可杀灭细菌繁殖体及芽孢、霉菌、病毒、真菌、原虫、卵囊，可破坏肉毒杆菌毒素。按《消毒技术规范》（2002年版）标准规定，经臭氧水消毒后，对物品上人工污染的各类微生物（包括细菌繁殖体、芽孢、真菌、病毒）的杀灭率应≥99.9%，对物品上污染的自然菌的杀灭率应≥90%。

七、消毒器消毒过程的监测方法

（1）臭氧水中有效臭氧浓度的监测。

（2）模拟现场试验：采用喷淋、冲洗、喷雾、浸泡、抹擦等方式进行模拟现场试验，臭氧水对物品上人工污染的各类微生物（包括细菌繁殖体、芽孢、真菌、病毒）的杀灭率应≥99.9%。

（3）现场试验：自然条件下，采用喷淋、冲洗、喷雾、浸泡、抹擦等方式进行现场试验，臭氧水对物品上污染的自然菌的杀灭率应≥90%。

八、影响消毒器作用效果的因素

（1）臭氧有效浓度：臭氧的消毒效果直接受到其浓度的影响。一般来说，浓度增大，杀菌效果增加。臭氧在水中杀灭微生物的速度很快可达到高峰，但随后即使延长时间其杀菌作用增强也有限。

（2）作用时间、温度、湿度：在一定条件下，作用时间对臭氧水的杀菌效果影响不大。浓度为 0.3mg/L 的臭氧水作用 30s 与作用 5min，其杀灭率均在 99.9%左右。浓度为 12.0mg/L 臭氧水作用 20min 与作用 40min 对枯草杆菌黑色变种芽孢的杀灭率几乎无差别。臭氧在水中杀灭微生物的速度很快可达到高峰，但随后即使延长时间其杀菌作用增强也有限。

（3）温度：臭氧水杀菌效果明显受到温度的影响。国外学者的研究表明，臭氧在22℃时，对微小隐孢子虫的灭活效果比在7℃ 时效果好。国内有报道，水中臭氧较低（0.3mg/L）时，温度对其杀菌效果有影响，随着温度升高，则杀灭率略有下降。对较高浓度的臭氧水（0.6mg/L 以上），则温度的影响逐渐不明显。

（4）有机物：水中的有机物可增加臭氧分解，消耗部分臭氧，故对杀菌作用有明显的影响，在清洁水中微生物已被臭氧杀灭，而在污水中臭氧需要较长时间才能发挥作用。

九、注意事项

（1）臭氧在水中可自然分解。在 20℃时，在 pH 7.6 时，臭氧在水中的半衰期为 21～22min，因此使用时应现制现用，臭氧水放置在敞口容器中 15min 后，其杀菌效果就明显下降，故放置时间不得超过 15min。

（2）臭氧对人体呼吸道系统有刺激性，故臭氧水使用环境空气中臭氧浓度不高于 0.16mg/m^3。

（3）臭氧对橡胶类物品有损害作用，故橡胶类物品不宜用臭氧水进行消毒。

十、消毒器的应用范围

高浓度臭氧水可广泛应用于乳品、饮料、纯净水、矿泉水、啤酒、水产品、瓜果、肉制品、豆制品等食品生产加工过程等消毒，还可用于各类餐具、容器、医用物品、用具、衣物、被服、器械等的消毒。

第三节　臭氧消毒柜

臭氧消毒柜是指利用臭氧作为消毒因子的柜式或箱式结构的设备或装置，属于典型的表面消毒装置。

一、消毒器的构造

臭氧消毒柜由臭氧发生器或紫外线灯管、箱体、控制面板等构成（图17-6）。

图17-6　臭氧消毒柜实物图

二、消毒器的工作原理

使用特定波长（185nm）的紫外线灯管照射氧分子，使氧分子分解而产生臭氧。或者利用臭氧发生器通过高压放电或电解方式产生臭氧。当臭氧释放到密封的柜体中，在较短的时间内破坏细菌、病毒和其他微生物的结构，使之失去生存能力，杀菌速度快，当其浓度超过一定数值后，消毒杀菌甚至可以瞬间完成。

三、消毒器的使用方法

（1）将洗净物品放入消毒容器内。

（2）开启消毒器，直至作用到预定时间，关机后不可马上开门。

（3）关机一定时间（由厂家提供，保证该时间后容器内臭氧浓度降至≤0.16mg/m³）后再打开门，取出物品。

（4）杀灭细菌繁殖体时，腔内臭氧浓度不得低于200mg/m³，作用时间根据臭氧浓度和湿度等条件而定。用臭氧消毒被芽孢污染的物品时，应加大臭氧浓度并延长作用时间。

四、毒器的消毒因子

臭氧。

五、消毒器的消毒机制

臭氧是一种强氧化剂，其杀菌、灭菌或抑菌通常是物理的、化学的及生物学方面的综合结果。其作用机制可归纳为：①作用于细胞膜，导致细胞膜的通透性增加，细胞内物质外流，使细胞失去活动；②使细胞活动必需的酶失去活性；③破坏细胞内的遗传物质或使其失去功能。臭氧杀灭病毒是通过直接破坏核酸完成的。而杀灭细菌、霉菌类微生物则是臭氧首先作用于细胞膜，使细胞膜的结构受到损伤，导致新陈代谢障碍并抑制其生长，臭氧继续渗透破坏膜组织导致其死亡。

六、消毒器杀灭微生物的效果

臭氧属广谱杀菌剂，可杀灭细菌繁殖体及芽孢、霉菌、病毒、真菌、原虫、卵囊，可破坏肉毒杆菌毒素。按《消毒技术规范》（2002年版）标准规定，臭氧对表面上人工污染的各种细菌繁殖体的杀灭率应≥99.9%；对自然菌的杀灭率应≥90%。消毒后残留菌数应达到有关卫生标准的规定。臭氧消毒柜安全、效果通用技术条件YY 025.2—95规定，臭氧消毒柜在浓度不低于40mg/m³，消毒时间不短于60min，可保证消毒效果。

七、消毒器消毒过程的监测方法

（1）生物指示剂法：所用指示菌为枯草芽孢杆菌或金黄色葡萄球菌。

（2）模拟现场试验：臭氧对物品上人工污染的各类微生物（包括细菌繁殖体、芽胞、真菌、病毒）的杀灭率应≥99.9%。

（3）现场试验：臭氧水对物品上污染的自然菌的杀灭率应≥90%。

八、影响消毒器作用效果的因素

影响臭氧消毒柜消毒效果的主要因素有臭氧有效浓度、作用时间、温度、湿度以及柜体或箱体密闭性。具体可参考第一节。

九、注意事项

（1）臭氧消毒箱或柜必须密封，柜门周围有耐氧化密封圈，防止臭氧外漏。

（2）物品在腔内放置不得重叠而留有死角；臭氧消毒包也要密封，防止臭氧泄漏。

（3）用于表面消毒的臭氧往往浓度很高，橡胶类物品不宜用臭氧进行消毒。

十、消毒器的应用范围

适用于织物、玻璃器皿、不锈钢、搪瓷、陶瓷、塑料、木质等物品的消毒。

小　　结

臭氧消毒机应用范围比较广泛，消毒对象种类繁多，因此臭氧消毒机的品种、结构外形有所不同，如移动式、手提式、壁挂式、吊灯式、落地式和中央空调内置式等。值得一提的是，针对医院病床以及床上用品消毒，可使用床单位臭氧消毒机，这种一体化的臭氧消毒机具有经济快捷、免拆洗等优点。另外，还有针对垃圾桶消毒除异味的臭氧消毒机。随着科学技术快速发展，臭氧制备的技术也在不断更新与完善，如运用离心叶轮产生微纳米臭氧气泡水的消毒机，可极大增强其消毒效果。

（区仕燕）

第十八章 过氧乙酸消毒器

过氧乙酸消毒器是指能产生或采用过氧乙酸作为消毒因子用于消毒的机器、器械、器具和装置。

过氧乙酸分子式为 CH_3COOOH，分子量为76.05，是一种有机过氧化物，具有静电性、热膨胀性，常温常压下为无色液体，弱酸性，有强烈的刺激性醋酸气味，易挥发，熔点0.1℃，沸点105℃，相对密度（水=1）1.15（20℃），饱和蒸气压2.67kPa（25℃），闪点41℃。过氧乙酸溶于水，也可溶于乙醇、乙醚、硫酸等有机溶剂。

过氧乙酸（PAA）含有过氧基—O—O—，过氧基极易断裂释放氧自由基，发挥强氧化作用，是一种广谱、高效灭菌剂，可用于空气消毒、环境消毒以及各种预防性消毒。1902 年，Freer 和 Novy 首次对 PAA 的杀菌性能报道中指出，PAA 具有良好的消毒及客观的杀菌性能。过氧乙酸作为医学消毒剂使用已经有上百年历史，时至今日仍然广泛用于医疗、卫生和日常消毒，在卫生防病特别是突发传染病公共卫生事件应急处置中起到非常重要的作用。由于 PAA 在低温下也有显著的杀微生物性能，曾一度引起了美国和其他国家反生物战研究中心的注意。2003 年 SARS 疫情期间，卫生部曾为 PAA 的审批开辟绿色通道，使其在预防和控制“非典”及对高致病禽流感的防治中发挥了重要作用。

传统的过氧乙酸产品因其不稳定性给实际应用带来不便，随着科学技术的不断进步，过氧乙酸的合成工艺和制作技术不断得到更新和发展，先后出现固体稳定型过氧乙酸、一元高浓度稳定型过氧乙酸液体制剂和一元低浓度稳定型过氧乙酸液体制剂，扩大了过氧乙酸消毒的应用范围。过氧乙酸可用于一般物体表面消毒、食品用工具和设备、空气消毒、皮肤伤口冲洗消毒、耐腐蚀医疗器械消毒，使用方法有冲洗、喷洒、浸泡、气溶胶喷雾、熏蒸等，其相应的消毒设备有喷雾、熏蒸、冲洗浸泡设备等。本章将重点介绍过氧乙酸医用消毒器和空气消毒器。

第一节 过氧乙酸医用消毒器

过氧乙酸医用消毒器采用过氧乙酸作为消毒因子用于各种内窥镜、手术器械的消毒。

一、消毒器的构造

主要由消毒灭菌盘、自控操作台、内循环系统、箱体、过滤器等组成（图18-1）。

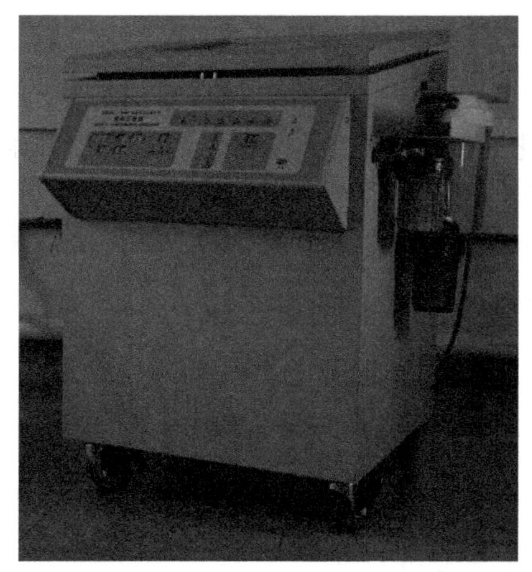
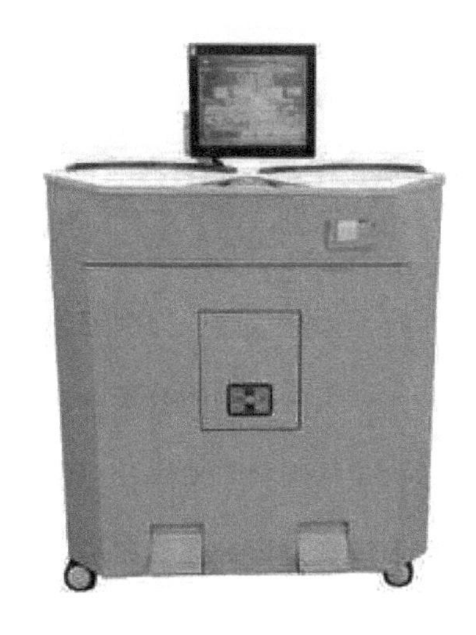

图 18-1　过氧乙酸医用消毒器实物图

二、消毒器的工作原理

与专用化学制剂联合使用，利用化学制剂溶于水后产生过氧乙酸，通过循环泵把溶液泵入器械内部和清洗盘内循环，适用于各种内窥镜手术器械及其附件的一次性循环消毒。消毒完成后自动用无菌水对器械清洗以除去残留消毒剂，最后用真空泵把器械内水抽干。

三、消毒器的使用方法

（1）打开电源，检查储水温度，当储水温度达到设备制造商规定温度时，开始消毒程序。

（2）打开机盖，摆放已清洗干净的待消毒器械，摆放的器械不能高出消毒盘中分隔标高度，能拆开的器械必须拆开，有冲洗口的器械要接上机器上的冲洗接头，钳的钳口要张开。

（3）全部器械摆放完毕，换药槽上的过滤棉，然后将装有过氧乙酸消毒剂的药罐放置于药槽上，关上箱盖并锁紧。

（4）箱盖锁紧后，开启消毒程序。

（5）消毒完成后检查是否合格并打印结果，如显示“失败”，则与制造商联系并暂停消毒器使用。

(6) 按"开盖"键，无菌操作下取出器械。

四、消毒器的消毒因子

过氧乙酸。

五、消毒器的消毒机制

(1) 氧化作用：过氧乙酸可直接氧化细菌的细胞壁蛋白质，使细胞壁和细胞膜的通透性发生改变，破坏了细胞的内外物质交换的平衡，致微生物死亡。

(2) 破坏细菌的酶系统：当过氧乙酸分子进入细胞体内，可直接作用于酶系统，干扰细菌的代谢，抑制细菌生长繁殖。

六、消毒器杀灭微生物的效果

能杀灭包括细菌繁殖体及芽孢、病毒、真菌等在内的微生物。

七、消毒器消毒过程的监测方法

(1) 消毒器自身进行消毒、灭菌过程自动监控。

(2) 消毒温度试验

放置至少 8 个温度传感器，摆放位置如下：

消毒器械腔体的两个对角线相反位置；

与消毒器的温度控制传感器相邻；

其余传感器在消毒器械外表面边缘位置，彼此间距不超过 750mm。满载运行程序，测试 3 次。

(3) 消毒效果试验。在消毒器说明书规定的最短消毒时间、最低浓度和最低温度下，按照《消毒技术规范》规定方法进行试验。

八、影响消毒器作用效果的因素

(1) 内镜的清洗质量。

(2) 过氧乙酸的有效含量。

(3) 消毒器的密闭性。

九、注意事项

(1) 严格按照仪器使用说明进行操作。

(2) 过氧乙酸溶液容易分解减效，应用塑料瓶盛装避光、低温保存，其有效期为 6 ~ 12 个月，过期后浓度降低，影响消毒效果。

（3）过氧乙酸4%以上浓度会灼伤皮肤，所以手脚不可与其直接接触，尤其在瓶口不严或瓶破裂时要更加注意。

（4）过氧乙酸消毒器按照制造商规定进行日常维护并及时进行期间核查。

（5）凡是带有管腔的器械必须保证管腔通畅，接上软管，接头带剪刀、钳器械，必须确保打开剪刀，钳口方能灭菌。

（6）消毒物品及时使用，消毒后4h未使用的应重新消毒。

十、消毒器的应用范围

适用于各种耐腐蚀精密医疗器械，如牙科器械、内窥镜等多种器械（软式和硬式内视镜、内视镜附属物、心导管和各种手术器械等）的消毒、灭菌。

第二节 过氧乙酸空气消毒器

过氧乙酸空气消毒器是过氧乙酸杀灭或去除室内空气中微生物，并能达到消毒要求，具有独立动力、能独立运行的装置。其本质是雾化、熏蒸消毒法，在无人存在和密闭环境中，采用加热、超声或微粒子喷雾等方法产生过氧乙酸气溶胶，用于室内空气与污染物品表面（如洁净室、实验室、设备、衣被、书籍等）的消毒。

一、消毒器的构造

过氧乙酸空气消毒器主要由电控箱、电灶、雾化装置或气溶胶发生器、药液槽、储水箱等构成。根据安装方式可分为壁挂式、柜式、移动柜式、嵌入式。电热式过氧乙酸熏蒸机构造如图18-2所示。

二、消毒器的工作原理

利用产生的过氧乙酸消毒因子杀灭空气中微生物，使其达到消毒要求，仅用于无人情况下室内空气的消毒。

三、消毒器的使用方法

按消毒器的使用说明书要求使用，消毒效果应符合《消毒技术规范》中关于空气消毒模拟现场试验、空气消毒现场试验要求。

四、消毒器的消毒因子

过氧乙酸。

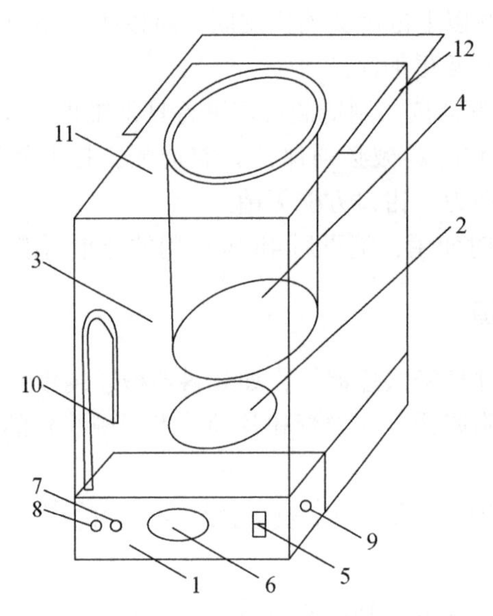

图 18-2 电热式过氧乙酸熏蒸机构造图

1. 电控箱；2. 电灶；3. 储水箱；4. 玻璃烧杯；5. 电源开关；6. 定时控制器；7. 工作指示灯；8. 电源指示灯；9. 保险盒；10. 水位监视仪；11. 盖板；12. 提手

五、消毒器的消毒机制

（1）氧化作用：过氧乙酸可直接氧化细菌的细胞壁蛋白质，使细胞壁和细胞膜的通透性发生改变，破坏了细胞的内外物质交换的平衡，致微生物死亡。

（2）破坏细菌的酶系统：当过氧乙酸分子进入细胞体内，可直接作用于酶系统，干扰细菌的代谢，抑制细菌生长繁殖。

六、消毒器杀灭微生物的效果

能杀灭包括细菌繁殖体及芽孢、病毒、真菌等在内的微生物。

七、消毒器消毒过程的监测方法

（1）消毒器出风口过氧乙酸浓度监测、消毒过程中空气过氧乙酸浓度监测。

（2）空气消毒模拟现场试验：用消毒器进行空气消毒模拟现场试验，在20～25℃，相对湿度50%～70%条件下，开机作用至说明书规定的时间，对白色葡萄球菌的杀灭率应≥99.9%。

（3）空气消毒现场试验：现场自然条件下，用消毒器进行空气消毒现场试验，开机作用至说明书规定的时间，对空气中自然菌的消亡率应≥90.0%。

八、影响消毒器作用效果的因素

（1）环境密闭性。

（2）空气温湿度。

（3）消毒作用时间。

九、影响消毒器作用效果的因素和注意事项

（1）使用消毒器对拟消毒场所进行空气消毒时，应在密闭环境中进行，避免与室外空气流通，以确保消毒效果。

（2）消毒器进出风口严禁有物品覆盖或遮挡。

（3）不可超体积使用。

（4）应在室内无人条件下进行，消毒结束后应待室内消毒因子降低至对人无影响时（一般停机30min以上），方可进入；情况允许时可开窗通风，以使消毒因子尽快扩散、中和；要注意对室内物品的保护，避免过氧乙酸对物品的损坏。

（5）定期检查机器工作状态，保证消毒效果。

（6）消毒时间应≤1h。

十、消毒器的应用范围

此类消毒器多应用于医疗卫生、科研单位、公共场所、工业厂房及养殖场等室内空气消毒，也可用于各场所耐腐蚀物体表面消毒。

小　　结

过氧乙酸作为一种新型绿色环保型消毒剂有广阔的应用前景。市场上用于各种环境下消毒的过氧乙酸类消毒器种类繁多，相关部门需要严把质量关，并加强对器械生产的过氧乙酸的浓度、消毒应用过程中的效果监测，保障仪器操作人员和消毒后环境的安全及消毒对象不受损伤。

（张　杰）

第十九章　二氧化氯消毒器

二氧化氯消毒器是形成以二氧化氯为消毒因子的商品化消毒设备。二氧化氯分子式 ClO_2，分子量为 67.448，常温下是一种红黄色气体，具有类似氯气的刺激性气味，具有良好的扩散和穿透性，易溶于水，室温下溶解度是氯气的 5 倍。其分子结构中有一个带有孤对电子的氧氯双键结构，极不稳定，易燃易爆，具有强氧化性，其氧化性主要表现为对富有电子（或共电子）的原子集团进行攻击，强行掠夺电子，使之失活或发生性质的改变。二氧化氯溶于水中以单体存在，不解离，能有效氧化水中有机物而不发生氯代反应。

二氧化氯消毒剂是美国 20 世纪 80 年代发明的新产品，经过美国食品药物管理局和美国环境保护署长期科学的试验论证，确认它是杀菌、消毒、除臭的理想药剂，世界卫生组织确认其是一种高效强力广谱杀菌剂并将其定为 A1 级安全消毒剂。二氧化氯拥有全方位的消毒领域。美国环境保护署批准其用于医疗卫生业仪器设备的消毒，美国食品药物管理局批准用于食品工业设备的消毒，日本食品卫生法规列为食品添加剂。近年来，我国国家环保总局及原化工部等部门先后制定了《化学法二氧化氯消毒器认定技术条件》《稳定态二氧化氯溶液化工行业标准》和《食品添加剂稳定态二氧化氯溶液化工行业标准》，大大推动了二氧化氯在国内的应用。

二氧化氯消毒的常用方法有浸泡、擦拭、喷雾、熏蒸等。我国自成功开发二氧化氯制备技术以来，目前国内已有百余家二氧化氯发生器生产企业。二氧化氯的制备方法综合来说可分为化学法和电解法。化学法基本都是通过在强酸性介质下还原氯酸钠制得；电解法则主要以氯化钠、亚氯酸钠或氯酸钠为原料通过电解制得。目前市场上所有的二氧化氯消毒器都是基于这两种方法生产。

2006 年，中国石油和化学工业协会提出化学法复合二氧化氯发生器的国家标准，用以规范二氧化氯发生器产品。2012 年，我国卫生部又出台《二氧化氯消毒剂发生器安全与卫生标准》规范了以化学反应产生二氧化氯的发生器或消毒机的技术要求、应用范围及使用安全等，化学法二氧化氯消毒器操作简单，成本低廉，但二氧化氯产出率低，且存在安全隐患。电解法二氧化氯消毒器在我国 20 世纪 90 年代初期研制并投入生产，其优势是产出的二氧化氯纯度高。经过多年发展，电解法二氧化氯消毒器在技术上日趋成熟并显露出其特有的成本及安全优势，市场前景广阔。目前电解法二氧化氯消毒器的相关标准有《HJ 257—2016 环境保护产品技术要求 电解法二氧化氯》，此标准对电解法二氧化氯协同消毒剂发生器的技术要求、试验方法、检验规则等进行了规范。本章将重点介绍化学法二氧化氯消毒器和电解法二氧化氯消毒器。

第一节　化学法二氧化氯消毒器

化学法二氧化氯消毒器是指以氯酸钠和盐酸为主要原料经化学反应生成二氧化氯和氯气等混合溶液的消毒设备，可直接对空气、水、医疗器械进行消毒。

一、消毒器的构造

化学法二氧化氯消毒器主要由计量泵、反应釜、加温控制仪、原料罐、防爆炸装置、消毒剂投加系统、氯酸盐化料器、卸酸泵等部分构成（图 19-1）。

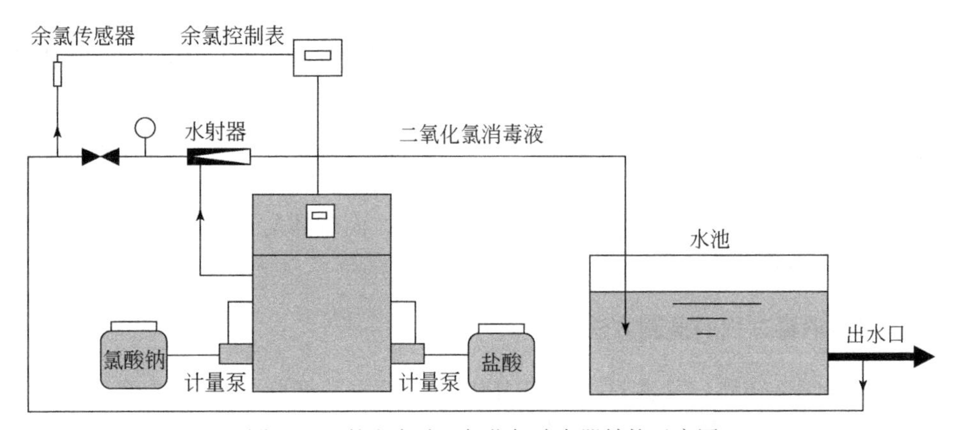

图 19-1　某全自动二氧化氯消毒器结构示意图

二、消毒器的工作原理

氯酸钠水溶液与盐酸溶液在负压条件下由原料箱经给料管、滴加阀进入反应室，充分反应，产出以二氧化氯为主要成分的消毒气体，经水射器吸收与水充分混合形成消毒液后，通入被消毒水体中或需要消毒的物体。

三、消毒器的使用方法

依据不同产品的使用说明操作。

四、消毒器的消毒因子

二氧化氯。

五、消毒器的消毒机制

二氧化氯消毒的机制为对细菌细胞壁、细胞膜上构成的屏障结构造成破坏，使细胞膜通透性发生改变，细胞内外渗透压平衡被打破，细胞内容物泄露导致菌体死亡；造成细菌超微结构的改变，如引起细胞壁褶皱、电子密度增大及细胞质凝集现象导致细菌死亡；可导致细菌 DNA 二级结构改变和菌内质粒转化率下降；可直接破坏病毒的核酸及衣壳蛋白，使其灭活进而丧失抗原性。

六、消毒器杀灭微生物的效果

二氧化氯消毒器可有效杀灭细菌繁殖体及芽孢、分枝杆菌、真菌、病毒、贾第鞭毛虫及其孢囊，隐孢子虫及其卵囊。0.1mg/L 的二氧化氯对大肠杆菌 25922 在 2min 内杀灭对数值可达到 $4\log_{10}$，0.2mg/L 二氧化氯对脊髓灰质炎病毒 Ⅰ 型在 15min 内杀灭对数值达到 $4\log_{10}$，0.5mg/L 的二氧化氯对噬菌体 MS_2 在 2min 内杀灭对数值达到 $4\log_{10}$。含 200mg/L 二氧化氯溶液作用 5min，对白色念珠菌平均杀灭对数值为 $4.56\log_{10}$。我国《二氧化氯消毒剂卫生标准》规定，二氧化氯消毒剂在悬液定量杀灭试验中对细菌繁殖体及芽孢的杀灭对数值需 $\geqslant 5.00\log_{10}$，对分枝杆菌、真菌、病毒的杀灭对数值需 $\geqslant 4.00\log_{10}$；而载体定量杀灭试验中规定的对数值为 $\geqslant 3.00\log_{10}$。

七、消毒器消毒过程的监测方法

（1）连续运转稳定性测试。设备开机达到稳定并调整好发生量后，测定二氧化氯浓度，分别计算出产量、二氧化氯转化率及其相对偏差。

（2）消毒器用于消毒作业时应配置二氧化氯在线监测和连续控制设备，保证二氧化氯用量需求。

（3）若消毒器产生的是液体消毒剂，则要进行二氧化氯及有效氯浓度检测；若产生的是气体消毒剂，则要进行二氧化氯及有效氯产量检测。检测方法依据《消毒技术规范》。

（4）根据不同消毒对象进行消毒效果检测，如生活饮用水消毒应符合生活饮用水微生物卫生标准。

八、影响消毒器作用效果的因素

（1）消毒器所用原料及自身设计、性能都影响二氧化氯产量。包括反应物 $NaClO_3$ 浓度，若 $NaClO_3$ 溶液浓度过高，反应生成物 NaCl 在残液中的浓度相应也高，会在反应器或投药管中生成结晶，造成管路堵塞；酸浓度，还原剂的比例；反应压力；反应堆结构。

（2）消毒目标包括环境温度、湿度、有机物含量及水体消毒时水体色度等。

九、注意事项

（1）二氧化氯消毒器运行开始前要加足水，严禁空机运行。

（2）定期清理二氧化氯消毒器中的沉淀物。

（3）盐酸为强酸，操作人员应戴防护手套，原料氯化钠严禁与各种酸性物品一起存放，并远离火源。

（4）二氧化氯是强氧化剂，其气体对上呼吸道有刺激作用，因而要保持操作环境通风，采样时须戴防护手套及专用呼吸面罩，做好安全防护。

（5）严格按照制造商仪器使用说明操作，定期进行设备维护。

十、消毒器的应用范围

（1）水的消毒：适用于生活饮用水、泳池水、医院污水的消毒。

（2）食饮具、食品加工行业的管道容器及设备消毒和瓜果蔬菜消毒。

（3）一般物体表面消毒。

（4）医疗器械消毒。

（5）室内空气消毒。

（6）疫源地消毒。

第二节　电解法二氧化氯消毒器

一、消毒器的构造

电解法二氧化氯消毒器主要部件由电解电源、电极、电解槽、电解隔膜、电解槽冷却系统、电解液循环系统、融盐系统、自动排污系统和自动补水系统、电解槽温度、进水压力测控系统、消毒剂投加系统等构成（图 19-2）。

二、消毒器的工作原理

以一定浓度或饱和氯化钠为溶液原料，电解饱和氯化钠水溶液产生二氧化氯、臭氧、氯气、过氧化氢等多种复合消毒剂。

三、消毒器的使用方法

依据不同产品的使用说明操作。

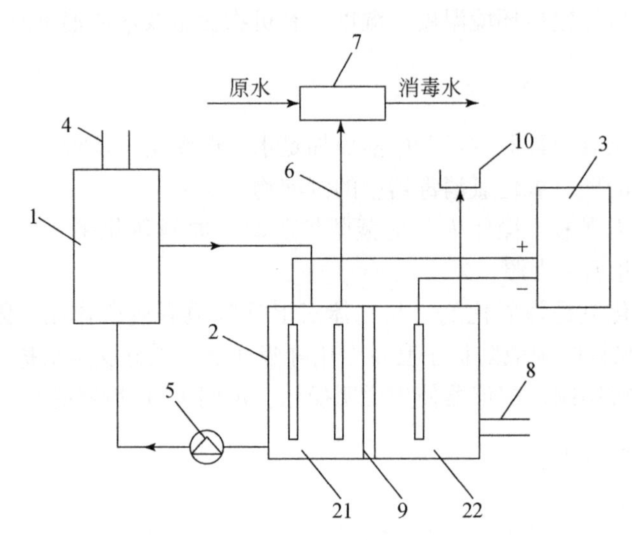

图 19-2　某电解法二氧化氯消毒器结构示意图

1. 盐水箱；2. 电解槽；3. 电解电源；4. 加盐口；5. 磁力循环泵；6. 导气管；7. 水射器；8. 排污管；9. 电解隔膜；10. 排氢口；21. 阳极室；22. 阴极室

四、消毒器的消毒因子

主要为二氧化氯，其次为臭氧、过氧化氢、氯气等协同消毒因子。

五、消毒器的消毒机制

二氧化氯消毒机制见本章第一节。其余协同消毒因子的消毒机制主要是通过其溶于水后所产生的次氯酸及其分解过程中产生的新生态氧，使菌体蛋白质氧化分解而达到杀菌目的。

六、消毒器杀灭微生物的效果

见本章第一节。

七、消毒器消毒过程的监测方法

见本章第一节。

八、影响消毒器作用效果的因素

（1）温度：随着温度升高，二氧化氯杀菌作用增强。

（2）有机物：一般情况下有机物可能消耗一定量的消毒剂，同时有机物颗粒较大时对微生物有一定的庇护作用从而削弱消毒效果，但也有一些特殊的有机物可以与消毒剂反应生成活性自由基从而增强消毒剂的作用效果。

（3）无机颗粒物：无机颗粒物粒径越大对微生物的庇护越大，消毒剂的作用效果越差。

九、注意事项

（1）在使用消毒器的过程中，应及时清除消毒器上的沉淀物。

（2）及时检查消毒器中使用的原材料的质量。

（3）及时检查消毒器的液位显示，确保其位置不超过正常极限。

（4）二氧化氯不稳定的物理特性决定其无法大批量储存，必须现场生成现场使用。

（5）消毒器的电解槽应用耐腐蚀、耐温材料制造，结构设计应考虑便于电极的清洗操作、电极拆卸、隔膜更换，并设有电解液放空口。

（6）二氧化氯是强氧化剂，其气体对上呼吸道有刺激作用，因而要保持操作环境通风，采样时须戴防护手套及专用呼吸面罩，做好安全防护。

（7）严格按照制造商仪器使用说明操作，定期进行设备维护。

十、消毒器的应用范围

同化学法二氧化氯消毒器。

小　结

随着环保理念的不断深入，人们对消毒无残留、环境无污染的绿色环保型消毒剂的呼声越来越高，二氧化氯消毒剂以其广谱、高效的消毒效果得到越来越多的关注。但鉴于此消毒剂性质不稳定、长期使用对人体及环境设备有破坏作用，如何解决其应用短板仍是需要长期研究的课题。

（张　杰）

第二十章　等离子体消毒器

等离子体（plasma）是游离于固态、液态和气态以外的一种新的物质体系，为物质的第四种形态。气体分子发生电离反应后，部分或全部被电离成阳离子和电子，这些阳离子、电子和中性的分子、原子混合在一起构成了等离子体，其显著特征是具有高流动性和高电导性，本质是低密度的电离气体云。人工产生等离子体的方法有多种，只要外界供给气体足够的能量，即可成为等离子体。利用物质电离产生的等离子体来消毒处理的方法，称为等离子体消毒法，用于消毒和灭菌的是低温等离子体。

等离子体是由带电粒子（离子、电子）和不带电粒子（分子、激发态原子、亚稳态原子、自由基）以及紫外线、γ射线和β粒子等组成，并表现出集体行为的一种准中性非凝集系统。其中正负电荷总数在数值上总是相等的，故称为等离子体。人为产生等离子体的方法主要包括气体放电法、射线辐射法、光电离法、激光辐射法、热电离法和激波法。

等离子体在消毒与灭菌方面的应用始于美国。20世纪90年代初，美国强生公司生产的低温过氧化氢等离子体灭菌器问世，主要用于忌热医疗器材的低温灭菌。经过多年的不断发展，等离子体消毒器的消毒对象已经覆盖到方方面面，如空气、水、物表、人体皮肤以及各种医疗器械等。与传统消毒方式相比，等离子体消毒具有得天独厚的优点：①等离子体的消毒过程不会伴有温度的上升，整个过程均在室温下进行，对于不耐高温和不耐湿物体的消毒也适用，因此其应用范围较广；②消毒过程短且无危害，通常在1h左右即可完成消毒，并在消毒过程中不会产生有毒有害物质。此外，等离子体还具有灭菌效果好、操作简便以及实用经济等优点，因此等离子体用于消毒具有广阔的前景，在未来将有巨大的应用价值。

等离子体的消毒机制主要包括以下三种。

（1）电击穿的作用：微生物处于等离子体高频电磁场中，因为受到带电粒子的轰击，其电荷分布被彻底破坏并形成电击穿，从而导致微生物死亡。

（2）电子云的作用：氧化性气体等离子体成分中含有大量活性物质，如活性氧、自由基等，它们极易与微生物体内的生物活性成分作用，从而杀灭微生物。

（3）紫外线的作用：在等离子体激发形成的过程中，由于辉光放电，可释放出大量紫外线。而紫外线可以被微生物的核酸所吸收，从而破坏核酸，导致微生物的死亡。

目前市面上售卖的等离子体消毒器主要分为柜式等离子体消毒器、悬挂式等离子消毒器、嵌入式等离子体消毒器和移动式等离子体消毒器等。这些消毒器被广泛用于空气消毒、物表消毒和医疗器械消毒等领域，在消毒灭菌方面已经取得巨大成效。

第一节　柜式等离子体消毒器

STERRAD 过氧化氢低温等离子体技术是由美国强生公司开发的，该技术于1993 年首次发布，并迅速成为低温灭菌领域评判灭菌效果的金标准，该种灭菌方式被众多器械制造商所推荐，并在数千份器械使用说明书上获得原器械厂商关于灭菌效果的认证。

一、消毒器的构造

该消毒器外形图如图 20-1 所示，柜体外部包含盒槽、舱门、LCD 显示屏、指示灯、控制键、打印机抽屉和打印纸出口。消毒过程在舱室内进行，待消毒物品均按照规定进行包装后放置在隔板上（图 20-1 和图 20-2）。

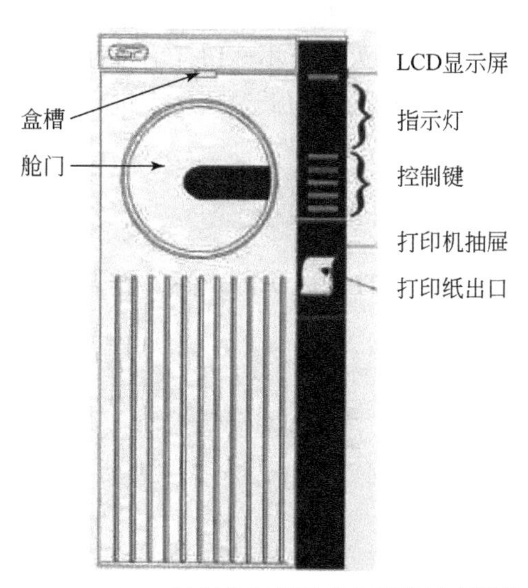

图 20-1　STERRAD 过氧化氢低温等离子体消毒器外形图

图 20-2 STERRAD 过氧化氢低温等离子体消毒器实物图

二、消毒器的工作原理

该消毒器在工作过程中使过氧化氢在舱室内扩散，然后将过氧化氢激发成等离子体状态，从而对医疗器械进行灭菌。过氧化氢和等离子体结合使用，可对医疗器械和材料进行安全和迅速地灭菌，不残留任何毒性物质。灭菌过程的各个阶段，包括等离子体阶段，都是在干燥的低温环境下进行，因此不会损坏对热或潮湿敏感的器械。

三、消毒器的使用方法

灭菌操作程序均参照强生 STERRAD 100（S）低温等离子体消毒器使用指南进行操作。

四、消毒器的消毒因子

等离子体和过氧化氢。

五、消毒器的消毒机制

等离子体产生的带电粒子、电子云和紫外线均能对微生物进行有效杀伤。过氧化氢是一种强氧化剂，能够破坏蛋白质分子结构，杀灭微生物。

六、消毒器杀灭微生物的效果

在临床应用所有容许的、材料和几何形状都符合要求的灭菌对象时，只要按照消毒器指南进行操作，消毒器就能恒定地提供FDA和国际标准所规定的10^{-6}无菌保证水平（SAL）。

七、消毒器消毒过程的监测方法

1. 生物监测

生物指示剂有助于保证消毒器正常运行，并且是验证是否灭菌成功的最好手段。能够用于该消毒器的指示微生物为嗜热脂肪杆菌芽孢（ATCC 7953）或枯草芽孢杆菌黑色变种（ATCC 9372），生物指示剂为自含式培养管。生物指示剂应该放在舱的后部底架上，开口端面向舱的背部。结果未出现色泽变化或经培养后未出现浑浊则证明灭菌成功，出现色泽变化或培养后出现浑浊现象则说明灭菌条件未达到。

2. 化学监测

化学指示剂提供了验证灭菌周期运行过程中处理情况的附加方法，应该在使用生物剂之外增加使用，而不是取代生物指示剂。化学指示剂不指示灭菌情况，它们仅仅表明指示剂已经暴露于过氧化氢中。化学指示剂应放在器械盘和袋中，当指示剂暴露于过氧化氢时，它们的颜色从红色变为黄色（或浅黄色）。

3. 物理监测

通过仪器面板上的显示屏可以监测各个程序的执行情况。内容包括灭菌循环数、当日灭菌循环数、选择的灭菌周期、灭菌周期允许开始时间、灭菌周期允许结束时间、实耗时间、循环结果、程序结束、药盒条形码、卡匣尚可使用数。

八、影响消毒器作用效果的因素

1. 温度和负压

在一定负压条件下，保持45～50℃的温度可强化过氧化氢气体的穿透力，确保包内物品灭菌效果。

2. 有机物

经过氧化氢等离子体灭菌的物品必须保持清洁干燥，这样可以保证过氧化氢气体与待灭菌物品有良好的接触，待灭菌物品上有机物的残留必然会影响灭菌效果。

3. 干燥程度

整个灭菌过程必须保持物品干燥。

4. 灭菌物品的包装

STERRAD 过氧化氢低温等离子体消毒器必须借助自带包装，才能保证过氧化氢等离子体的穿透效果，任意更换包装将会影响灭菌效果。

5. 装载

器械包应该放置在双层金属架上，器械盒应该平放，而不能重叠，以加大接触面积。灭菌包装袋的透明面朝一个方向摆放，灭菌物品不应该接触消毒器的锅壁。上层金属架上的物品摆放后应该保留与锅顶部 8cm 的空间，物品与物品之间不应该摆放过密，不同材质的物品混合放置有利于灭菌。

九、注意事项

1. 消毒器的装载要求

不建议器械不打包直接进行灭菌；需灭菌物品不能直接接触到舱底部及舱门；金属类物品不能直接接触到电极铝网；金属类和塑料类物品混合置入消毒舱内；放置灭菌袋可侧放可平放，但需面朝同侧；物品不能堆积放置，器械盒平放于灭菌架上；最大装置量小于 80%，以 60%~70% 为宜。

2. 灭菌医疗管道用品的要求

单通道不锈钢管道：内径≥1mm，长度≤500mm，选择标准循环 47min 灭菌，在无其他任何装载的情况下一次性可对 10 根管路进行灭菌。

单通道软式内窥镜管道：内径≥1mm，长度≤800mm，选择 FLEX 循环 42min 灭菌，每个循环灭菌可处理 1 个或 2 个单通道软式内窥镜管道，且无其他装载物。

非金属的医用通道：内径≥1mm，长度≤1000mm，选择标准循环 47min 灭菌，在无其他任何装载的情况下一次性可对 20 根管路进行灭菌。

3. 使用注意事项

灭菌禁忌的材质：布类吸收灭菌剂（纱布、棉球等）、纸类吸收灭菌剂（脱敏胶布、纸类日期标签等）；粉剂吸收灭菌剂（滑石粉等）、木类吸收灭菌剂（压舌板）、水分干扰压力吸收灭菌剂（未干燥的待灭菌的物品）、油类分子密度大气体不易穿透（石蜡、电池等）。

十、消毒器的应用范围

该消毒器主要用于不耐热和不耐湿的医疗器械灭菌。

第二节　悬挂式等离子体消毒器

悬挂式等离子体消毒器属于固定式空气消毒器，能够自上而下对空气进行消毒，是一种重要的空气消毒器，也是目前市面上最常见的一种等离子体消毒器。

一、消毒器的构造

悬挂式等离子体消毒器外形与家用挂式空调相似，都是通过悬挂在墙壁上，从而实现空气的换气过程。最常见的悬挂式等离子体消毒器如图 20-3 所示，包括壁挂式壳体、位于壳体内部的循环风机、控制电源板和电路板。一般在壳体下部设有进风口，上部设有出风口。密闭空间中需要进行消毒的空气从下进风口吸入消毒机内，经消毒净化后的气体从机器送风口送回空间，从而实现对密闭空间空气的消毒。

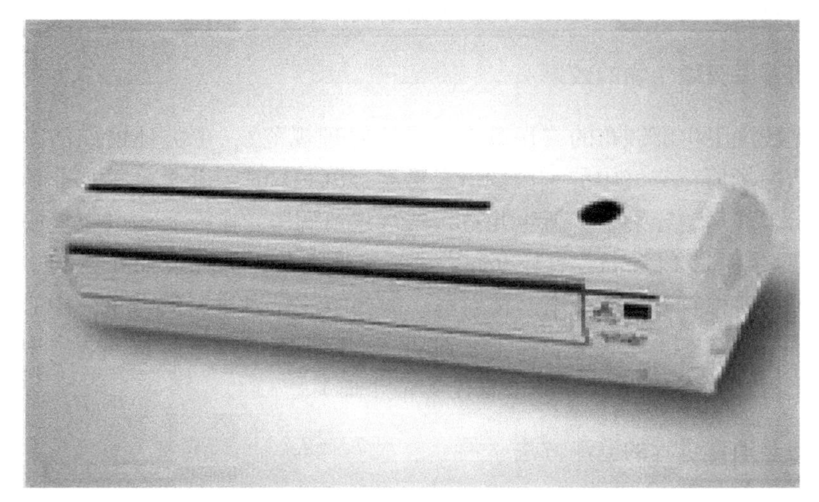

图 20-3　悬挂式等离子体消毒器实物图

二、消毒器的工作原理

悬挂式等离子体消毒器除了能产生高浓度等离子体对空气中微生物进行杀灭外，还会通过过滤、静电吸附等物理手段对空气中的尘埃或颗粒物进行沉降，从而实现对吸附在尘埃或颗粒物中的微生物的净化作用。除此之外，市面上还有部分产品增添紫外灯或臭氧进行辅助消毒，在多种消毒因子的作用下，能够有效提升消毒效果。

三、消毒器的使用方法

消毒操作程序均参照消毒器使用说明书进行操作。

四、消毒器的消毒因子

等离子体、过滤介质、紫外线、臭氧等。

五、消毒器的消毒机制

等离子体产生的带电粒子、电子云和紫外线均能对微生物进行有效杀伤。过滤消毒法的主要机制有直接截留、惯性撞击、静电吸附、扩散沉积和重力沉降。紫外线可作用于微生物的核酸，使 DNA、RNA 的碱基受到破坏，形成嘧啶二聚体、嘧啶水化物等，从而使核酸断裂，失去复制、转录等功能。紫外线还可以作用于微生物的蛋白质，破坏其结构，导致酶失活、膜损伤。

六、消毒器杀灭微生物的效果

根据我国卫生部颁布的《医院空气净化管理规范》，Ⅰ类环境如洁净手术部及其他洁净场所，空气中的细菌菌落总数≤150CFU/m^3；Ⅱ类环境如非洁净骨髓移植病房、产房、导管室、新生儿室、器官移植病房、血液病病区空气中的细菌菌落总数≤4CFU/(15min，直径 9cm 平皿)；Ⅲ类及Ⅳ类环境如儿科病房、母婴同室、妇产科检查室、人流室、注射室、换药室、输血科、消毒供应中心、血液透析中心、急诊室、化验室、各类普通病室、感染疾病科门诊及其病房中空气中的细菌菌落总数≤4CFU/(5min，直径 9cm 平皿)。

七、消毒器消毒过程的监测方法

消毒器消毒效果的检测方法参照 GB 15982—2012 进行，具体规定如下。

1. 采样时间

Ⅰ类环境在洁净系统自净后与从事医疗活动前采样；Ⅱ、Ⅲ、Ⅳ类环境在消毒或规定的通风换气后与从事医疗活动前采样。

2. 检测方法

（1）Ⅰ类环境可选择平板暴露法和空气采样法，参照 GB 50333《医院洁净手术部建筑技术规范》要求进行检测。空气采样法可选择六级撞击式空气采样器或其他经验证的空气采样器。检测时将采样器置于室内中央 0.8～1.5m 高度，按照采样器说明书进行操作，每次采样时间不超过 30min。若房间超过 10m^2，每超过 10m^2增设一个采样点。

（2）Ⅱ、Ⅲ、Ⅳ类环境采用平板暴露法，室内面积≤30m^2，设内、中、外对角线 3 点，内、外点应距墙壁 1m；室内环境≥30m^2，设四角及中央 5 点，四角的布点应距墙壁 1m 处。将营养琼脂平皿（90mm）放置各采样点，采样点高度距地面 0.8～1.5m。采样时将平皿盖打开，扣放于平皿旁，暴露至规定时间后

（Ⅱ类环境15min，Ⅲ、Ⅳ类环境5min）盖上平皿盖，及时送检。

（3）将送检的平皿置于36℃±1℃恒温培养箱48h，计算菌落数，必要时分离致病性微生物。

3. 结果计算

（1）平板暴露法按平均每皿的菌落数报告：CFU/(皿暴露时间)。

（2）空气采样法计算公式：

$$\text{空气中菌落总数}\left(\frac{\text{CFU}}{\text{m}^3}\right)=\frac{\text{采样器各平皿菌落数之和（CFU）}}{\text{采样速率}\left(\frac{\text{L}}{\text{min}}\right)\times\text{采样时间（min）}}\times 1000$$

八、影响消毒器作用效果的因素

影响该消毒器作用效果的主要因素包括空间密闭情况以及人员流动频繁程度。

九、消毒器的应用范围

该消毒器可以应用在医院，包括重症监护室、高标准无菌间、高标准手术室、供应室、血透室、传染病房、烧伤科、输液室妇产科等。同时还可以应用于食品厂、制药室和人员密集的流动场所等对空气质量要求高的场所的空气消毒。

第三节　立式和移动式等离子体消毒器

一、消毒器的构造

立式和移动式等离子体消毒器外形与家用立式空调相似。不同于立式等离子体消毒器，移动式等离子体消毒器最大的特点是底部装有便于移动的轮子，从而能够实现动、静态两用空气净化。最常见的移动式等离子体消毒器如图20-4所示，两种等离子体消毒器主体组成包括进风口、过滤网、风叶、风机和等离子体发生器，以及其他消毒因子发生器等。一般在壳体下部设有进风口，上部设有出风口。密闭空间中需要进行消毒的空气从下进风口吸入消毒器内，经消毒净化后的气体从机器送风口送回空间，从而实现对密闭空间空气的消毒。

二、消毒器的工作原理

移动式等离子体消毒器除了能产生高浓度等离子体对空气中微生物进行杀灭外，还会通过过滤、静电吸附等物理手段对空气中的尘埃或颗粒物进行沉降，从而实现对吸附在尘埃或颗粒物中的微生物的净化作用。除此之外，市面上还有部

图 20-4　移动式等离子体消毒器外形图

分产品还增添紫外灯或臭氧进行辅助消毒，在多种消毒因子的作用下，能够有效提升消毒效果。

三、消毒器的使用方法

消毒操作程序均参照消毒器使用说明书进行操作。

四、消毒器的消毒因子

等离子体、紫外线、臭氧等。

五、消毒器的消毒机制

同本章第二节悬挂式等离子体消毒器的消毒机制。

六、消毒器杀灭微生物的效果

市面上大多数产品宣称除菌率能够达到 99.99% 以上。我国卫生部颁布的《医院空气净化管理规范》中对医用环境消毒器的消毒效果做了明确规定，具体规定见本章第二节悬挂式等离子体消毒器。

七、消毒器消毒过程的监测方法

同本章第二节悬挂式等离子体消毒器消毒过程的监测方法。

八、影响消毒器作用效果的因素

影响该消毒器作用效果的主要因素包括空间密闭情况以及人员流动频繁

程度。

九、消毒器的应用范围

适用于医院Ⅱ类、Ⅲ类医疗环境和其他民用工用工作环境，医疗环境主要应用领域包括手术室、产房、新生儿室、ICU、烧伤病房、供应室、介入治疗中心、隔离病房、血透室、输液室、治疗室、生化室、化验室、血站等；公共场所包括车站、机场、宾馆、娱乐场所、办公室、会议室等；食品厂包括生产车间、灌装车间、包装车间、无菌室等。

第四节　吸顶式等离子体消毒器

一、消毒器的构造

吸顶式等离子体消毒器外形与写字楼或商场常用吸顶式中央空调相似，多安装于房顶处。相比立式或悬挂式等离子体消毒器，吸顶式等离子体消毒器具有外形美观、结构新颖、安装方便效率高、不占用活动空间等优点，因而近年来得到广泛应用。最常见的吸顶式等离子体消毒器如图 20-5 所示，呈长方体形状，主体结构为消毒器箱体，消毒器箱体的内部有净化消毒组件以及进风组件。

图 20-5　吸顶式等离子体消毒器外形图

二、消毒器的工作原理

吸顶式等离子体消毒器工作原理与悬挂式等离子体消毒器和立式等离子体消

毒器相似，都是以等离子体消毒为主，其他消毒因子如过滤吸附、紫外线、臭氧和溶菌酶为辅。这些消毒因子共同作用，对空气进行有效消毒。

三、消毒器的使用方法

消毒操作程序均参照消毒器使用说明书进行操作。

四、消毒器的消毒因子

等离子体、紫外线、臭氧等。

五、消毒器的消毒机制

同本章第二节悬挂式等离子体消毒器的消毒机制。

六、消毒器杀灭微生物的效果

市面上大多数产品宣称除菌率能够达到99%以上。我国卫生部颁布的《医院空气净化管理规范》中对医用环境消毒器的消毒效果做了明确规定，具体规定见本章第二节悬挂式等离子体消毒器。

七、消毒器消毒过程的监测方法

同本章第二节悬挂式等离子体消毒器消毒过程的监测方法。

八、影响消毒器作用效果的因素

影响该消毒器作用效果的主要因素包括空间密闭情况以及人员流动频繁程度。

九、消毒器的应用范围

适用于医院Ⅱ类、Ⅲ类医疗环境和其他民用工用工作环境。

小 结

等离子体消毒器被广泛用于空气、物表和医疗器械消毒等领域，效果可靠。本章对柜式等离子体消毒器、悬挂式等离子器体消毒器、嵌入式等离子体消毒器和移动式等离子体消毒器进行了简要介绍。

（谢宇婷）

第二十一章　医疗器械清洗消毒器

《医疗器械监督管理条例》明确规定国家对医疗器械按照风险程度实行分类管理，由国家食品药品监督管理总局（简称总局）负责制订医疗器械的分类规则和分类目录。总局已于2015年发布了新的《医疗器械分类规则》，代替了2000年发布的分类规则。其中依据影响医疗器械风险程度的因素，医疗器械可以分为以下几种情形：①根据结构特征的不同，分为无源医疗器械和有源医疗器械。②根据是否接触人体，分为接触人体器械和非接触人体器械。③根据不同的结构特征和是否接触人体，医疗器械的使用形式包括：

无源接触人体器械：液体输送器械、改变血液体液器械、医用敷料、侵入器械、重复使用手术器械、植入器械、避孕和计划生育器械、其他无源接触人体器械。

无源非接触人体器械：护理器械、医疗器械清洗消毒器械、其他无源非接触人体器械。

有源接触人体器械：能量治疗器械、诊断监护器械、液体输送器械、电离辐射器械、植入器械、其他有源接触人体器械。

其中医疗器械消毒器械属于无源非接触人体器械，其合格与否、使用方法正确是否等与医疗质量密切相关，是必须重视、理解、学习的一种消毒器械。

依据2000版《医疗器械分类规则》、2002版《医疗器械分类目录》和制定并发布了2018版《医疗器械分类目录》，其中，编号6857为消毒和灭菌设备及器具。详见表21-1。

表21-1　6857 消毒和灭菌设备及器具

序号	名称	品名举例	管理类别
1	辐射灭菌设备	医用伽马射线灭菌器	Ⅱ
2	压力蒸汽灭菌设备	预真空蒸汽灭菌器、高压蒸汽灭菌器、自动高压蒸汽灭菌器、立式压力蒸汽灭菌器、卧式圆形压力蒸汽灭菌器、卧式矩形压力蒸汽灭菌器、脉动真空压力蒸汽灭菌器、手提式压力蒸汽灭菌器	Ⅱ
3	气体灭菌设备	环氧乙烷灭菌器、轻便型自动气体灭菌器	Ⅱ
4	干热灭菌设备	干热灭菌器、微波灭菌柜	Ⅱ

续表

序号	名称	品名举例	管理类别
5	高压电离灭菌设备	手术室用高压电离灭菌设备 病房用高压电离灭菌设备	Ⅱ
6	专用消毒设备	氧化电位水生成器、超声消毒设备、口腔科消毒设备	Ⅰ
7	煮沸消毒设备	电热煮沸消毒器、自动控制电热煮沸消毒器	Ⅰ
8	煮沸灭菌设备	煮沸消毒器、贮槽	Ⅰ

下面分别介绍医疗器械清洗消毒器。其中压力蒸汽灭菌设备、气体灭菌设备、干热灭菌设备、高压电离灭菌设备、超声消毒器等本书其他章节有涉及，不在此重复说明。

第一节　辐射灭菌设备

医用辐射灭菌设备主要是指医用伽马射线灭菌器。伽马射线灭菌器在实际应用中可用于食品、药品、医疗器械等多种物品的辐射灭菌。而医用伽马射线灭菌器一般被应用于工业灭菌，主要由生产厂家用于对不耐高温物品的灭菌，例如对注射器、医用手套等一次性无菌医疗器械的批量灭菌。

一、消毒器的构造

医用伽马射线灭菌器是一套自动操作的辐射装置。由于钴 60 伽马射线放射源对人体危害较大，辐射设备的设置应与防护措施紧密结合。大型商用辐射装置由辐射室、提源装置、货物传送设备、安保控制设备等构成（图 21-1）。

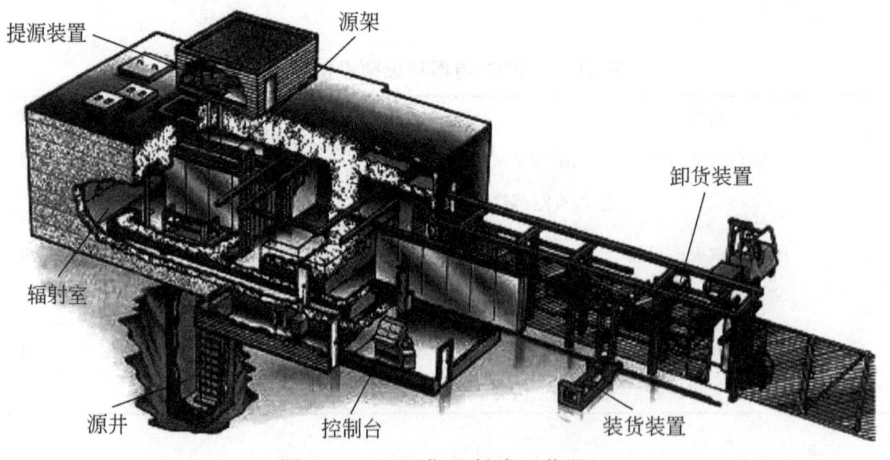

图 21-1　医用伽马射线灭菌器

1. 钴源与钴源房（源井与辐射室）

钴 60 伽马射线放射源，简称钴源。钴源是一种放射性同位素，每时每刻都放射着伽马射线，直至衰变结束（钴 60 的半衰期是 5.26 年）。它平时存放于地下水井中，以水作为屏蔽辐射的防护层，称为源井。源井的直径一般为 1.5 ~ 2m，深度依钴源强弱而定，当钴源强度为 1 ~ 2kg 镭当量时，源井深应为 3 ~ 4m，若放射源再强时，也该更深一点。钴源也可存放于地面上的铅罐中，因为铅是金属中最强的抗放射线物质。但由于铅罐的密封要求较高，操作比较复杂，因此目前多采用水井存放。钴源的平面位置与四周墙壁的距离不得少于 1m，以防止射线反射造成测量误差，位置确定后，只能垂直上下升降，不能水平移动，否则会改变它与防护墙的相对距离，影响安全。

2. 控制室（控制台）

控制室紧靠钴源房。室内设有操作台，观察辐射效果并控制调整各类仪器。使用的观察设备目前有工业电视、潜望镜、铅玻璃窗等几种。工业电视和潜望镜适用于观察强源。铅玻璃窗适用于观察弱源，观察效果不及工业电视和潜望镜好。但工业电视需要专人维修，所以一般采用既经济又方便的潜望镜。控制室有一套完整的电器设备，控制钴源房内机械手的升降、防护门的开关和传送带的运行等。控制室内还应有洗手盆和污水池，有条件的最好设淋浴间。

3. 辅助室

辅助室是辅助控制室和钴源房工作的部分，有剂量监督室、排风机室和空调机房等。剂量监督室配备剂量检查仪和定标器来监督检查剂量的大小。钴源房内空气受伽马射线的照射后会发生电离，分解生成臭氧和一氧化碳，对人体有较大的刺激性，要进行强制性的全面换气。排风工作是通过排风机室来完成的。排风机室一般设在钴源房的顶部。排风洞口开在与排风机室相近的地方。

二、消毒器的工作原理

钴 60 等放射源一般被储存于辐射室下的深水井内，用不锈钢管密封并排列于源架。当开始辐射，源架从水井升起，被照物品由传输装置输送进入辐射室，积放于源架四周进行辐射。当照射时间达到规定值，源架自动降入水井，货物经传送装置送出辐射室，加工至此完成。大型辐射装置一般采取全自动操作。操作人员在辐射室外的操作间操作。辐射室的外墙由厚约 2m 的钢筋混凝土墙构成，可将伽马射线完全屏蔽于辐射室内，操作人员不会受到过量射线的照射。

三、消毒器的使用方法

使用医用伽马射线灭菌器时，先由辐射控制室操纵启动传输装置，将待消毒灭菌的物品送入存有钴 60 放射源的房内，即钴源房中，并与钴源保持一定的距离，这个距离应根据钴源的强弱和要求辐射的剂量来定。然后操纵机械手将钴源从源井提升到规定的标准工作位置上。同时，钴源房的防护门在机械手动作时立即关闭锁死。从控制室观察辐射情况并控制调整各类仪器。当待消毒灭菌物品在规定的时间内获得所要求的剂量后，仍操纵机械手将钴源降入深井，再将待消毒物品送出钴源房，存放在指定位置即可。

四、消毒器的消毒因子

伽马射线。

五、消毒器的消毒机制

伽马射线杀灭微生物的原理是，当用一定剂量的γ射线辐照食品时，通过直接或间接的作用引起微生物DNA、RNA、蛋白质、脂类等有机分子中化学键的断裂，其中起主要作用的是DNA损伤，如DNA单链或双链的断裂，蛋白质与DNA分子交联，DNA序列中碱基的改变，导致微生物死亡，从而达到消毒灭菌的目的。

六、消毒器杀灭微生物的效果

用一定剂量的钴60同位素放出的伽马射线辐射待消毒物品，可以杀灭微生物及昆虫。伽马射线是一种肉眼看不见的电磁波，不带电，但能量很大，穿透能力很强。使用300万物理当量伦琴的伽马射线，可以杀灭食品中最顽强的细菌。使用20万物理当量伦琴的伽马射线，可以消灭食品中的大多数微生物。消灭食品中的昆虫，一般只需3万物理当量伦琴。辐射技术能迅速杀灭大肠杆菌、金色葡萄球菌、沙门氏菌、副溶血性弧菌、霍乱弧菌、酵母菌霉母菌、弯曲杆菌、寄生虫等。

七、消毒器消毒过程的监测方法

（1）生物监测。

（2）化学监测：监测方法包括B-D试纸、化学指示卡、化学指示胶带。

（3）物理监测：使用伽马射线密度仪等记录仪进行监测。

八、影响消毒器作用效果的因素

（1）辐射剂量。

（2）包装材料和大小。

（3）待灭菌物体上的微生物载量。

九、注意事项

1. 使用剂量要适当

在辐射过程中，使用不同剂量会产生不同的效果。剂量较低，可能达不到消毒灭菌的预期效果；剂量过高，导致成本过高。因此，在伽马射线辐射过程中，只有选择和应用有利于抑制微生物生长而又不过多消耗能源的恰当剂量，才能达到优良使用的目的。采用剂量的高低，应根据待消毒物品特性和反复试验来确定。

2. 严格遵守操作规程和防护制度

伽马射线虽然具有较大的穿透力，对人体的危害较大，但只要了解和掌握它的性质，严格遵守操作规程，积极采取相应的防护措施，就可以减少和避免对人体的危害。一般认为，人体每日最大容许剂量为0.05R，相当于每天6h工作的容许剂量率为2.3NR/s（$1R=1\times10^8NR$）。在不超过最大容许剂量下工作是安全的。为把照射剂量控制在人体允许的范围内，除在不影响工作的条件下尽量使用较小的操作量外，操作人员要按规定严格保持与钴源的距离，不要在射线较强的地方停留过久。操作时，应穿上工服，戴上口罩和胶皮手套等个人防护用具。同时严格控制排出的废水、废气和废物，防止污染大气和水源等环境，以及防止放射性物质通过各种渠道进入人体。

3. 经常检查并维修设备

因为钴60伽马射线的整个辐射过程都是通过电器、仪表和机械设备进行工作的，所以经常检查并维修设备，保证各类设备的正常运转和工作是十分重要的。要注意经常检查各类设备的完好情况，进行保养，发现故障，及时排除。易损部件要按期更换，还应备有升降钴源用的机械手，以供原机械手发生故障时使用。

十、消毒器的应用范围

医用伽马射线灭菌器有节约能源、灭菌彻底、无污染等优点。而且由于伽马射线具有很强的穿透力，在一定剂量条件下能杀死各种细菌微生物（包括病毒），是一种非常有效的灭菌方法。辐射灭菌消毒是一种“冷消毒”法，可在常温下灭菌。特别适合于一些热敏材料如塑料制品、尼龙、化纤制品、生物制品等。可包装后灭菌，只要所用的包装材料不透菌，灭菌后的医疗用品可以长期保存。灭菌速度快，操作简便，可连续作业，有利于实现工业化生产。

第二节 氧化电位水生成器

氧化电位水（又称强酸性水、酸化电位水、强酸性电解水、酸性氧化电位水、机能水等）是一种具有高氧化还原电位（ORP）、低 pH、含低浓度的有效氯的水，这种水具有较强的氧化能力和快速杀灭微生物的作用。氧化电位水的研究始于 1987 年，由日本独立开发作为对耐甲氧西林的金黄色葡萄球菌（MRSA）有显著效果的杀菌剂。经过多年的研究，人们对其的认识不断深入，对其杀菌的有效性、安全性、不留残毒有利于环保的优点得到共识，并在医疗领域用于手消毒、内窥镜的清洗消毒、血液透析装置的消毒、环境的消毒以及褥疮等创面的治疗。自 1995 年以来氧化电位水生成器进入中国市场很快得到了中国同行的认可，并且在一些医院用于内窥镜、牙钻、手术室、供应室的医疗器械的消毒，目前国内北京、沈阳、上海、安徽等地已开发出此类产品，并通过了各地区卫生行政部门的卫生许可。该产品的开发与应用对于防止医院内感染、控制消毒剂对环境的污染具有重要意义。

一、消毒器的构造

氧化电位水是将添加了 0.05% NaCl 的自来水，通过氧化电位水生成器中带有离子隔膜的组合电解槽，电解而成。其主要构造（图 21-2）有：

（1）自来水与处理器件：压力调节阀、压力表、过滤器和软化水器。

（2）主机部分。

（3）添加液。

（4）储液罐。

图 21-2 氧化电位水生成器外观图

其主要生产流程（图 21-3）为

①连接自来水：连接符合水质标准的自来水。

②减压阀：通过减压阀调节水压，保证水压的稳定。

③压力表：将水压调 1.5～4.0kg/cm^2。

④过滤器：连接自来水或地下水时通过过滤器进行净化。

⑤软水器：将水质硬度调到合适范围。

⑥添加液：切勿注入指定添加液外的其他溶液。

⑦储液罐：生成的消毒液自动储存在储液罐中。

⑧产品质检：成品分装前，检查是否符合质量标准。

⑨分装装置：成品分装的装置。

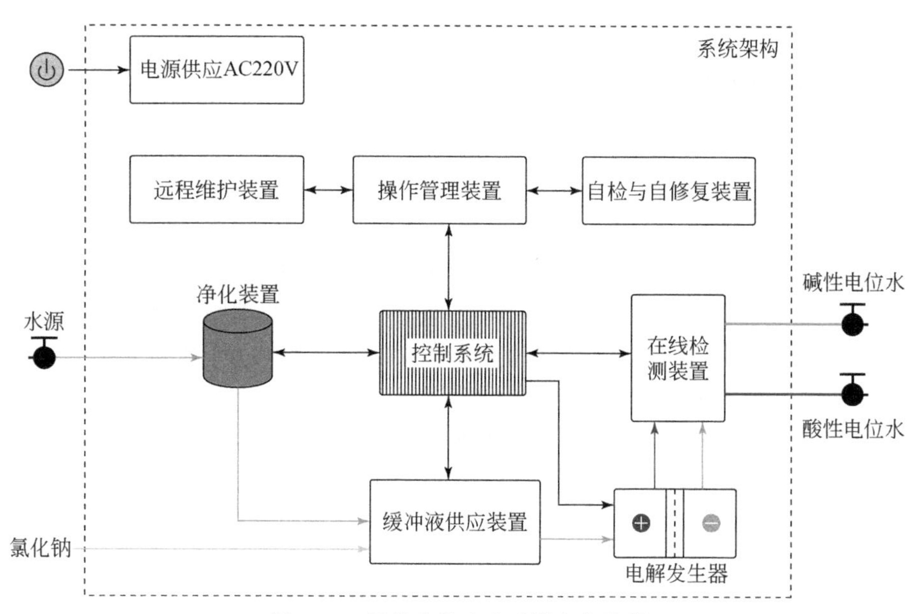

图 21-3　氧化电位水生成器生产流程

二、消毒器的工作原理

氧化电位水由一种电解装置制备生产，生产过程是将少量氯化钠溶解于自来水中，然后将水置于一个电解槽内，槽内有阳极和阴极电极板，它们之间隔有阳离子交换膜，通过高压电流电解水即可生成，在阳极发生氧化反应生成强酸性水；在阴极发生还原反应生成强碱性水。其反应式如下：

$$\text{阳极：} 2Cl^- \longrightarrow Cl_2 + 2e^-$$

$$H_2O \longrightarrow 1/2O_2\uparrow + 2H^+ + 2e^-$$

$$Cl_2+H_2O \longrightarrow HCl+HClO$$

$$\text{阴极：} H_2O+e^- \longrightarrow 1/2\ H_2\uparrow +OH^-$$

三、消毒器的使用方法

使用酸性氧化电位水时首先应遵循厂家说明书及医院消毒供应中心国家标准WS 310.2—2016的相关规定。由于酸性氧化电位水生成器在电解过程中会释放少量的氯气和氢气，因此需要将设备放置在干燥、通风良好且没有阳光的地方，贮藏的酸性氧化电位水应选用避光、密封的硬质聚氯乙烯材质的容器装载，室温下不超过3天。在制定标准化流程前应在出水口对水质进行测试，监测pH、有效氯浓度、氧化还原电位（ORP）值，且需要考虑每次使用完毕后，可再排放少量碱性还原水或自来水，减少对排水管道的腐蚀度。

四、消毒器的消毒因子

有效氯。

五、消毒器的消毒机制

通过低pH高氧化还原电位和有效氯的共同作用，破坏细胞内外壁，干扰膜平衡、增加细胞通透性、细菌肿胀，破坏细胞代谢酶，使细胞内物质溢出、溶解从而达到杀菌作用。细菌的杀灭作用不仅在于酸化水的低pH和高氧化电位，而且游离氯和次氯酸也起到了增强杀菌的作用。

由于酸性氧化电位水对微生物的杀灭作用研究只是近几年刚刚起步，所以关于杀菌机制的研究几乎没有专门研究报道。Zink-erich等对经过酸性氧化电位水作用后的细菌进行分子生物学分析和电镜观察发现，经酸性氧化电位水作用5min后的细菌，许多菌体成分受到破坏，如菌体蛋白和染色体变性、细菌质粒、核酸物质均有改变。电镜观察发现，作用后的菌体外壁肿胀、胞浆漏出等超微结构的改变。

六、消毒器杀灭微生物的效果

1. 对细菌繁殖体的杀灭作用

氧化电位水可快速杀灭各种细菌繁殖体。芝烨彦报道ORP值为1100mV，pH为2.60时，氧化电位水作用30s和1min，对金黄色葡萄球菌、大肠杆菌、鼠伤寒杆菌、绿脓杆菌杀灭率达99.99%以上。来自日本食品卫生检测中心和林原正的报道均表明氧化电位水对大肠杆菌、沙门氏菌、绿脓杆菌和MRSA具有快速的杀灭作用。李新武等报道，在20℃条件下，ORP值为1127mV，pH为2.6，有效氯含量为20～30mg/L的氧化电位水作用15s，对金黄色葡萄球菌和大肠杆菌的杀灭率均为100%。崛田国元报道氧化电位水对甲氧西林敏感的金黄色葡萄球菌MRSA、表皮葡萄球菌、粪肠球菌、大肠杆菌0157：H7、克雷伯氏肺炎球菌、绿脓杆菌、伤寒沙氏菌、黏质沙雷氏菌、副溶血弧菌的杀灭时间均小于10s。

研究者把大肠埃希菌、金黄色葡萄球菌、白色念珠菌、铜绿假单孢菌24h新鲜培养物，以及枯草杆菌黑色变种芽孢悬液制成菌片，用酸性氧化电位水原液浸泡5min，发现对载体上金黄色葡萄球菌、大肠埃希菌、白色念珠菌、铜绿假单孢菌的杀灭对数值均$>3.00\log_{10}$；浸泡20min，对枯草杆菌黑色变种芽孢的杀灭对数值$>3.00\log_{10}$。证明酸性氧化电位水对细菌繁殖体和细菌芽孢都具有良好的杀灭效果。

2. 对病毒的杀灭作用

研究者对日本六个厂家的氧化电位水生成器制备的氧化电位水对HBsAg抗性的破坏效果进行了比较，结果表明氧化电位水ORP值在1081～1174mV之间，pH在2.3～2.6之间，有效氯含量在10～50mg/L时，作用30s均能破坏HBsAg的抗原性。年维东等的报道表明将含乙肝病人血清的生理盐水注入胃镜活检孔道内，用装有氧化电位水的自动超声雾化内窥镜消毒机消毒作用3min，应用Dig-斑点杂交法和PCR法检测HBV、DNA结果均为阴性。上述结果表明氧化电位水对病毒本身、HBsAg和核酸均有较好的灭活和破坏作用。

3. 对真菌或酵母菌的杀灭作用

有报道表明，氧化电位水对酵母菌具有较好的杀灭作用，30s对*Rhodstorula sp*和白色念珠菌的杀灭率均大于99.90%。崛田国元的报道表明氧化电位水对白色念珠菌、土曲菌（*Aspergillus terreus*）和毛孢子菌（*Trichesperon*）的杀灭时间均小于15s。国内易建云证明氧化电位水作用5min可100%杀灭白色念珠菌。

七、消毒器消毒过程的监测方法

（1）化学监测：包括有效氯含量试纸、化学指示卡、化学指示胶带。

（2）物理监测：使用pH计、氧化还原电位检测仪、温度计等记录仪进行监测。

八、影响消毒器作用效果的因素

1. 有机物

酸性氧化电位水受有机物影响比较明显。研究证明，在悬液内加10g/L蛋白胨即可使其杀菌效果明显下降，故酸性氧化电位水不适宜用于血液、体液、分泌物及其他有机物污染的物品的消毒。

2. 电位

氧化还原电位可直接影响酸性氧化电位水的杀菌效果。研究证明，氧化还原电位为 1190mV 时，作用 40min 能 100% 杀灭细菌芽孢，若氧化还原电位降低，则杀菌效果下降。

3. 温度和作用时间

酸性氧化电位水与其他化学消毒剂一样，随温度的升高和时间的延长杀菌效果增强。实验证明，温度由 20℃ 升至 30℃，杀灭细菌芽孢可由 99.9% 提高到 100%；作用时间由 20min 延长至 40min，对细菌芽孢的杀灭率可由 99.31% 增加至 100%。

4. 酸性强度

酸性氧化电位水 pH 亦可影响其杀菌效果。李景芹观察到，1110mV、pH 2.25 的酸性氧化电位水作用 10min 可完全杀灭细菌芽孢，而 1170mV、pH 3.10 的酸性氧化电位水作用 40min 也只能杀灭 99.47%。但酸性氧化电位水的 pH 不是杀菌作用主要因素，使用相同 pH 的盐酸试验，其杀菌能力远不如酸性氧化电位水强。

5. 保存条件

李新武等研究了四种保存条件对氧化电位水的 pH 和 ORP 值的影响，分别将氧化电位水保存在室温敞开、室温密闭、4℃ 密闭和室温密闭避光四种条件下，于不同时间测定其 pH 和 ORP 值的动态变化。结果表明，在室温敞开条件下，pH 随时间延长而升高，2 天 pH 从 2.5 上升至 2.9，14 天上升至 3.0。ORP 值随时间延长而下降，3 天后 ORP 值从 10mV 以上下降至 1000mV 以下，7 天下降至 450mV。而其他三种条件值均较稳定，在 21 天内基本无改变。高哲平报道氧化电位水置于口径为 12cm 和 2.8cm 的敞口容器内，室温 25℃ 条件下，可分别保存 1 天和 4 天，维持其 ORP 值在 1000mV 以上，pH 为 3、有效氯含量为 30mg/L，随着时间的延长，保存于口径为 12cm 敞口容器内的氧化电位水的 pH 稳定在 3，ORP 值和有效氯不断下降。7 天时 ORP 值为 550mV，有效氯已测不出。

6. 氯化钠浓度

清水义信研究了自来水中加入氯化钠的浓度与氧化电位水中 pH、ORP 值和有效氯之间的关系。结果表明随着自来水中加入氯化钠的含量的下降，氧化电位水的 pH 上升，而 ORP 值和有效氯含量下降，可导致杀菌效果下降。

7. 水的硬度

由于各个国家和不同地区自来水的硬度不同，在电解过程中，会影响氧化电位水的质量，减少电极的寿命，影响消毒效果，故在自来水硬度较高（超过 100mg/L）时，应在自来水与氧化电位水生成器之间加一软水处理装置，以保证氧化电位水的质量和消毒效果。

九、注意事项

由于酸性氧化电位水固有特性，因此科学合理利用其杀菌作用才能得到有效使用。科学合理使用酸性氧化电位水值得注意的问题是：

（1）不适合用于污染明显的物品消毒，只有在清洁条件下才能显示出其杀菌作用；不适合将其置于静止条件下浸泡物品消毒，由于其受有机物影响明显，所以在流动状态下不断将物品冲洗干净进而发挥其杀菌作用。

（2）不适合用于空气消毒，酸性氧化电位水理化性质说明其既不能进行加热熏蒸，也不可进行气溶胶喷雾，因为在蒸汽或气雾状态下其性能会发生急剧的改变，从而失去杀菌作用。

（3）酸性氧化电位水对光敏感，有效氯浓度随时间延长而下降，生成后原则上应尽早使用，最好现制备现用。

（4）储存应选用硬质聚氯乙烯材质制成的容器。避光、密闭，室温下贮存不超过3d。

（5）每次使用前，应在使用现场酸性氧化电位水出水口处，分别检测pH、氧化还原电位和有效氯浓度。检测数值应符合指标要求。

（6）对不锈钢无腐蚀，对铜、铝和碳钢有轻度腐蚀性，用于此类金属材料制成的物品消毒应慎用。

（7）酸性氧化电位水长时间排放可造成排水管路的腐蚀，故应每次排放后再排放少量碱性还原电位水或自来水。

十、消毒器的应用范围

酸性氧化电位水应用于消毒的研究还不够系统，特别是实际消毒中存在的问题比较多。临床引进化学消毒剂有简单化的倾向，简单的否定或简单的肯定都会给临床消毒带来不良后果。医院实际消毒中情况千变万化，不可低估污染给消毒带来的困难。酸性氧化电位水对有机物非常敏感，这在消毒中应给予高度关注。在日本，酸性氧化电位水首先用于治疗外伤特别是感染创面的清洗，起到良好的治疗作用，近几年才开始用于消毒。但由于氧化电位水具有杀灭微生物速度快、效果好，对不锈钢不腐蚀，对皮肤黏膜无刺激，使用后很快还原成自来水，不留残毒有利于环保等特点，只要在使用时充分考虑使用对象、使用方法及使用场合，合理使用，即可达到较好的消毒效果，可广泛用于医疗卫生和防疫、饮食加工业、农业、畜牧业、旅游业等。

1. 医院消毒领域的应用

医疗器械及各种内镜的消毒；创伤与烧伤创面冲洗消毒；手和皮肤及口腔黏膜的冲洗消毒；肝炎病毒沾染物体表面浸泡消毒；妇科及阴道黏膜的冲洗消毒；空气和一般物体表面的消毒。

2. 其他领域的应用

除了在医疗卫生和防疫方面的应用之外，氧化电位水还可以广泛应用于饮食加工业，例如水果、蔬菜、豆腐等的保鲜。鱼肉、水果经冲洗浸泡后可直接加工食用。饮食加工机器的消毒处理。在旅游业方面可用于宾馆、饭店餐饮具和厨具的消毒，卫生洁具的消毒。在农业畜牧业的应用，可用于杀灭植物病毒，用氧化电位水处理后的种子可提高产量，减少病虫害。可在鸡群存在的条件下对鸡舍直接进行喷洒消毒，防止鸡瘟等。

第三节 超声清洗设备

声波是指人耳能感受到的一种波，频率为 20～20kHz。声波属于机械波，当声波的频率低于 20Hz 时被称为次声波；高于 20kHz 时，称为超声波。超声波可在空气、液体、固体、固溶体等介质中传播，超声会产生反射、干涉和共振现象。当超声波在液体介质中传播时，可在界面上产生强烈的冲击和空化效应。超声技术在工农业、国防、医药卫生和环境保护各个领域已得到广泛应用。从处理媒质分，可分为在固体、液体和气体中的应用。本节介绍应用最广泛的超声清洗。

一、消毒器的构造

超声清洗机的最基本结构如图 21-4 所示，由超声频电源、清洗槽和换能器组成。超声频电源、清洗槽通常用不锈钢板制成，与换能器黏结的槽壁厚度不宜太厚，以减少声能损失，一般取 1.5～3mm 厚。黏结面需要喷砂处理使其粗糙以得到牢固的黏结，而与清洗液接触的一面要抛光以减少空化腐蚀。声强一般取 0.3～2W/cm^2，清洗污物结合力大的清洗件时常采用高的声强。专用快速清洗机声强有时达到几十 W/cm^2。超声换能器目前大多采用展宽喇叭形夹心式压电换能器。大功率清洗机通常采用多个换能器组合，电端并联由一个超声频电源驱动，因此要求换能器的特性，尤其是共振频率一致，这在实际生产中很难做到。为此，提出了一种半穿孔结构宽频带压电换能器，这种换能器不但便于多个并联工作，而且进一步提高电声效率。换能器一般安装在清洗槽底，也可以安装在槽

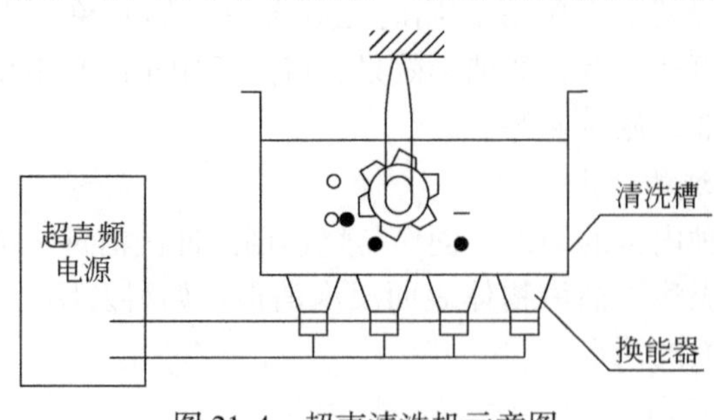

图 21-4 超声清洗机示意图

的侧壁，依清洗要求而定。有时为了能灵活地安排超声换能器，换能器不固定装在清洗槽上，而是几个换能器安装在一个密闭的不锈钢匣里，这种结构有时称为浸没式或投入式换能器。可以投入清洗槽中灵活布置，尤其是清洗大工件时更为适合，此时槽可以用吸声小的材料，如瓷砖制成，不必用不锈钢板。

换能器与不锈钢板的连接，要求声传导良好，一般采用特制的胶粘接。对胶的要求不但要求黏接力强，而且疲劳强度要高，且能在较高温度和湿度环境下工作。

根据不同应用，超声清洗设备除基本组成部分外，还有各种附属设备。如果需要在一定温度下清洗，则应设有加热器和控温装置；为避免清洗件直接压在清洗槽底而影响清洗效果，一般设有金属网篮或吊架来盛吊清洗件悬于清洗槽中；如果需要用挥发性大的有机溶剂清洗，则应设有冷凝、循环过滤回收溶剂系统等。

二、消毒器的工作原理

换能器将超声频电源所提供的电能转变为超声频机械振动，并通过清洗槽壁向盛在槽中的清洗液辐射声波。由于超声的空化作用，使浸在液体中的零部件表面的污物迅速被除去。

存在于液体中的微气泡（空化核）在声场的作用下振动，当声压达到一定值时，气泡迅速增长，然后突然闭合，在气泡闭合时产生冲击波，在其周围产生上千个大气压力，破坏不溶性污物而使它们分散于清洗液中。蒸汽型空化对污层的直接反复冲击，一方面破坏污物与清洗件表面的吸附，另一方面也会引起污物层的破坏而脱离。气体型气泡的振动能对固体表面进行擦洗，污层一旦有缝可钻，气泡还能“钻入”裂缝中振动，使污层脱落。由于超声空化作用，两种液体在界面迅速分散而乳化。当固体粒子被油污裹着而黏附在清洗件表面时，油被乳化，固体粒子即脱离。空化气泡在振荡过程中会使液体本身产生环流，即所谓声流。它可使振动气泡表面处存在很高的速度梯度和黏滞应力，促使清洗件表面污物的破坏和脱落。超声空化在固体和液体界面上所产生的高速微射流能够除去或削弱边界污层，腐蚀固体表面，增加搅拌作用，加速可溶性污物的溶解，强化化学清洗剂的清洗作用。此外，超声振动在清洗液中引起质点很高的振动速度和加速度，亦使清洗件表面的污物受到频繁而激烈的冲击。

三、消毒器的使用方法

（1）器械的预处理。将器械置于流动水下冲洗器械，初步去除污染物。预处理可去除器械上大块的污渍，以防止大块污物对超声的吸收。

（2）器械的装载。

①将经过预处理的器械放入清洗的网篮中。器械不能直接放在清洗槽的底板

上，必须放置在网篮之中，且尽量放置在清洗槽的中央位置，大、重的器械放底层；有关节的器械必须完全打开并拆除到可拆卸单位最小化。

②每个清洗批次的器械量不能过大；清洗内部比较难以清洗的器械时，只能载入清洗液一半重量的器械。

③不同材质的器械最好能分批清洗。

(3) 打开电源，轻按启动按钮，设定清洗的时间、温度，进行准备工作。将洗涤用水放入清洗槽内，添加清洗剂。清洗剂用量计算：清洗剂用量 = (槽内洗涤用水量×浓度比) mL。清洗液液面必须没过所有的器械，清洗液应低于清洗槽容量的3/4，但必须超过清洗槽容量的1/2。

(4) 清洗管腔器械时，必须排除管腔内的空气，空气锁能够造成清洗的失败，可使用注射器将清洗液注入管腔，以保证管腔内壁的清洗质量。

(5) 关好超声机的上盖。因超声清洗时会产生大量的气溶胶，这些气溶胶可能携带有致病微生物，危害工作人员，故超声清洗时必须加盖进行，工作人员应该带好防护用具，如口罩、帽子、眼罩、手套等，做好自我防护。

(6) 观察设备运行。

①听超声机工作时是否有“嗡嗡”的声音。

②看清洗液是否有震动。

③玻璃片测试法：用2B铅笔在湿润的测试用玻璃片上画上X，然后将玻璃片插入清洗液中，打开超声清洗，10s后检查，玻璃上的铅笔标记被清除则说明超生具有清洗能力。但此法并不能判定清洗能力的强弱。

(7) 清洗完毕，将器械从清洗机中取出。使用流动水进行漂洗后消毒，并使用纯化水或蒸馏水等进行终末漂洗；干燥、润滑。

四、消毒器的消毒因子

超声波。

五、消毒器的消毒机制

超声波在清洗液中传播时产生“空化效应”，使液体流动而产生数以万计的微小气泡，这些气泡在超声波纵向传播的负压区形成、生长，而在正高压区迅速闭合，气泡闭合形成超过1000个标准大气压的瞬间高压，连续不断地产生瞬间高压就像一连串小的“爆炸”，不断冲击物件表面，使物件的表面及缝隙中的污垢迅速剥落。

六、消毒器杀灭微生物的效果

试验结果表明，在薄水层中用超声波灭菌，1 ~ 2min内可使95%的大肠杆菌死亡。同时，超声波对痢疾杆菌、病毒和其他微生物均具有良好的杀灭作用。

七、消毒器消毒过程的监测方法

物理监测：利用温度计、声波仪等检测清洗过程中的参数。

八、影响消毒器作用效果的因素

1. 清洗波段

根据待清洗物品的特性来选择合适的工作频率，避免损坏器械。医用超声清洗应选择 32～50kHz 的波段，40kHz 左右的超声清洗效果较好，对器械的空化腐蚀也较小。

2. 声强

声强愈高，空化愈强烈。但声强达到一定值后，空化趋于饱和。声强过大会产生大量气泡增加散射衰减。同时声强增大会增加非线性衰减，而减弱远离声源地方的清洗效果。

3. 频率

频率越高空化阈愈高，也就是说要产生空化，频率愈高，所需要的声强愈大。例如在水中要产生空化，在 400kHz 时所需要的功率要比在 10kHz 时大 10 倍。一般采用的频率范围是 20～40kHz。低频空化强度高，适用于大清洗件表面及污物与清洗件表面结合强度高的场合，但不易穿透深孔和表面形状复杂的部件，且噪声大；较高频率虽然空化强度较弱，但噪声小，适用于较复杂表面形状、狭缝及污物与清洗件表面结合力弱的清洗。

4. 声场分布

稳定的混响场对清洗有利，如果清洗槽中有驻波声场，则因声压分布不均匀，清洗件得不到均匀的清洗。因此，在可能的条件下，清洗槽的几何形状要选择适合于建立混响声场的形状。除此以外，可以采用双频、多频和扫频工作方式以避免清洗“死区”。

5. 清洗的温度

有机物的清洗温度选择在 30～40℃，器械上的蛋白物质超过 40℃ 就会凝固变性；无机物清洗温度一般在 50～80℃，清洗剂能发生最大功效。

6. 超声清洗时间

根据器械的污染情况选择适合的清洗时间，一般清洗时间为 3～5min；污染严重者，可适当延长清洗时间，最多不能超过 10min。

7. 清洗液的容量

清洗液液面必须没过所有的器械，清洗液应低于清洗槽容量的 3/4，但必须超过清洗槽容量的 1/2。

8. 清洗剂的选择

清洗剂必须能够用于超声清洗机，配比浓度根据厂商说明。根据污染物的不同选择相对应的清洗剂，清洗剂应选择表面张力小、受温度影响小的清洗剂：多酶清洗剂适用于有机物、多酶与超声协同作用，超声的震荡可以轻易破坏污染物的表面，增加酶与污染物表面的接触。超声清洗机的加热作用能缩短酶的作用时间，并得到好的清洗效果；酸性清洗剂（如除锈剂）能将不溶于水的无机污染物彻底溶解，以达到清洗的目的；含氯消毒剂不能用于超声清洗机。

9. 洗涤用水的选择

清洗机内应使用纯化水或软化水。

九、注意事项

（1）当清洗槽内没有清洗液时，不得启动超声清洗设备，以免造成空振，损坏设备。

（2）每日工作完毕，必须放干清洗槽内的水；清洗清洗槽内腔，并保持干燥。

（3）定期处理水垢等污染物。

十、消毒器的应用范围

超声清洗适用于精密、复杂的器械的清洗。超声清洗对于软式橡胶、塑料、布类等软材质的器材不具有清洗功能。手术用的电源和动力器材如电源、骨钻、摆锯、内窥镜、电导线等不能使用超声清洗。超声清洗对于精密贵重器材如光纤电缆、光学仪器的表面有不同程度的损害，需参考被处理物品的使用说明进行操作。

小　结

医疗器械是医学领域内使用的各种器械，医疗器械的清洗消毒是预防和控制医院院内感染，保证医疗质量的关键手段之一。为保证清洗消毒的质量，目前我国针对医疗器械的清洗消毒有 9 大类。本章分别介绍了辐射灭菌设备、氧化电位水生成器和超声清洗设备的构造、工作原理、消毒因子、消毒机制、杀灭微生物的效果、消毒过程的监测方法、影响消毒器作用效果的因素、注意事项以及其应用范围。

（胡　杰　陈昭斌）

第二十二章　食品清洗消毒器

随着社会的不断发展，人类对卫生、环境、健康的要求日益迫切。但是，目前种植瓜果、蔬菜基本上都是采用化肥和农药在植物上喷洒，果蔬成熟后其表面仍可能有部分有毒有机物残留，在食用前若不能有效地将这些残留物彻底清除，食用后在人体内将逐步慢性积累，时间长久会对人体产生危害。各种肉类有大量沙门氏菌，用水冲洗会导致细菌四溅，污染餐具可能会导致疾病。传统的消毒方式是使用消毒液、漂白粉或电解自来水产生氯气溶于水产生次氯酸的设备等处理，但这种消毒方式在消毒时会同时产生卤代物，造成二次污染。目前市场上的食品清洗消毒器主要为臭氧消毒的果蔬机。下面介绍臭氧消毒器。

一、消毒器的构造

臭氧消毒的果蔬机包括内表面设有 TiO_2 镀层的清洗槽、臭氧发生装置、离心叶轮、气体扩散板、电机、联动装置和隔离罩；隔离罩与清洗槽配合形成腔室，气体扩散板设置在腔室内将其分隔为混合腔和气体分散腔，隔离罩设置有进水口和出水口；臭氧发生装置向气体分散室供应气体；离心叶轮设置在混合腔内，电机通过联动装置与离心叶轮相连。臭氧发生装置供应的气体通过气体扩散板产生气泡，离心叶轮旋转带动水流对气泡进行切割，使气泡未变大就被剥离，形成微纳米气泡，提高了臭氧的溶解度，形成的高浓度臭氧水在 TiO_2 镀层的催化下形成羟基自由基，通过臭氧水与羟基自由基的双重作用，有效提高了消毒效果（图 22-1）。

二、消毒器的工作原理

1. 高压放电式臭氧消毒器

高压放电式臭氧消毒器是使用一定频率的高压电流制造高压电晕电场，使电场内或电场周围的氧分子发生电化学反应，从而制造臭氧。这种臭氧消毒器具有技术成熟、工作稳定、使用寿命长、臭氧产量大（单机可达 1kg/h）等优点，所以是国内外相关行业使用最广泛的。高压放电式臭氧消毒器又分为以下几种类型。

（1）按发生器的高压电频率划分，有 I 频（50～60Hz）、中频（400～1000Hz）和高频（>1000Hz）三种。I 频发生器由于体积大、功耗高等缺点，目

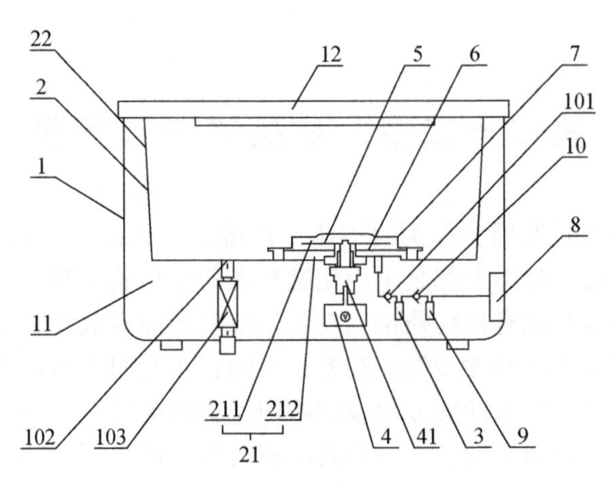

图 22-1 臭氧消毒器构造示意图

1. 外壳；11. 安装腔；12. 壳盖；2. 清洗槽；21. 腔室；211. 混合腔；212. 气体分散腔；22. TiO_2 镀层；3. 臭氧发生装置；4. 电机；41. 联动装置；5. 离心叶轮；6. 气体扩散板；7. 隔离罩；8. 空气过滤器；9. 气泵；10. 第一单向阀；101. 第二单向阀；102. 排水口；103. 排水阀

前已基本退出市场。中、高频发生器具有体积小、功耗低、臭氧产量大等优点，是最常用的产品。

（2）按使用的气体原料划分，有氧气型和空气型两种。氧气型通常是由氧气瓶或制氧机供应氧气。空气型通常是使用洁净干燥的压缩空气作为原料。由于臭氧是靠氧气来产生的，而空气中氧气的含量只有 21%，所以空气型发生器产生的臭氧浓度相对较低，而瓶装或制氧机的氧气纯度都在 90% 以上，所以氧气型发生器的臭氧浓度较高。

（3）按冷却方式划分，有水冷型和风冷型。臭氧消毒器工作时会产生大量的热能，需要冷却，否则臭氧会因高温而边产生边分解。水冷型发生器冷却效果好，工作稳定，臭氧无衰减，并能长时间连续工作，但结构复杂，成本稍高。风冷型冷却效果不够理想，臭氧衰减明显。总体性能稳定的高性能臭氧消毒器通常都是水冷型的。风冷一般只用于臭氧产量较小的中低档臭氧消毒器。在选用发生器时，应尽量选用水冷型的。

（4）按介电材料划分，常见的有石英管（玻璃的一种）、陶瓷板、陶瓷管、玻璃管和搪瓷管等几种类型。使用各类介电材料制造的臭氧消毒器市场上均有销售，其性能各有不同，玻璃介电体成本低、性能稳，是人工制造臭氧使用最早的材料之一，但机械强度差。陶瓷和玻璃类似，但陶瓷不宜加工，特别在大型臭氧机中使用受到限制。搪瓷是一种新型介电材料，介质和电极于一体，机械强度高、加工精度较高，在大中型臭氧消毒器中广泛使用，但制造成本较高。

（5）按臭氧消毒器结构划分，有间隙放电式（DBD）和开放式两种。间隙放电式的结构特点是臭氧在内外电极区间的间隙内产生臭氧，臭氧能够集中收集输出使用浓度较高，如用于水处理。开放式发生器的电极是裸露在空气中的，所产生的臭氧直接扩散到空气中，因臭氧浓度较低，通常只用于较小空间的空气灭菌或某些小型物品表面消毒。间隙放电式发生器可代替开放式发生器使用。但间隙放电式臭氧消毒器成本远高于开放式。

2. 紫外线式臭氧消毒器

紫外线式臭氧消毒器是使用特定波长（185nm）的紫外线照射氧分子，使氧分子分解而产生臭氧。由于紫外线灯管体积大、臭氧产量低、使用寿命短，所以这种发生器使用范围较窄，常见于消毒碗柜上使用。

3. 电解式臭氧消毒器

电解式臭氧消毒器通常是通过电解纯净水而产生臭氧。这种发生器能制取高浓度的臭氧水，制造成本低，使用和维修简单。但由于有臭氧产量无法做大、电极使用寿命短、臭氧不容易收集等方面的缺点，应用范围受到限制。这种发生器只是在一些特定的小型设备上或某些特定场所内使用，不具备取代高压放电式发生器的条件。

但是电解式臭氧消毒器的原料是纯水，所以产生的臭氧浓度高，更加纯洁，与气源的设备相比没有氮氧化合物，而且臭氧水浓度高。

三、消毒器的使用方法

消毒器操作程序应按臭氧消毒器生产厂家的操作使用说明书的规定进行。

四、消毒器的消毒因子

臭氧。

五、消毒器的消毒机制

臭氧可破坏肠道病毒的多肽链，使 RNA 受到损伤；可与氨基酸残基（色氨酸、蛋氨酸和半胱氨酸）发生反应而直接破坏蛋白质。臭氧可使噬菌体中的 RNA 被释放出来，电镜观察还可见噬菌体被断裂成小的碎片。研究证明，嘌呤和嘧啶经臭氧作用后紫外吸收发生改变。还有人认为臭氧可与细菌细胞壁脂类双键反应，穿入菌体内部，作用于脂蛋白和脂多糖，改变细胞的通透性，从而导致细胞溶解、死亡。破坏或分解细菌的细胞壁，迅速扩散入细胞内，氧化破坏细胞内的酶，使之失去生存能力。

六、消毒器杀灭微生物的效果

有研究表明，用臭氧水消毒器生产制备的臭氧水浓度为13.23～44.73mg/L。在5～25℃条件下，臭氧水的半衰期在150.7～12.5min范围内依次递减。用含量为13.73mg/L的臭氧水，对悬液中金黄色葡萄球菌、大肠杆菌、白色念珠菌作用5min，平均杀灭率分别为99.99%、99.95%、99.90%；对枯草杆菌黑色变种芽孢作用20min，平均杀灭率达到99.99%。用16.58mg/L的臭氧水，对载体上金黄色葡萄球菌、大肠杆菌、白色念珠菌作用20min，平均杀灭率分别为99.92%、99.95%、98.75%；对枯草杆菌黑色变种芽孢作用60min，平均杀灭率为99.95%。所以用臭氧水消毒器可以制备出浓度高达44.73mg/L的臭氧水，这种臭氧水在常温下分解速度比较快，以13.73mg/L和16.58mg/L臭氧水分别对悬液内和载体上细菌繁殖体、真菌和细菌芽孢均有较强的杀灭效果。

七、消毒器消毒过程的监测方法

指示剂试验和表面污染试验等用生物指示剂进行细菌挑战性试验，生物指示剂菌种可选用枯草芽孢杆菌孢子，在使用前要测定其初期菌数，表面微生物污染试验的方法主要有培养皿接触法（取样法）和棉签擦拭法等。

八、影响消毒器作用效果的因素

臭氧消毒的重要影响因素有消毒环境的湿度、作用时间、臭氧浓度。

1. 湿度对臭氧杀菌效果的影响

在机箱内分别放置抽湿器和水杯，调节箱内湿度，在不同湿度下将准备好的菌片分别平放入机箱左底部，开机60min后取出菌片，放入5.0mL含0.5%硫代硫酸钠的PBS中，中和10min后，敲打试管80次，洗脱菌片上的菌并混匀。取洗脱液0.5mL接种平皿，倾注普通营养琼脂并混匀做活菌计数。以室温下放置的菌片做对照，计算杀灭率。

2. 作用时间对臭氧杀菌效果的影响

在机箱内放一杯开水，调节箱内湿度直至其相对湿度>90%且稳定后，在机箱内臭氧浓度不再变化时将准备好的菌片平放入机箱左底部，开机作用至预定时间后分别取出菌片，放入5.0mL含0.5%硫代硫酸钠的PBS中，中和10min后，敲打试管80次，洗脱菌片上的菌并混匀。取洗脱液0.5mL接种平皿，倾注普通营养琼脂并混匀做活菌计数。以室温下放置的菌片做对照，计算杀灭率。

3. 臭氧浓度对臭氧杀菌效果的影响

在机箱内放一杯开水，调节箱内湿度直至其相对湿度>90%且稳定后，控制开关分别使不同数量的臭氧发生管通电，将准备好的菌片平放入机箱左底部，开机作用60min后取出菌片，放入5.0mL含0.5%硫代硫酸钠的PBS中，中和10min后，敲打试管80次，洗脱菌片上的菌并混匀。取洗脱液0.5mL接种平皿，倾注普通营养琼脂并混匀做活菌计数。以室温下放置的菌片做对照，计算杀灭率。

九、注意事项

（1）消毒器的原料气体不可以含有烃类、腐蚀性气体以及任何能在氧/臭氧/电晕环境内发生反应的气体。臭氧消毒器存在氧化剂和火种，因此必须防止含有烃类燃料物质。另外，原料气应滤除一些细小的颗粒，主要用以防止粉末或其他微粒进入而影响效率。

（2）供气压力不能随意改变，大范围压力变化会导致消毒器的运行不够可靠。且超出电晕功率范围则还有可能会造成自动断电器断开。

（3）臭氧消毒器在进行系统的设计时，必须要能防止大量的水进入发生器之内。

（4）冷却水的质量要好，主要用以防止产生结垢，以免会影响消毒器的散热效果。对水冷消毒器来说，为了可以使传热表面的结垢较少，冷却水的水质是十分重要的。

（5）对于气冷型的发生器来说，冷却空气必须无潮气、腐蚀性、杂质、油质、气溶胶或导电物质、可见粉尘等。在正常的情况下，除非是处在极度多尘的工业环境内，多半情况下的空气是不需要过滤处理的。

十、消毒器的应用范围

臭氧消毒技术已广泛用于水处理、空气净化、食品加工、医疗、医药、水产养殖等领域。国内的臭氧技术逐渐成熟，臭氧也慢慢被人们所熟知，由于它的消毒能力强从而代替了常规消毒被应用到各个领域。

1. 空气净化

臭氧具有杀灭空气中含有的细菌和病毒，有降尘的功能，使空气清新自然，起到消除疲劳、提神醒脑的效果。

2. 水果蔬菜保鲜

水果、蔬菜的运输、储藏一直是急需解决的问题，处理不当将带来极大损失。据悉，我国每年有30%~40%的蔬菜因储运不当和局部积压而成为垃圾。臭氧与负离子共同作用有果蔬保鲜功能，因此利用臭氧技术可以大大延长果蔬的保鲜、储存时间，扩大其外运范围。另外，臭氧技术还可以用于净菜处理中的杀菌消毒。

3. 环境资源保护

产生水危机的主要原因是浪费、污染、用水分配不均和灌溉，其中约有 5.5 亿 m^3/a 的水体被污染。作为高效杀菌、解毒剂的臭氧自然吸引了众多的科学家研究将其应用于水资源污染处理及节约工业用水领域的技术。

4. 医疗卫生

具有高效、迅速杀菌作用的臭氧在医院环境消毒、术前消毒等方面大有用武之地。日本科学家研究发现，用臭氧水对医院手术前医生、护士的双手消毒，可杀死所有细菌，不仅时间极短，而且其消毒效果也是其他碘类消毒剂无法比拟的。传统进行同样的消毒操作至少需要 10min。在医院中最易引起感染的黄色葡萄球菌和绿脓杆菌等在臭氧水中只需 5s 即可全部杀死，其杀菌力远远超过酒精和氯。而且臭氧水具有可靠的安全性，经常使用不会伤及肌肤。

5. 食品行业

在饮料、果汁等生产过程中，臭氧水可用于管路、生产设备及盛装容器的浸泡和冲洗，从而达到消毒灭菌的目的。采用这种浸泡、冲洗的操作方法，一是管路、设备及盛装容器表面上的细菌、病毒大量被冲淋掉；二是残留在表面上的未被冲走的细菌、病毒被臭氧杀死，而且在生产中不会产生死角，还完全避免了生产中使用化学消毒剂带来的化学毒害物质排放及残留等问题。另外，利用臭氧水对生产设备等的消毒灭菌技术结合膜分离工艺、无菌灌装系统等，在酿造工业中用于酱油、醋及酒类的生产，可提高产品的质量和档次。

6. 禽类养殖

臭氧可用于禽类现代工厂化养殖，预防瘟疫和病害。臭氧充注到养殖棚内，首先与禽类排泄物所散发的异臭进行分解反应去除异臭，当异臭去除到一定程度稍闻到臭氧味时，棚内空间的大肠杆菌，葡萄球菌及新城瘟疫、鸡霍乱、禽流感等病毒基本随之杀灭。另外，不可忽视禽类的排泄物散发的胺类气体给禽类造成的毒害，农村养殖户冬天在养殖棚直接用煤炉取暖所产生的氧化硫等有毒气体给禽类造成的危害不可能靠化学药物来消除。但应用臭氧技术之后，有效地达到净化作用，进入应用臭氧技术的养殖棚内很直观地让人感觉到空气变清新了。通过大量的现场应用对比，臭氧有效地遏制了禽类瘟疫病害的发生，保证禽类的成活率并促进健康生长。

7. 食用菌种植

食用菌种植最头疼的就是接种环节，因为此环节一旦感染杂菌，那就会造成极大的损失。近年来，一些食用菌机械设备生产企业，利用臭氧进行接种环节的消毒，取得了非常好的效果。

小　　结

目前市场上的食品清洗消毒器是以臭氧消毒器为主的。臭氧消毒不仅应用于食品消毒，而且广泛用于水处理、空气净化、医疗、医药、水产养殖等领域。

（邓　桥　陈昭斌）

第二十三章　饮用水与饮料消毒器

"凡味之本，水为最始"。科学研究证明，水是自然界不可缺少的重要基础物质。饮用水安全更是关系到人体健康、社会稳定和经济发展，是中国乃至全球面临的严峻挑战。饮用水的消毒是最基本的水处理工艺，是保证用户安全用水必不可少的措施之一。

水煮沸后饮用是水消毒的最早实践，至今仍在使用。19 世纪中叶，人类历史第一次将水质与人体健康直接联系起来，认识到严重危害生命的霍乱、伤寒、痢疾等传染病是微生物通过生活饮用水传播的。其后逐渐发展出各种消毒剂，如优氯净、强氯精等用于水体的消毒处理。饮用水消毒器主要是运用物理消毒因子对饮用水进行消毒，在日常生活中被广泛应用。

饮料与人们的日常生活密不可分，属于消费量巨大的快消品类，每年消耗的包装数量十分惊人。随着中国全面建设小康社会和城市化步伐的加快，随着社会餐饮业的发展和城乡居民的收入水平的逐年提高，饮料产品将成为越来越多的城乡居民的生活必需品的一个重要组成部分，饮料市场有很大的发展空间。1865 年法国化学家路易斯·巴斯德提出将牛奶加热至 50 ~ 60℃，维持 30min，然后冷却至 10℃。巴氏消毒法可杀死细菌繁殖体、牛结核杆菌、真菌、病毒，但不能杀灭细菌芽孢和嗜热脂肪杆菌，主要用于酒类、牛奶等的消毒。经后人改进，被广泛应用于各种饮料的消毒，以很好地保存其风味和口感。

饮用水消毒器主要有紫外线饮用水消毒器、过流式紫外线消毒器和明渠式紫外线消毒器。饮料消毒器主要有超高温瞬时灭菌器和巴氏杀菌机。下面分别介绍。

第一节　紫外线饮用水消毒器

一、消毒器的构造

紫外线饮用水消毒器箱体的一侧安装箱门，箱体的顶部安装防尘板，箱体的顶部开设进水口，进水口的内侧设置进水管，进水管的底端连接消毒筒，消毒筒的一侧连接排污管，排污管的一端延伸至箱体的外侧且设置排污盖，消毒筒的顶部连接溢流管，溢流管的一端延伸至箱体的外侧且连接储水箱，溢流管的顶端设置溢流接头。紫外线饮用水消毒器通过在消毒筒的内部安装第二紫外线灯管，在第二紫外线灯管的外侧套接石英套管，能够对消毒筒内部的饮用水进行消毒，并且在消毒的时候，搅拌轴可以带动搅拌杆对消毒筒内部的饮用水进行搅拌（图 23-1）。

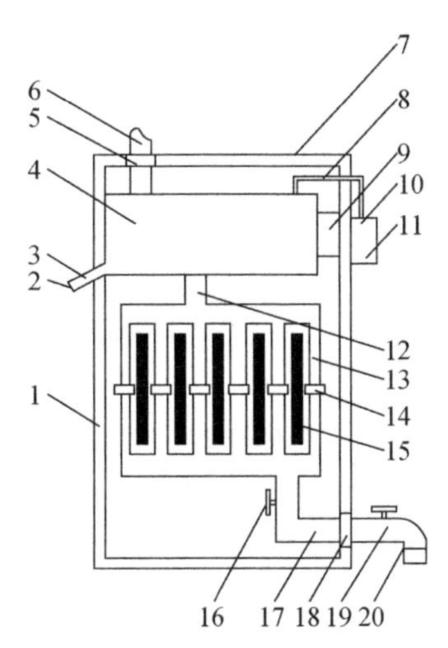

图 23-1　紫外线饮用水消毒器构造示意图

1. 箱体；2. 排污盖；3. 排污管；4. 消毒筒；5. 进水口；6. 进水管；7. 防尘板；8. 溢流管；9. 电机；10. 溢流接头；11. 储水箱；12. 第一输水管；13. 第二输水管；14. 固定卡；15. 第一紫外线灯管；16. 阀门；17. 出水管；18. 出水口；19. 水龙头；20. 滤网

二、消毒器的工作原理

紫外线饮用水消毒器通过在消毒筒的内部安装第二紫外线灯管，在第二紫外线灯管的外侧套接石英套管，能够对消毒筒内部的饮用水进行消毒，并且在消毒的时候，搅拌轴可以带动搅拌杆对消毒筒内部的饮用水进行搅拌，有利于紫外线杀菌更均匀，避免了饮用水静置时角落的一些细菌没有被紫外线照射而造成没有彻底杀菌。

三、消毒器的使用方法

按生产厂家的操作使用说明书的规定进行。

四、消毒器的消毒因子

紫外线。

五、消毒器的消毒机制

紫外线可作用于微生物的核酸，使 DNA、RNA 的碱基受到破坏，形成嘧啶二聚体、嘧啶水化物等，从而使核酸断裂，失去复制、转录等功能，由此杀灭微生物。紫外线还可以作用于微生物的蛋白质，破坏其结构，导致酶失活、膜损伤等。

六、消毒器杀灭微生物的效果

按行业标准 GB 28235—2020《紫外线消毒器卫生要求》中规定的消毒效果进行试验。

1. 实验室微生物杀灭试验

在实验室温度为 20～25℃的条件下，按产品使用说明书规定的消毒最低有效剂量等参数和程序进行消毒处理，应使大肠杆菌（8099）下降至 0CFU/100mL。

2. 模拟现场试验

在试验现场自然条件下，按产品使用说明书规定的消毒最低有效剂量等参数和程序进行消毒处理，应使大肠杆菌（8099）下降至 0CFU/100mL。

3. 现场试验

在现场自然条件下，按照产品使用说明书规定的消毒最低有效剂量等参数和程序进行消毒处理。用于生活饮用水消毒的，消毒后水中微生物指标应符合 GB 5749 的标准值。

七、消毒器消毒过程的监测方法

1. 灯管检测

（1）灯管的紫外线辐射强度。用经国家计量法定单位校准的紫外线辐射强度测定仪，在仪器标定有效期内测定。

（2）测定前灯管的稳定放电时间取 5min。电源的频率稳定在 50Hz±0. 5Hz。电源电压 220V±4. 4V。电测仪表的精度不应低于 0. 5 级。

（3）测定时的环境温度为 25℃±2℃，相对湿度不大于 65%。

（4）紫外线辐射强度的测定次数为 3 次，取平均值为测定值。

（5）测定时将仪器接收探头放在灯管表面正中法线下方 1m 处读值。

（6）按表 23-1 判定新旧灯管紫外线辐射强度的合格与不合格。

表 23-1　新旧灯管紫外线辐射强度标准

灯管功率/W	8	15	20	30	40
新管/（μW/cm^2）	≥10	≥30	≥60	≥90	≥100
旧管/（μW/cm^2）	≤7	≤21	≤42	≤63	≤70

2. 辐射剂量检测

（1）辐射剂量检测使用的紫外线辐射强度测定仪及环境要求与上述 1 中的

(1)、(2) 和 (3) 相同。

(2) 测定次数为3次，取平均值为测定值。

(3) 测定时灯管全部开启，将仪器的接收探头置于设备的测光孔处读值。

(4) 辐射剂量按下式计算：

辐射剂量 ($\mu W \cdot s/cm^2$) = 辐射强度 ($\mu W/cm^2$) ×时间 (s)

3. 天然水的消毒检测

(1) 天然水的水质条件应符合进水水质的浑浊度≤5度、总含铁量≤0.3mg/L、色度≤15度、水温≥5℃、总大肠菌群≤1000个/L、细菌总数≤2000个/mL。

(2) 消毒器的运行条件符合上述1中 (2)、(3) 规定。

(3) 消毒器在额定消毒水量时的出水应符合GB 5749要求，细菌总数小于100个/mL，总大肠菌群数小于3个/L。

(4) 出水的水质应按CB/T 5750进行检验。

(5) 试验进行3次，以残留菌量较高一次为准，用滤膜过滤活菌培养计数。

4. 人工染菌水的消毒检测

(1) 指示菌采用大肠杆菌8099，菌悬液含1%的蛋白胨。

(2) 将菌液进行活菌计数，用脱氯自来水制成5×10^5 ~ 5×10^6CFU/L的染菌水样做消毒试验。

(3) 消毒器的运行条件与天然水消毒试验相同。

(4) 试验次数与残留菌数的计算同上述3中 (5)。

(5) 在额定消毒水量时的出水，以大肠杆菌的杀灭率达99.9%以上为合格。

5. 试验

消毒器通过额定流量，并在规定的工作压力下工作时，设备管路应通畅、无渗漏、无破损。

6. 通电试验

在电源频率为50Hz±2.5Hz；电源电压为220V±22V的电源工作条件下灯管应无闪烁、熄灭现象。供电指示仪表工作应正常。

八、影响消毒器作用效果的因素

1. 影响紫外线辐射强度和照射剂量的因素

(1) 电压：紫外线光源的辐射强度明显受电压的影响，同一个紫外线光源，当电压不足时，辐射强度明显下降。

(2) 距离：紫外线灯的辐射强度随距灯管距离的增加而降低。

(3) 温度：消毒环境的温度对紫外线消毒效果的影响是通过影响紫外线光源的辐射强度来实现的。一般来说，紫外光源在40℃时辐射的杀菌紫外线最强，温度降低，紫外线灯的输出减少，温度再高，辐射的紫外线因吸收增多，输出也减少。因此，过高和过低的温度对紫外线的消毒都不利。但一些杀菌试验证明，在5～37℃，温度对紫外线的杀菌效果影响不大。低温下，微生物变得对紫外线敏感，有研究表明，在-79℃下，芽孢菌对紫外线敏感性比在22℃下强2.5倍，而细菌繁殖体为5～8倍。

(4) 照射时间：紫外线的消毒效果与照射剂量呈指数关系，可以表示为$N/N_{\circ}=e^{-KIt}$，式中，$N_{\circ}$为照射前菌数，N为照射一定时间后菌数，t为照射时间，I为照射强度，K为常数。从此式可以看出，增加照射时间（t）或提高照射强度，均可增加消毒效果，而照射剂量即为照射强度I和照射时间（t）的乘积，所以要杀灭率达到一定程度，必须保证足够的照射剂量。在紫外光源的辐射强度达到要求强度的情况下（例如40μW/cm^2以上），可以通过保证足够的照射时间来达到要求的照射剂量。

(5) 有机物的保护：有机物对消毒效果有明显的影响，当微生物被有机物保护时，需要加大照射剂量，因为有机物可以影响紫外线对微生物的穿透，并且可以吸收紫外线。

2. 微生物方面的因素

(1) 微生物对紫外线的敏感性：不同微生物对紫外线的抵抗力水平不同，根据其抗力情况，可将微生物分为三类，高抗型：包括耐辐射微球菌、枯草杆菌芽孢、橙黄八叠球菌；中度抵抗型：包括球状微球菌、鼠伤寒沙门菌、酵母菌、乳链球菌；低抗型：大肠杆菌、金黄色葡萄球菌、普通变形杆菌、牛痘病毒、啤酒酵母菌、大肠杆菌噬菌体T_3。

(2) 微生物的数量：消毒物品上污染的微生物的量越多，消毒效果越差，因此在消毒前对消毒对象上污染微生物的种类和数量需要有大概的了解，以便确定照射剂量。

九、注意事项

(1) 应按产品使用说明书安装、使用，定期维护、保养，保养及维修时拔下电源插头。

(2) 视使用时间测定紫外线强度，紫外线灯累积使用时间超过有效寿命时，应及时更换灯管。

(3) 应由专业人员维修。在紫外线下消毒操作时戴防护镜，必要时穿防护衣，避免直接照射人体皮肤、黏膜和眼睛。

(4) 消毒器的石英套管或灯管破碎时，应及时切断电源、水源，并由专人维修。

十、消毒器的应用范围

饮用水的消毒。

第二节　过流式紫外线消毒器

一、消毒器的构造

可自动清洗的过流式紫外线消毒器，包括若干紫外线灯管、消毒器筒体控制装置、清洗部件和驱动装置。紫外线灯管安装在消毒器筒体内，控制装置安装在消毒器筒体一侧。清洗部件可滑动地套设在紫外线灯管上，驱动装置连接清洗部件。使用时，驱动装置驱动清洗部件沿紫外线灯管做往复运动。从而达到自动清洗紫外线灯管的目的，清洗效果好、清洗效率高，安全、可靠。确保了紫外线的穿透力，以保证紫外线灯管的透光率保持正常，保证了杀菌效果和水质安全(图23-2和图23-3)。

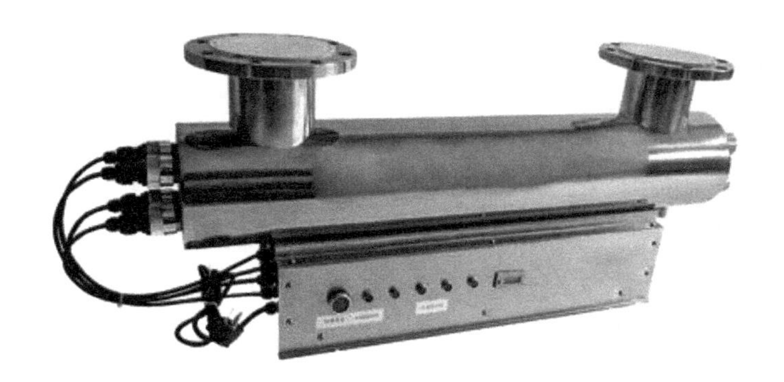

图23-2　过流式紫外线消毒器实物图

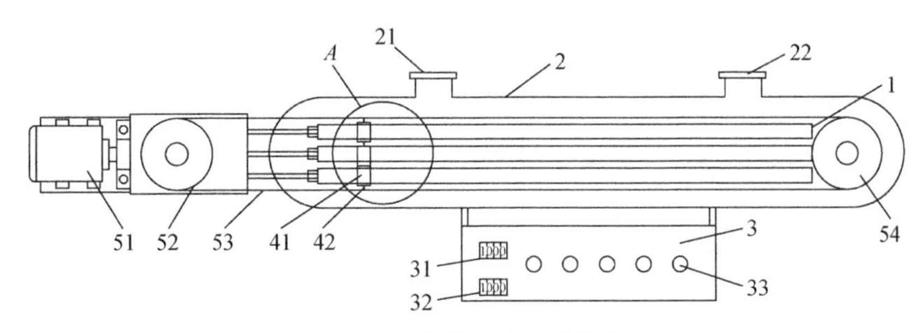

图23-3　过流式紫外线消毒器构造示意图

1. 紫外线灯管；2. 消毒器筒体；3. 控制装置；21. 进水口；22. 出水口；31. 定时器；32. 计时器；33. 按钮；41. 清洗圈；42. 导杆；51. 电机；52. 主动轮；53. 皮带；54. 从动轮

二、消毒器的工作原理

紫外线灯管安装在消毒器筒体内，控制装置安装在消毒器筒体一侧。清洗部件可滑动地套设在紫外线灯管上，驱动装置连接清洗部件，使用时，驱动装置驱动清洗部件沿紫外线灯管做往复运动，可自动清洗紫外线灯管，从而保证了紫外线灯管的透光率保持正常，保证了杀菌效果和水质安全。

三、消毒器的使用方法

根据待消毒处理水的水质、水量、水温选择相应规格的过流式紫外线消毒器机型。

按照使用说明书要求安装过流式紫外线消毒器。

进行水消毒时，应接通电源，指示灯亮，按动开关或遥控器，消毒器开始工作，完成消毒处理。

四、消毒器的消毒因子

紫外线。

五、消毒器的消毒机制

紫外线可作用于微生物的核酸，使 DNA、RNA 的碱基受到破坏，形成嘧啶二聚体、嘧啶水化物等，从而使核酸断裂，失去复制、转录等功能，由此杀灭微生物。紫外线还可以作用于微生物的蛋白质，破坏其结构，导致酶失活、膜损伤等。

六、消毒器杀灭微生物的效果

同紫外线饮用水消毒器。

七、消毒器消毒过程的监测方法

同紫外线饮用水消毒器。

八、影响消毒器作用效果的因素

同紫外线饮用水消毒器。

九、注意事项

(1) 应按产品使用说明书安装、使用，定期维护、保养，保养及维修时拔下电源插头。

（2）视使用时间测定紫外线强度，紫外线灯累积使用时间超过有效寿命时，应及时更换灯管。

（3）由专业人员维修。在紫外线下消毒操作时戴防护镜，必要时穿防护衣，避免直接照射人体皮肤、黏膜和眼睛。

（4）严禁在存有易燃、易爆物质的场所使用。

（5）消毒器的石英套管或灯管破碎时，应及时切断电源、水源，并由专人维修。

十、消毒器的应用范围

适用于各种水体的消毒。

第三节　明渠式紫外线消毒器

一、消毒器的构造

明渠式紫外线消毒器包括一框架，至少一组设于该框架上的紫外灯模组，该紫外灯模组包括至少一块基板，该基板至少一个侧面设若干 LED 灯、一反光部件以及一罩设在该基板外的灯套；一与该紫外灯模组连接，用于控制该紫外灯模组的控制器；以及一与该紫外灯模组连接的电源模块（图 23-4 和图 23-5）。

图 23-4　明渠式紫外线消毒器实物图

二、消毒器的工作原理

紫外线灯管设置在水流中，通过辐射损伤和破坏核酸的方式将水体中的细

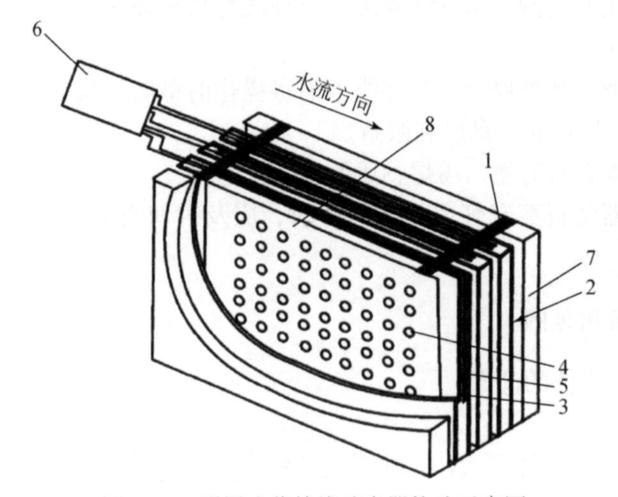

图 23-5　明渠式紫外线消毒器构造示意图

1. 框架；2. 紫外灯模组；3. 基板；4. LED 灯；5. 灯罩；6. 控制器；7. 水渠；8. 反光板

菌、病毒、芽孢等微生物杀死，起到消毒的目的。

三、消毒器的使用方法

根据待消毒处理水的水质、水量、水温选择相应规格的明渠式紫外线消毒器机型。

按照使用说明书要求安装明渠式紫外线消毒器。

进行水消毒时，应接通电源，指示灯亮，按动开关或遥控器，消毒器开始工作，完成消毒处理。

四、消毒器的消毒因子

紫外线。

五、消毒器的消毒机制

紫外线可作用于微生物的核酸，使 DNA、RNA 的碱基受到破坏，形成嘧啶二聚体、嘧啶水化物等，从而使核酸断裂，失去复制、转录等功能，由此杀灭微生物。紫外线还可以作用于微生物的蛋白质，破坏其结构，导致酶失活、膜损伤等。

六、消毒器杀灭微生物的效果

同紫外线饮用水消毒器。

七、消毒器消毒过程的监测方法

同紫外线饮用水消毒器。

八、影响消毒器作用效果的因素

同紫外线饮用水消毒器。

九、注意事项

同紫外线饮用水消毒器。

十、消毒器的应用范围

适用于生活饮用水的消毒。

第四节　超高温瞬时灭菌器

一、消毒器的构造

超高温瞬时灭菌器，包括底座和置于其上滑动连接的外壳，外壳底部的底板与外壳可拆卸连接，外壳内腔通过隔板分割，隔板和底板之间形成的空腔内设有回形管路，底板上设有红外线发生器，主红外线发生器穿过回形管路且置于其轴心上，底板上还设有多个环形分布的副红外线发生器，多个副红外线发生器外绕在回形管路的外周。通过此种简单结构，实现较好的高温瞬时灭菌效果，提高灭菌效率，并且便于拆卸清洗，提高使用性能，保证长期维持较好的灭菌效果（图23-6和图23-7）。

图23-6　超高温瞬时灭菌器实物图

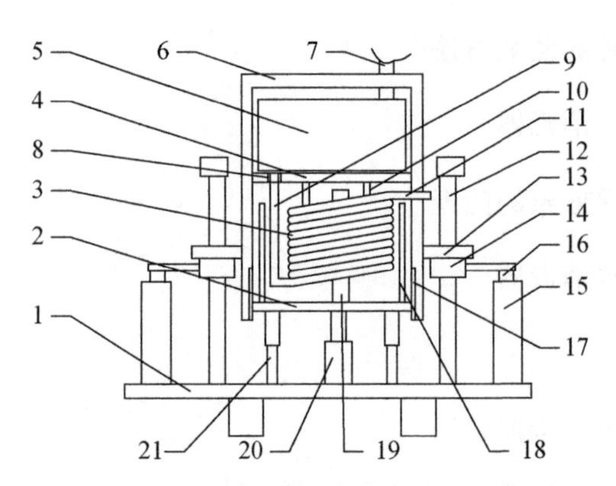

图 23-7　超高温瞬时灭菌器构造示意图

1. 底座；2. 底板；3. 回形管路；4. 隔板；5. 冷凝器；6. 外壳；7. 管路；
8. 密封圈；9. 连接管；10. 支架；11. 进液管；12. 定位杆；13. 支撑板；14. 定位块；
15. 第一气缸；16. 第一顶杆；17. 滑轨；18. 副红外线发生器；19. 主红外线发生器；
20. 第二气缸；21. 伸缩杆

二、消毒器的工作原理

设消毒器处于正常运转情况，料液由进料口进入预热仓的内管。经过高温瞬时加热后进行冷却，而后从出料口流出。可达到对液体进行灭菌的处理。

三、消毒器的使用方法

超高温瞬时灭菌器应按生产厂家的操作使用说明书的规定进行。

四、消毒器的消毒因子

湿热。

五、消毒器的消毒机制

超高温瞬时灭菌是把加热温度设为 125 ~ 150℃、加热时间为 4 ~ 20s、加热后产品达到商业无菌要求的杀菌过程。湿热能使微生物的蛋白质和酶变性或凝固（结构改变而导致功能丧失），使细菌胞膜发生损伤、菌体核酸发生降解，致使细胞死亡。

六、消毒器杀灭微生物的效果

（1）无菌包装时致病菌检测取两个样本，其合格判定数 $A_c = 0$，不合格判定数 $R_c = 1$。

（2）细菌增殖指标要达到商业无菌要求。

（3）致病菌和细菌增殖指标检测样品中有一项不合格，即判定为不合格。

七、消毒器消毒过程的监测方法

按 GB/T 22023—2008《液体食品超高温瞬时灭菌（UHT）设备验收规范》进行监测。

1. 噪声检测

按 GB/T 3768 中的规定进行噪声级检测。

2. 电气系统安全性检测

按 GB 5226.1 中的规定进行相关检测。

3. 液体食品卫生微生物检测

（1）按 GB/T 4789.4 中的规定进行沙门氏菌检测。

（2）按 GB/T 4789.5 中的规定进行志贺氏菌检测。

（3）按 GB/T 4789.10 中的规定进行金黄色葡萄球菌检测。

（4）按 GB/T 4789.11 中的规定进行溶血性链球菌检测。

4. UHT 设备检测

八、影响消毒器作用效果的因素

（1）细菌生长和形成芽孢的条件：在消毒与灭菌中，不仅各种微生物对热的耐受力不同，即使同样的菌（毒）种，若生长（或培养）和形成芽孢的条件不同，其对热抗力也不同。培养基不同，可使培养出的细菌对热的抵抗力有很大差别。同样，形成芽孢的温度变化亦可产生类似结果。嗜热菌和大多数嗜温菌在其生长温度上限时形成的芽孢，抗热能力最强；而梭状杆菌芽孢在低于生长温度下限时形成的芽孢，抗热能力最强。

（2）温度：在热力杀菌中温度愈高，所需时间愈短。

（3）湿度：细菌原生质的水活性（aw）与其所悬浮溶液的水活性相当，如果悬浮在空气（或其他气体）中，则与该空气（或其他气体）的相对湿度相当。有 A、B 两种细菌芽孢，A 对热抵抗力较差，B 的耐热抵抗力较强，当两者 aw 值为 1.0 时，B 的 D_{10}值远高于弱的 A 菌株。但当 aw 值下降时，其对热的抵抗力均有上升，当 aw 值到中等程度的 0.2～0.4 时，达到高峰。此时两者对热的抵抗力差明显缩小，D_{10}值继续下降，但仍远高于湿度饱和（aw 值为 1.0）时的。同样，细菌繁殖体和酵母菌的 aw 值对其对热抗力的影响亦与芽孢相似。

（4）酸碱度（pH）：细菌芽孢在 pH 7 时，对热有强耐受性，但在酸性介质中可被迅速杀灭。

（5）穿透力：为使热能杀灭微生物，使热接触到微生物是非常重要的。

（6）有机物混在血液、血清、蛋白质等物质内的微生物对热的抵抗力增加。热力杀灭脂肪内的芽孢比在磷酸盐缓冲液中的芽孢困难得多。当微生物受到有机物保护时需要提高温度或延长加热时间，才能取得可靠的消毒或灭菌效果。

九、注意事项

（1）杀菌温度、时间直接影响产品的灭菌效果，同时也影响产品的感官和风味。实际生产中，果蔬汁饮料加工温度、加工时间根据产品的特性设定在125～150℃、持温4～20s，温差控制在±1℃内。

（2）经常检查安全阀、压力表及温度表是否失灵。

（3）如发现供料泵泄漏严重应及时检修，必要时调换端面轴封件。

（4）进行设备清洗时，应注意水质、清洗剂的浓度、清洗时间、清洗温度和清洗液的流速。

（5）如果在冬季停用期间有受冻可能地区使用本设备时，应把管道中的水排尽或用1%的碱液充满管子。

（6）管道的接头及旋塞应经常检查是否严密，不至于泄漏或混入空气，因为物料中带入空气将会加速形成管壁积垢。

（7）设备不用时，蒸汽阀应开启，以利今后使用。

（8）供料泵的电机轴承应每年清洗，并更换润滑油，用量不能过多，只要充满轴承壳一半就行。

（9）供料泵不允许在无液体时空转。

（10）突然停电故障的排除。

十、消毒器的应用范围

应用在乳品、果蔬汁类饮料、乳酸菌类饮料、咖啡饮料、酒类、冰淇淋及调味品等流体食品生产中，还可以处理略带有颗粒与纤维的其他液态食品。

第五节 巴氏杀菌机

一、消毒器的构造

巴氏杀菌机包括机架，机架上设置物料传送装置、杀菌装置和冷却装置，杀菌装置包括杀菌槽和蒸汽加热装置，冷却装置包括冷却槽，杀菌槽和冷却槽于靠近槽沿处均开设溢流口，溢流口连通设置收集装置。收集装置包括收集槽，收集槽与溢流口连通，收集槽的底部设置潜水泵，潜水泵的出水口连通设置回液管，与杀菌槽和冷却槽相对应的收集装置中的回液管分别一一对应伸入杀菌槽和冷却槽中且均从靠近杀菌槽和冷却槽的槽沿处伸入，收集槽的侧壁上设置水位观察装置。在一定程度上能防止水向机体外溢流以减少工作人员的工作量（图23-8和图23-9）。

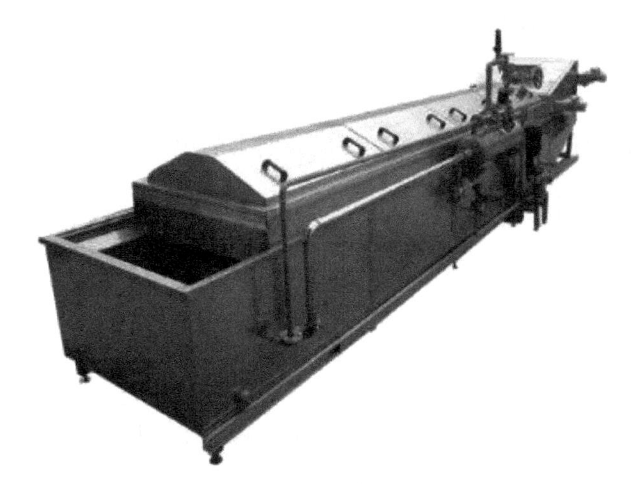

图23-8　巴氏杀菌机实物图

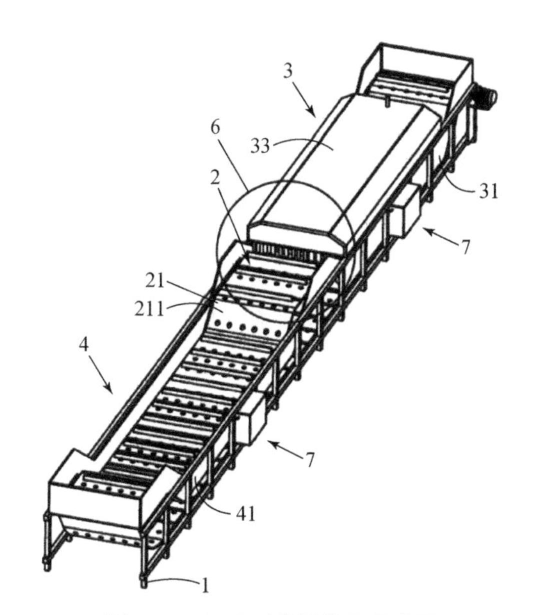

图23-9　巴氏灭菌机构造示意图

1. 机架；2. 物料传送装置（21. 刮板式输送机；211. 传送带）；3. 杀菌装置（31. 杀菌槽；33. 顶盖）；4. 冷却装置（41. 冷却槽）；6. 挡板；7. 收集装置

二、消毒器的工作原理

巴氏杀菌法是一种采用较低温度（一般在 60～82℃）进行杀菌的热处理方法，人们常用该方法对刚生产的饮料进行杀菌。

三、消毒器的使用方法

巴氏灭菌机应按生产厂家的操作使用说明书的规定进行。

四、消毒器的消毒因子

湿热。

五、消毒器的消毒机制

巴氏消毒法一般是在60～82℃，维持一定的时间，可杀死细菌繁殖体、牛结核杆菌、真菌、病毒，但不能杀灭细菌芽孢和嗜热脂肪杆菌，主要用于牛奶的消毒，还可用于新鲜人乳、婴儿合成食物、血清及疫苗制备的消毒。

六、消毒器杀灭微生物的效果

（1）无菌包装时致病菌检测取两个样本，其合格判定数 $A_c = 0$，不合格判定数 $R_c = 1$。

（2）细菌增殖指标要达到商业无菌要求。

（3）致病菌和细菌增殖指标检测样品中有一项不合格，即判定为不合格。

七、消毒器消毒过程的监测方法

（1）生物监测：灭菌效果评价最准确、最可靠的方法就是生物指示剂监测方法，所用指示菌为嗜热脂肪杆菌芽孢（ATCC 7953 或 SSIK 31）。

（2）物理监测：使用留点温度计、温度压力记录仪进行监测。

八、影响消毒器作用效果的因素

同超高温瞬时灭菌机。

九、注意事项

（1）杀菌温度、时间直接影响产品的灭菌效果，同时也影响产品的感官和风味。实际生产中，果蔬汁饮料加工温度、加工时间根据产品的特性设定在125～150℃、持温 4～20s，温差控制在±1℃内 .

（2）经常检查安全阀、压力表及温度表是否失灵。

（3）如发现供料泵泄漏严重应及时检修，必要时调换端面轴封件。

（4）各连接部位一定要拧紧，防止松动，拆卸时一定要将各连接部分用卡环压紧。

（5）设备应定期进行保养。

（6）首批产品应进行检测，以确认杀菌工艺的可行性。

（7）突然停电故障的排除。

十、消毒器的应用范围

应用在乳品、果蔬汁类饮料、乳酸菌类饮料、咖啡饮料、酒类、冰淇淋及调味品等流体食品的消毒。

小　　结

本章介绍了目前市面上的饮用水、饮料消毒器。饮用水消毒器主要有紫外线饮用水消毒器、过流式紫外线消毒器和明渠式紫外线消毒器；饮料消毒器主要有超高温瞬时灭菌器和巴氏杀菌机。按不同的类型叙述了消毒器的构造、工作原理、使用方法、消毒因子、消毒机制、杀灭微生物的效果、消毒过程的监测方法、影响消毒器作用效果的因素、注意事项和应用范围。

（罗俊容　陈昭斌）

第二十四章　餐饮具清洗消毒器

餐饮具（tableware）指盛放、取用食物或饮品的直接经口的器具，如盆、碗、餐盘（碟）、汤勺、杯子、餐叉、刀叉等。清洗（cleaning）指借助餐饮具洗涤设备或手工将使用后的餐饮具进行去残、分类、浸泡、预洗、洗涤等的全过程。消毒（disinfection）利用物理（如沸水、蒸汽、洗碗机、消毒柜等）或化学（如消毒剂）方式对清洗后餐饮具上的病原微生物进行清除或灭菌，使其达到无害化的处理。当前，使用最为广泛的餐饮具清洗消毒器为食具消毒柜和洗碗机。

第一节　食具消毒柜

一、消毒器的构造

食具消毒柜是以电能作为主要能源，消毒方式包括电热方式、臭氧方式、紫外线辐射（只能作为辅助）方式以及上述几种消毒方式相互组合的消毒柜。消毒柜按消毒方式分为电热消毒柜、臭氧消毒柜和组合消毒柜；按安放方式分为台地嵌式、壁挂式和台地壁挂两用式；按控制方式分为普通型（机电控制）和电脑型（程序控制）（图 24-1）。

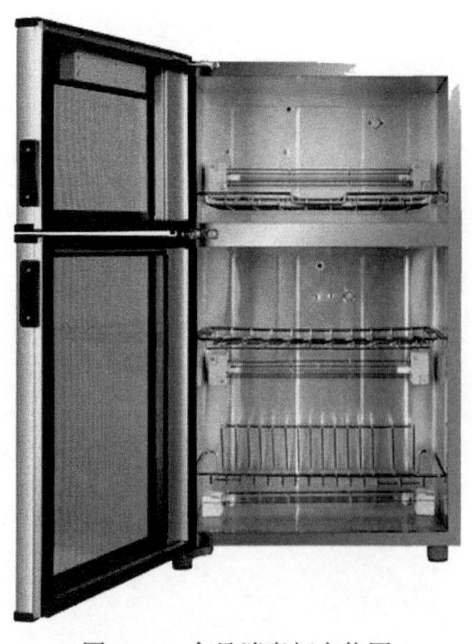

图 24-1　食具消毒柜实物图

二、消毒器的工作原理

采用电热方式、臭氧方式、紫外线辐射（只能作为辅助）方式以及上述几种消毒方式相互组合的消毒柜杀灭食具上的病原微生物。

三、消毒器的使用方法

按生产厂家的操作使用说明书的规定进行。

四、消毒器的消毒因子

电热、臭氧、紫外线。

五、消毒器的消毒机制

电热消毒机制见第四章。

六、消毒器杀灭微生物的效果

消毒柜消毒效果划分为两个等级，一星级和二星级；一星级的要求对大肠杆菌的杀灭对数值各点≥$3.00\log_{10}$，二星级在此基础上要求对脊髓灰质炎病毒（感染滴度 $TCID_{50}\geq10^5$）灭活对数值≥$4.00\log_{10}$。

七、影响消毒器作用效果的因素

有机物对微生物具有一定保护作用，降低消毒效果。

第二节　家用洗碗机

一、消毒器的构造

家用洗碗机是利用电力驱动，依靠化学、机械和热能对碗、盘子、玻璃器皿、刀叉、筷子等餐具进行洗涤、漂洗、干燥、除菌的器具。家用洗碗机按自动化程度分为普通型和全自动型；按结构形式分为驻立式、嵌装式和壁挂式（图 24-2）。

二、消毒器的工作原理

根据清洗工作原理可以将洗碗机分为两类：喷淋式和超声波式。

喷淋式洗碗机通过喷淋臂喷射出高温高压水流对餐具表面进行 360°全面冲刷，辅以洗涤剂可有效对餐具表面油污和残渣进行彻底分解，加之热水对餐具表

图 24-2　洗碗机实物图

面的油污和残渣的浸泡膨化，使得油污迅速瓦解与脱落，从而将餐具表面清洗干净。由于清洗过程中有高温处理，杀菌效果显著，最终达到洁净与除菌的双重功效。洗涤全过程是基于机械冲刷和化学去渍综合的结果。

超声波洗碗机利用的是超声波清洗的原理。当超声波经过液体介质时，以极高的频率压迫液体介质振动，当声强达到一定数值时，液体中急剧生长微小空化气泡并瞬时强烈闭合，所产生的强烈微爆炸和冲击波使餐具表面的污渍遭到破坏瓦解而脱落下来。每秒钟高达上亿个空化气泡同时作用，就起到了非常好的清洗效果。超声波可以穿透固体物质而使整个液体介质振动并产生空化气泡，因此这种清洗方式不会存在清洗死角，洁净度较高。

三、消毒器的使用方法

按生产厂家的操作使用说明书的规定进行。

四、消毒器杀灭微生物的效果

具有除菌功能的洗碗机除菌率不应低于99.9%。

第三节　商用洗碗机

一、消毒器的构造

商用洗碗机是专门设计应用于商业环境下的，使用化学、机械、热和电能对盘子、玻璃器皿、刀叉和烹调器具等进行洗涤的设备。在程序结束时，洗碗机可以进行或者不进行特殊干燥操作（有特殊设计说明的除外）。商用洗碗机应包括最少一个“主洗单元”和一个“最后投水单元”，也可设有“预洗单元”“循环水投洗单元”“热力烘干单元”等其他功能部分。

常见商用洗碗机类型有台下式、罩式（门式/提拉式）、通道式（篮传送式）、长龙式（传送带式）等。台下式洗碗机是在工作台下由前方手动装载碗筐的，可设定程序的洗碗机。罩式（门式/提拉式）洗碗机是具有可提拉的门/罩，手动装载碗筐，可设定程序的洗碗机。通道式（篮传送式）洗碗机是将装载有餐具的碗筐通过传动系统自动通过设备并完成洗涤过程，可设定程序的洗碗机。长龙式（传送带式）洗碗机是将餐具放入设备的传送带直接通过传动系统自动通过并完成洗涤过程，可设定程序的洗碗机（图24-3）。

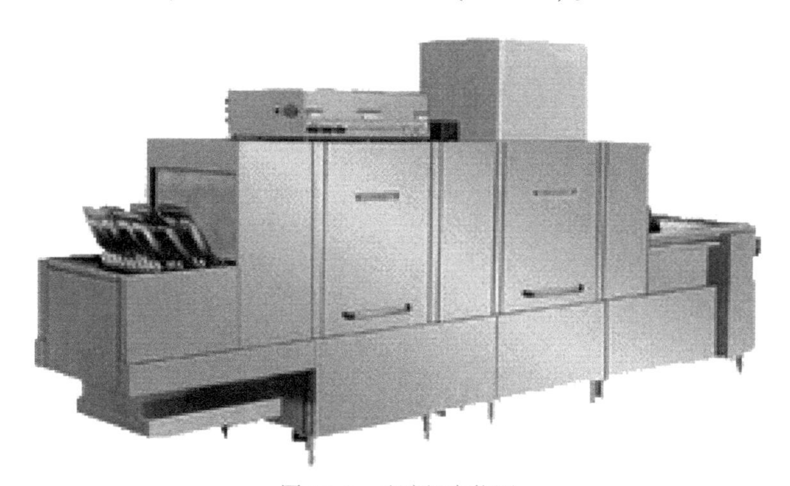

图24-3　洗碗机实物图

二、消毒器的工作原理

同家用洗碗机。

三、消毒器的使用方法

按生产厂家的操作使用说明书的规定进行。

四、消毒器杀灭微生物的效果

具有除菌功能的洗碗机除菌率不应低于99.9%。

小 结

本章简要介绍了食具消毒柜、洗碗机等餐饮具清洗消毒器。

（陈雯杰）

第二十五章　医用织物清洗消毒器

医疗机构中常用的衣物、床单、被罩等医用织物在诊疗过程中常常接触到患者的血液、体液和排泄物等，被污染的医用织物存在传播传染性疾病的风险，必须进行清洗、消毒处理。但目前我国在医用织物清洗消毒方面还存在很多薄弱环节和问题，例如，医用织物洗涤消毒行为的不规范，相关人员缺乏消毒知识导致消毒不彻底或交叉感染。此外，针对医用织物清洗消毒和管理无统一标准，对医用织物的清洗消毒也没有具体的规定和要求。而发达国家提出了一些先进的理念，其中美国成立了独立的医疗卫生洗涤鉴定资格委员会，其发布的《医疗机构处理可重复使用织物的评审认证标准》中将使用后的医用织物统称为污染织物。2013 年，美国纺织租赁服务协会发布的《用于医疗卫生行业可重复使用织物处理的卫生清洁标准》中规定清洁织物中菌落总数不超过 20CFU/dm^2。2002 年，欧洲标准化委员会发布了 EN 14065，并在 2016 年发布了重新修订的 EN 14065，这一标准在全球医用织物洗涤消毒管理方面最具影响力。此外，英国、德国也有相关标准，其中也对医用织物的分类及清洁标准做出了相应的规定。

为了规范我国在医用织物清洗消毒和管理方面不规范行为，有效预防和控制医用织物污染的发生和传播，在借鉴国外标准的基础上，我国于 2016 年 12 月 27 日正式发布了《医院医用织物洗涤消毒技术规范》，其中规定了相关术语，管理要求以及洗涤、消毒相关的原则与方法。医用织物可分为病人用医用织物（一般织物、污染织物、婴儿用织物）和医疗人员用医用织物（一般织物、污染织物）两类，其中，一般织物是指外观无明显污渍、并判定为无生物污染风险的医用织物。而污染织物则是指外观包含明显血液、分泌物、排泄物等污染且含血源性病原体或者其他潜在传染性，并判定为有生物污染风险的医用织物。

目前，医院医用织物常用的清洗消毒方法是在传统洗衣机器上联合物理（高温、高压蒸汽等）和化学消毒因子（化学消毒剂等）进行消毒，在机器搅拌与化学试剂作用反应的过程中，织物的结构和性能都可能受到损害。而选择安全有效的消毒方法处理洗涤废水也是医用织物清洗消毒领域的一大壁垒。

在美国、英国的指南和标准中，推荐医用织物的常规热洗涤方法：水温 >71℃，时间≥21min，不耐热织物洗涤方法：水温<70℃或 65℃，加入合适的化学消毒剂（如含氯消毒剂等）。《医院医用织物洗涤消毒技术规范》中，规定耐热织物的消毒温度≥75℃、消毒时间≥30min 或温度 80℃，时间≥10min，不耐热织物的消毒要求，在预洗环节选择合适的消毒剂，注意作用时间和剂量。

此外，在选择消毒剂时，应注意：①能广谱杀灭微生物。②对人体无害且无腐蚀性，对设备无污染，对织物无副作用。③性质稳定，不易受酸、碱、有机物的影响。④无色无味，消毒后易除去残留药物。⑤使用无危险，价格低廉。传统的化学消毒剂通常气味较大，残留难以完全清除，且对人体有害，容易造成化学污染，故目前建议推广使用生物消毒剂。

公共用纺织品，如床上用品、服装、毛巾等供不同的人反复多次使用，若清洗消毒不规范，极易引起交叉感染，危害人体健康，其中医用织物最值得人们重视，病人自身携带的病原微生物会随着尿液、血液、粪便等附着于各类织物上，若不及时进行消毒处理，可引起大范围感染，延长病人住院时间，对医疗资源造成负担。本章以医用织物为主简要介绍公共用织物消毒器的相关内容。

医用织物长期接触不同的病人，病人自身携带的病原微生物会随着尿液、血液、粪便等附着于各类织物上，若医用织物在清洗消毒时不规范、不及时、不彻底，都会形成较大的医院感染隐患。本章主要以医用织物为例，介绍其消毒原理、流程、影响因素和注意事项等。

一、消毒器的构造

目前，专门用于医用织物消毒的器械较少，医院通常设置专门的洗衣房或外包给社会化洗涤服务机构，其大致的清洗消毒程序参照 WS/T 508《医院医用织物洗涤消毒技术规范》（图 25-1）。

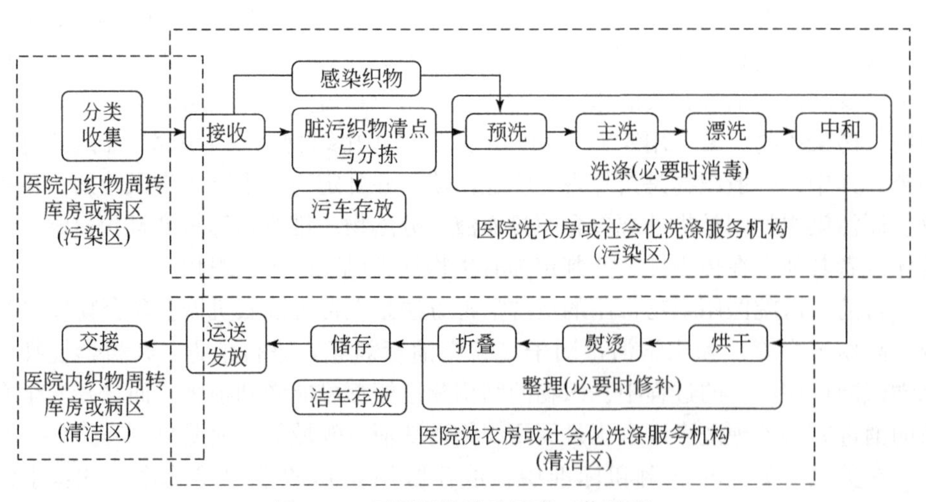

图 25-1 医用织物清洗消毒工作流程

医用织物清洗消毒器的构造与一般洗衣机大致一致（图 25-2）。

图 25-2　医用织物清洗消毒器

二、消毒器的工作原理

对于不耐热的织物，需要在预洗环节进行消毒处理，通常加入含氯消毒剂达到消毒的目的。为避免对织物造成损伤，可预先确定消毒剂适宜的有效浓度。

对于耐热的织物，采用热洗涤消毒法。《医院医用织物洗涤消毒技术规范》中，规定耐热织物的消毒温度≥75℃、消毒时间≥30min 或温度 80℃、时间≥10min。

三、消毒器的使用方法

预消毒需要在预洗环节加入一定量的消毒剂，热洗涤消毒则需要设置一定的温度和时间，设置完成，点击“开始”键，进入自动化洗涤过程。

四、消毒因子

物理因子：高温、高压蒸汽等。

化学因子：含氯消毒剂等。

五、消毒器的消毒机制

以水或蒸汽作为热的传导介质，使微生物的蛋白质发生变性、凝固从而使其死亡。含氯消毒剂的消毒机制主要是其能扩散到细菌表面并穿透细胞膜进入菌体内，使菌体蛋白质发生氧化从而导致细菌死亡。

六、清洗消毒后医用织物的卫生要求

感官指标：分批次进行检查，要求其外观应整洁、干燥、无污渍、异味、异物、破损等。

物理指标：根据要求对织物表面的 pH 进行测定，应达到 6.5 ~7.5，而中和后最后一次漂洗水的 pH 应为 5.8 ~6.5。

微生物指标：细菌菌落总数≤200CFU/cm^2，大肠菌群不得检出，金黄色葡萄球菌不得检出。

七、消毒器消毒过程的监测方法

1. 采样

随机抽取经洗涤消毒后的医用织物，将衣物等内侧面对折并使内侧面和外侧面同时暴露，用 5cm×5cm 灭菌规格板放在被检医用织物表面，取浸有无菌 PBS 的棉拭子 1 支在规格框内横竖往返涂抹 5 次，并随之转动棉拭子，连续采样 4 个规格面积（各采样点不应重复采取），合计 100cm^2，用灭菌剪刀剪去棉签上的手接触部分，将棉拭子放入 10mL 采样液管内，以上需重复采样 2 次，分别用于菌落计数和致病菌检测用。样本送检时间不得超过 4h，若样本保存于（2±2）℃，送检时间不得超过 24h。

2. 微生物指标检测方法

（1）菌落总数：将容量为 20mL 试管灭菌烘干，加盖无菌乳胶塞，并在试管外标记 16mL 刻度线 45℃预温备用，9cm 玻璃培养皿干燥灭菌后 45℃恒温箱预温备用，10mL 玻璃移液管灭菌后备用，营养琼脂培养基高压灭菌并置 60℃水浴箱预温后，在生物安全柜倒入上述玻璃试管至 16mL 刻度处，加盖并置 45℃预温 10min 以上。操作时，用无菌玻璃移液管在各培养皿内分别加 PBS 检测液各 1mL，立即倾入经 45℃预温试管内营养琼脂，充分混匀，冷却后置（36±1）℃培养箱内培养 48h，计数各培养皿菌落数并取平均值，计算所含的菌落数。

（2）大肠菌群：取 5mL PBS 检测液接种至 50mL 乳酸胆盐发酵管内并充分混匀，置（36±1）℃恒温箱内培养 24h，若不产酸不产气，则可报告大肠菌群阴性。如产酸产气则接种伊红美蓝琼脂平板，（36±1）℃培养 18 至 24h，观察菌落形态。伊红美蓝琼脂平板上，该菌菌落呈黑紫色或红紫色，圆形，边缘整齐，表面光滑湿润，常具有金属光泽；也有的呈紫黑色，不带或略带金属光泽；或粉红色，中心较深。对于可疑菌落，用 ATB 微生物鉴定系统予以鉴定，若符合大肠杆菌生化鉴定结果，则可报告被检样品检出大肠菌群。

（3）金黄色葡萄球菌：取 5mL PBS 检测液接种至 50mL SCDLP 增菌培养基中，充分混匀置（36±1）℃培养 24h，自上述增菌液中取 1～2 接种环，画线接种在血琼脂平板，置（36±1）℃培养 24～48h。在血琼脂平板上该菌菌落呈金黄色，大而突起，圆形，不透明，表面光湿，周围有溶血圈。凡在血琼脂平板上有可疑菌落生长，镜检为革兰阳性葡萄球菌，并能发酵甘露醇产酸，血浆凝固酶阳性者，或者经 ATB 微生物鉴定系统予以鉴定结果符合金黄色葡萄球菌的，可报告被检样品检出金黄色葡萄球菌。

八、影响消毒效果的因素

1. 消毒剂的处理剂量

由于含氯消毒剂具有较强的氧化能力，会对织物造成一定的损伤，影响织物的重复使用，因此需要确定含氯消毒剂的最大可行浓度及其作用时间。随着消毒剂浓度的升高以及时间的延长，消毒效果越好。

2. 环境因素

在对医用织物进行清洗消毒处理时，对洗涤、存放织物的场所以及相关器具也要进行消毒处理，避免二次污染。

3. 人为因素

进行医用织物清洗消毒的人员应持相应的资格证，熟悉清洗消毒的程序并正规操作，能掌握一定的消毒相关知识。

九、注意事项

（1）应选择合适的消毒温度和消毒剂进行消毒，避免与织物作用破坏织物的材质影响二次使用。

（2）消毒后的废水应妥善处理，避免造成化学污染。

（3）污染医用织物应专机特洗消毒，避免污染其他一般医用织物。

（4）医用织物清洗后应配备相应的烘干机烘干织物。

十、消毒器的适用范围

此消毒器适用于各类公共用织物消毒，但在进行消毒时应根据织物的特质以及污染程度选择合适的消毒方法（消毒温度和消毒剂的选择）。

小　　结

目前织物的清洗消毒主要分为热力消毒和化学消毒，对于一般家用织物，定期消毒一次即可，本章主要介绍医用织物消毒。耐热织物可通过升高温度（如消毒温度≥75℃、消毒时间≥30min 或温度 80℃、时间≥10min）杀死病原微生物；而不耐热织物则通过加入消毒剂预洗，后漂洗的方法达到消毒的目的，但在选择消毒剂的过程中，要注意用量，不能破坏织物品质，影响二次使用。

（李德全　陈昭斌）

第二十六章　皮毛清洗消毒器

羊患炭疽病、口蹄疫、布氏杆菌病、羊痘和坏死杆菌病时，羊皮和羊毛均应消毒。应当注意，羊患炭疽病时严禁从尸体上剥皮。在储存的原料皮中即使只发现1张患炭疽病的羊皮，也应将整堆与其接触过的羊皮进行消毒。皮毛的消毒是控制和消灭炭疽的重要措施之一，也是使皮毛安全无害的最有效手段。常用的消毒方法有环氧乙烷气体熏蒸消毒法、福尔马林蒸汽消毒法和盐酸食盐溶液消毒法。故皮毛的清洗消毒器，目前主要包括环氧乙烷消毒器、福尔马林熏蒸消毒器。

1. 环氧乙烷气体熏蒸消毒法

目前国内推广使用的一种皮张炭疽熏蒸消毒法，也是国外普遍采用的皮张消毒法。消毒时必须在密闭的专用消毒室或密闭良好的容器（常用聚乙烯或聚氯乙烯薄膜制成的篷布）内进行，即在消毒器内进行。在室温15℃时，每立方米密闭空间使用环氧乙烷0.4～0.8kg维持12～48h，相对湿度在30%以上。此法对细菌、病毒和霉菌均有良好的消毒效果，对皮毛中的炭疽芽孢也有较好的消毒作用。本法的优点是方法简便无副作用，此法几乎不损伤毛皮，适用于病皮、健皮。消毒彻底效果好。加工前生皮得到彻底消毒，从而大大降低从事皮毛、皮革保管加工、运输、操作工人感染炭疽的可能，大批量省时省力。使用本法的要求是，①消毒容器：塑料薄膜帐篷式、钢筋水泥结构固定式及大型金属消毒罐等类型。②消毒温度：25～40℃，不得低于15～18℃。③消毒时间：24～48h。④投药量：0.4～0.7kg/m^3。据报道，环氧乙烷的临界浓度为1500g/m^3，超过了该浓度，不会再增加灭菌效果。

2. 福尔马林蒸汽消毒法

该法一般在密闭的塑料薄膜帐篷或钢筋水泥结构的室内进行，用药量为25～250mL/m^3，其优点是对被炭疽芽孢污染的皮毛消毒效果较好。缺点是对皮张组织有一定的损伤。

第一节　环氧乙烷消毒器

环氧乙烷气体熏蒸消毒法是目前国内推广使用的一种皮张炭疽熏蒸消毒法，也是国外普遍采用的皮张消毒法。环氧乙烷不损害灭菌的物品，且穿透力很强，故皮毛大多数用环氧乙烷消毒器进行消毒灭菌。

一、消毒器的构造

目前使用的环氧乙烷灭菌器种类很多，大型的容器有数十立方米，中等的有 1 ~ 10m^3，小型的有零点几至 1m^3。它们各有不同的用途。目前市面上的环氧乙烷消毒器一般由灭菌箱体、辅助机架（柜）、电气控制柜和计算机组成（图 26-1）。

图 26-1　环氧乙烷消毒器实物图

二、消毒器的工作原理

环氧乙烷消毒器的工作过程是首先对灭菌室加温，直到温度达到预定的灭菌温度；然后，灭菌室抽真空，当达到预定的真空度后，开始对灭菌室加药；在上述过程结束后，定时钟开始工作，灭菌过程开始；在整个灭菌过程中需保持恒温状态；当灭菌时间到，则开始对灭菌室进行换气，即用经过滤后的清洁空气置换灭菌室内的残余环氧乙烷气体，将残气排出；残气经废气处理系统处理后排放。至此，整个灭菌过程结束。

三、消毒器的使用方法

1. 灭菌前物品准备与包装

（1）物品准备：需灭菌的物品必须彻底清洗干净，不能用生理盐水清洗，灭菌物品上不能有水滴或太多水分，以免环氧乙烷稀释和水解。必须将物品上的有机物和无机物充分清洗干净，以保证灭菌成功。灭菌物品放在 50% 相对湿度的环境条件 2h 以上；灭菌柜内用加湿装置以保证柜内的理想湿度。

（2）包装材料：纸、复合透析纸（纸塑包装）、布、无纺布、硬质容器、聚乙烯等。我们主要采用复合透析纸和纯棉布包装。不能用于环氧乙烷灭菌的包装材料有金属箔、聚氯乙烯、玻璃纸、尼龙、聚酯、聚偏二氯乙烯、不能通透的聚乙烯。

（3）灭菌物品的装载：灭菌柜内装载物品上下左右均应有空隙，灭菌物品不能接触柜壁，物品应放于金属网筐或网架上；装载量不超过柜内总体积的 80%。

2. 灭菌

灭菌程序包括预热、预湿、抽真空、通入汽化环氧乙烷，达到预定浓度，维持灭菌时间，清除灭菌柜内环氧乙烷气体，解吸以清除灭菌物品内环氧乙烷的残留。灭菌物品中残留环氧乙烷低于 15.2mg/m^3；灭菌环境中环氧乙烷的浓度低于 2mg/m^3。另外，将残留的环氧乙烷向水中排放；环氧乙烷消毒器及气瓶置于远离火源和静电，无转动马达、无日晒、通风好、温度低于 40℃ 的环境，投药及开瓶不能用力过猛，防止药液喷出。每年对环氧乙烷工作环境进行空气浓度的监测。

四、消毒器的消毒因子

环氧乙烷。

五、消毒器的消毒机制

环氧乙烷可以杀灭病毒、细菌繁殖体、芽孢和真菌孢子等各种微生物，为广谱灭菌剂。水溶液里的环氧乙烷可以与蛋白质上的游离羧基（—COOH），氨基（—NH_2），硫氨基（—SH）和羟基（—OH）发生烷基化作用，将不稳定的氢原子取而代之，形成带有羧乙根（CH_2CH_2OH）的化合物，蛋白质上的基团被烷基化，蛋白质便失去了在基本代谢中所需的反应基，抑制了细菌蛋白质正常的化学反应和新陈代谢，从而导致微生物死亡。环氧乙烷杀菌作用是不可逆的，在全部化学消毒剂中消毒作用最显著的就是环氧乙烷。

六、消毒器杀灭微生物的效果

环氧乙烷用于消毒灭菌，能与蛋白质、多种酶类、细胞膜、细胞器构成体等发生化学反应，不仅能够杀灭细菌和病毒，同样也能杀灭芽孢，达到皮毛物品的完全灭菌。

七、消毒器消毒过程的监测方法

（1）生物监测：环氧乙烷消毒效果评价的生物指示剂监测方法，所用指示菌为枯草杆菌黑色变种芽孢菌片（ATCC 9372）。

（2）化学监测：监测方法包括化学指示卡、化学指示胶带。

（3）工艺监测：进行温度、湿度、时间、压力的显示监测。

八、影响消毒器作用效果的因素

（1）灭菌环境的湿度，60%~80%最适宜。

（2）灭菌环境温度，一般为35~60℃。

（3）环氧乙烷的灭菌浓度应>400mg/L。

（4）包装或装载不规范、封口不严密、保护措施不足等都会影响消毒器的作用效果。

九、注意事项

1. 消毒器安装与环氧乙烷排放

环氧乙烷消毒器应安装在通风良好远离火源和静电的单独房间内，有独立的排风设备置换房间内的空气，为方便维修和保养，环氧乙烷消毒器安装时各侧留有一定的空间。

环氧乙烷设备应安装排气管道系统。消毒器必须连接在独立的排气管道上；排气管材料应为环氧乙烷不能通透的材料如铜管等；排气管应到室外，并于开口处反转向下；距排气口7.6m范围内不应有任何易燃易爆物品和建筑物的入风口如门或窗；排气管的垂直部分长度超过3m时，应加装集水器。

2. 环氧乙烷灭菌物品的准备与包装

对需要灭菌的物品进行登记、清点、分类、清洗，除去物品上的一切有机物。选择适合环氧乙烷的包装材料，如纸塑包装袋、无纺布、聚乙烯、通气的硬质容器等；包装时锋利器具用保护套保护好，包内排空气体并放置化学指示卡，包外贴化学指示胶带，注明品名、日期和操作者。

3. 正确的装载

在装载过程中应符合环氧乙烷的灭菌要求，灭菌包在篮框内平放或斜放，包与包之间应有空隙，不能上下堆放，以免阻碍环氧乙烷气体的穿透，物品装载量不应超过柜内总体积的90%。遵循重物放底层，轻物放上层，纸面对塑面的原则，勿压勿折垂直放置，不允许需要灭菌的包裹接触灭菌锅内壁，要保持气体流通，使灭菌达到最佳效果。

4. 安全检查

在设备运行之前，需要严格检查其安全情况，保证灭菌器压力表处于“零”的位置，保证消毒器锅门密封圈完好无破损，记录打印装置应保持备用状态，电源、水源等运行条件完备。将配套的一个环氧乙烷气瓶去掉保险栓，把气瓶妥善固定在锅内气瓶的固定座上，消毒器的水箱中加有足量的蒸馏水。定期保养环氧乙烷消毒器，及时检修，保证所使用的环氧乙烷消毒器合乎要求。

5. 灭菌及监测

（1）灭菌程序：预热、预湿、抽真空，通入环氧乙烷气体，维持灭菌时间。清除灭菌柜内环氧乙烷气体，解吸已除去灭菌物品内环氧乙烷的残留。

（2）监测包括①工艺监测：每锅进行温度、湿度、时间、压力的显示监测并认真记录签名；②化学监测：包内指示卡由玫瑰色变为绿色，包外指示胶带监测由黄色变为橙红色，两者变色合格均表示灭菌合格。生物监测：采用枯草菌黑色变种芽孢进行监测，每锅必做，放于灭菌锅内最难灭菌处监测，灭菌结束后取出速做培养，阴性后方可发放灭菌物品。

6. 安全防护

进行环氧乙烷灭菌时，做好个人防护，包括物品入锅、出锅，都必须穿长袖工作服，戴口罩、眼罩、长胶手套。保证灭菌后通气时间，通气结束，在通气环境中开门，禁止立即取物发放。在打开灭菌炉后及灭菌包中的残留量均较高，残留值均超出国家卫生标准允许参考值范围。为了确保工作人员的安全，开炉时工作人员戴橡胶手套，戴过滤式半面罩，站至上风处；开炉后 2h 内避免入室。应加强抽风，安装排风扇，改善环境通风条件，延长灭菌包的抽风时间，降低物品中残留质量浓度，从而保证灭菌物品的安全使用和医务人员的安全。用环氧乙烷灭菌后的物品必须将吸附的药物残留全部驱散后才能使用，避免造成患者使用后溶血。

环氧乙烷气体有毒性，若操作过程中灭菌剂不慎溅到皮肤上，应立刻使用大量的水将其冲洗干净，防止灼伤。操作时，尽量避免吸入环氧乙烷蒸气，取出被灭菌物品时，需要佩戴好防毒面具和防护手套。若操作人员发生恶心、头痛、呕吐等中毒症状时，要立即离开操作现场，至阴凉通风处休息，呼吸新鲜空气，严重者应及时送医院诊治。

7. 加强培训与监督

从事环氧乙烷灭菌工作的人员具有职业特殊性，所以在操作前应进行严格的培训工作，使其掌握相关的专业知识和处理紧急事件的能力，掌握环氧乙烷的特性和正确的灭菌操作方法，强化安全防范意识。在使用环氧乙烷的场所中，应设有禁火标识和安全周知卡。操作时切勿穿着化纤工作服及带钉料鞋子。对于上述注意事项应严格执行，一旦违规操作应及时制止并采取相应的惩处措施。相关单位还需要定期对这些人员进行考核，严格按照操作标准进行操作。

根据环氧乙烷的特点，专家的观点是医院内镜手术器械需每天五点后常规采用环氧乙烷灭菌，特殊夜间和接台内镜器械与等离子低温灭菌相结合，这两种灭菌方式取长补短，交替应用使临床应用的医疗器械得到有效的灭菌处理，保证临床治疗工作的安全性，还可以有效缩短手术等待时间，提高医疗器械周转率，此种方式值得推广应用。

十、消毒器的应用范围

环氧乙烷消毒器的应用范围很广。例如皮毛、电子仪器、光学仪器、医疗器械、书籍、文件、棉、化纤、塑料制品、木制品、陶瓷及金属制品、内镜、透析器和一次性使用的诊疗用品等。几乎可用于所有医疗用品灭菌，但不适用于食品、液体、油脂类、滑石粉和饮料的消毒。

第二节 福尔马林熏蒸消毒器

一、消毒器的构造

福尔马林熏蒸消毒器主要由两个容器和一套遥控系统组成，其中一个容器盛放福尔马林液体，另一个盛放氨水（图 26-2）。

图 26-2 福尔马林熏蒸消毒器实物图

二、消毒器的工作原理

福尔马林熏蒸消毒器工作时，先使福尔马林蒸汽充满待消毒的空间，经过一定时间后，杀灭暴露于空间表面的细菌和病毒，而后熏蒸消毒器自动释放氨气，消除对人有害的残留物质。消毒灭菌的全过程所需时间是通过安装在福尔马林熏蒸消毒器内的专用机械来控制的。

三、消毒器的使用方法

（1）将福尔马林液体注入 F 罐，氨水注入 A 罐，不超过铭牌上规定的容积（福尔马林液体浓度要求 37%~40%，氨水浓度要求 25%~28%）。

（2）将带漏电保护的三眼插头，插在插座上，打开熏蒸消毒器后面的开关，电源指示绿灯亮起，电源接通。

（3）（手动状态）轻按遥控器上的 F 键一下，F 罐指示灯变为绿色，开始加热熏蒸；按遥控器上的 A 键，熏蒸灭菌器 A 罐指示灯变为绿色，开始加热熏蒸，熏蒸完毕后自动切断加热电源，熏蒸灭菌器 F 罐和 A 罐指示灯由绿色变为红色，熏蒸灭菌过程结束。

（4）使用时注意事项。①福尔马林液要注入 F 罐，氨水注入 A 罐，不能装反。②不能用遥控器同时打开装有福尔马林的 F 罐和氨水的 A 罐。③漏电保护动作后，按一下蓝色复位键即可重新正常工作。④遥控器按钮，轻按一下即可，不可长时间按住。⑤因人为因素、周围环境和灵敏度等原因，可能会造成遥控器开启失效，使用时请确认 F 键的绿灯亮起后方可离开。⑥发生故障，要立即与仪器售后服务中心联系，不能擅自拆修。

四、消毒器的消毒因子

甲醛。

五、消毒器的消毒机制

甲醛的灭菌原理是一种非特异性的烷基化作用，甲醛分子直接作用于细菌的蛋白质分子上的氨基（$—NH_2$）、硫氢基（—SH）、羧基（—COOH）、羟基（—OH），生成次甲基衍生物，从而破坏细菌的蛋白质（尤其是酶），导致微生物的死亡。甲醛通过甲基化胞嘧啶和鸟嘌呤的 N7 部分与 RNA 和 DNA 反应。存在两种反应方式：当核酸中的氢键是双铰链结构时发生缓慢的可逆反应；当核酸中的氢键被分裂时发生较快速的不可逆反应。500～800℃，反应的机理很明显。当温度降到 200℃时，在细菌芽孢和甲醛之间发生的这种不稳定反应虽然存在，但已“失活”的大部分细菌芽孢可以通过随后的热处理“复活”。

六、消毒器杀灭微生物的效果

2%～10% 甲醛水溶液在 30min～2h 内均能破坏一般细菌、真菌、芽孢杆菌和病毒，甲醛气体亦具有杀灭各类微生物的作用。

七、消毒器消毒过程的监测方法

灭菌效果的监测除了物理手段之外，主要是依靠化学和生物的监测。现在世界上只有德国建立了完善的有关低温甲醛蒸汽灭菌的标准，即德国工业标准 DIN 标准 58948。其中第 13 部分是低温甲醛蒸汽消毒器的功效检验标准，第 14 部分是低温甲醛蒸汽消毒器的灭菌效果生物指示剂标准。

八、影响消毒器作用效果的因素

（1）温度：温度对甲醛气体的灭菌作用有明显的影响。随着温度的升高，灭菌的作用也加强。甲醛气体只有在800℃以上才稳定，在800℃以下时，会在水中形成聚合物的特性使得设计或操作性能差的灭菌器产生了一些问题，即当甲醛气体通过与灭菌腔体直接连接的管道和阀门时，由于后者的温度比腔体内低，多聚甲醛可能在管线和阀门中沉淀下来，造成腔体内的甲醛气体浓度下降，甚至管线的堵塞。通过控制灭菌腔体内灭菌物品的合适温度以及仔细控制所需甲醛的量，就可以避免这个问题。一般的灭菌温度在600～800℃的范围内。

（2）有机物：甲醛气体的穿透力较差，即使有很薄的一层有机物的保护亦会大大地影响灭菌的速度。故除了必须对灭菌物品进行有效的清洗，去除可能存在的有机物之外，再将灭菌腔体内部抽真空，则更加有利于甲醛蒸汽向有孔物质深层穿透。

（3）相对湿度：相对湿度低于50%时，杀菌速度随相对湿度的增加而增加；相对湿度从50%升高到90%时，杀菌速度随相对湿度的增加也增加，但增幅较少。目前一般认为，甲醛气体灭菌的相对湿度应在80%～90%，每立方米蒸发30mL水即可满足此要求。

（4）浓度和作用时间：当相对湿度和温度不变时，甲醛气体的灭菌速度和浓度之间基本上是直线关系。浓度越高，灭菌速度越快。

（5）被灭菌物品的包装：低温甲醛蒸汽消毒是借助真空循环和压力确保甲醛蒸汽完全穿透每一个包装袋中。因此，仅用塑料薄膜包裹是不行的，包装袋的另一面应具有足够的孔隙以使排气和甲醛蒸汽穿入率达到可避免包装袋破损的程度。有孔隙的一面是由特定克重的医疗用纸制成，该种纸所具备的重要条件是高的孔隙度、强度以及一定的排水性。另外需要强调的是应避免使用有强吸收性的材料，例如纺织品、聚酯纤维、丁基橡胶等。

九、注意事项

（1）通风。在消毒器工作区可以布置独立或共用的通风系统，加快极低浓度的甲醛气体的消散。这种方式和甲醛气体熏蒸消毒的后期处理的原理是一样的。区别在于低温蒸汽甲醛消毒过程经过了足够的蒸汽冲洗和空气冲洗之后，当机器开门瞬间，散出的甲醛气体通过通风系统排放的浓度，远远低于熏蒸消毒后未经任何处理就排放时的浓度。

（2）排入下水。当灭菌过程结束之后，消毒器所带的真空泵会将甲醛气体迅速排到下水系统，由于甲醛在水里的高溶解度，下水口附近的甲醛浓度会迅速稀释至0.01%，而且会被下水道里的微生物迅速分解。

（3）使用完福尔马林熏蒸消毒器后存放前的清理。①分别向A、F罐加入蒸馏水浸泡10h。然后轻轻振荡1min将残液倒出。使用相同的方法用蒸馏水冲洗两遍。使残液冲洗干净，最后用少量的乙醇溶液涮至干净。②仪器的外表要用较软的干布擦至干净，防止残液的腐蚀。③仪器要放置在阴凉干燥位置保存。

十、消毒器的应用范围

适用于污染一般病原微生物的干皮张、毛、羽和绒的消毒。

小　　结

皮毛的清洗消毒器目前主要包括环氧乙烷消毒器、福尔马林熏蒸消毒器。环氧乙烷消毒器一般由灭菌箱体、辅助机架（柜）、电气控制柜和计算机组成。环氧乙烷消毒器应用范围很广，几乎可用于所有医疗用品灭菌。福尔马林熏蒸消毒器主要由两个容器和一套遥控系统组成，其中一个容器盛放福尔马林液体，另一个盛放氨水。甲醛的灭菌原理是一种非特异性的烷基化作用，甲醛分子直接作用于细菌的蛋白质分子上的氨基（$—NH_2$）、硫氢基（—SH）、羧基（—COOH）、羟基（—OH），生成次甲基衍生物，从而破坏细菌的蛋白质（尤其是酶），导致微生物的死亡。适用于污染一般病原微生物的干皮张、毛、羽和绒的消毒。

（邓　桥　陈昭斌）

第二十七章　皮肤黏膜清洗消毒器

皮肤消毒是杀灭或清除人体皮肤上的病原微生物，并达到消毒要求。正常人皮肤有细菌定值，头皮上菌落总数>1×10^6 CFU/cm^2，腋窝为 5×10^5 CFU/cm^2，腹部为 4×10^4 CFU/cm^2，前臂为 1×10^4 CFU/cm^2。医护人员手部菌落总数范围为（3.9×10^4）～（4.6×10^4）CFU/cm^2。皮肤上的细菌分为常驻菌和暂驻菌，通常常驻菌很少与感染有关，但可以在无菌体腔、眼睛或非完整皮肤内引起感染。暂驻菌一般不在皮肤上繁殖，但是它们会在皮肤表面存活，并部分繁殖，与医院感染密切相关。黏膜的消毒包括清除口腔、鼻腔、阴道以及外生殖器等黏膜病原微生物。

皮肤是人体的第一道防线，皮肤的完整性可保护人体的健康。当皮肤破损时，其表面的致病菌可能会引起局部或全身的感染，甚至造成严重的后果。因此皮肤的消毒极其重要，尤其是临床上的治疗和护理。《消毒技术规范》（2002 年版）中所定义的皮肤与黏膜的消毒是指诊疗活动中医护人员和病人的皮肤、黏膜的消毒，包括病人穿刺部位的皮肤消毒；病人手术切口部位的皮肤消毒；病原微生物污染皮肤的消毒；会阴部及阴道手术消毒；口腔和咽部消毒。消毒方法一般采用擦拭和清洗，已获卫生行政部门批准用于皮肤黏膜消毒剂包括含碘消毒剂、氯已定醇类消毒剂等。

尽管皮肤黏膜消毒历史由来已久，且已成为“常规”，但目前仍存在许多科学问题需要解决：如何选择既有效又廉价的消毒剂；采取何种消毒方式，既能达到消毒目的，又能提高医护人员的工作效率，同时还能节约资源、降低成本等。所以应时代和科学发展的需求也促使了一些皮肤黏膜消毒器的发明和使用，如手部消毒器（手部皮肤消毒本书其他章节已详细陈述，本章不再赘述）、鼻腔冲洗器、低温等离子体消毒器等。

第一节　鼻腔冲洗器

使用鼻腔冲洗进行鼻部护理最早可追溯于 15 世纪《哈达瑜伽灯论》（Hatha Yoga Pradipika），其中记录有使用酥油甚至自身尿液进行鼻腔冲洗的尝试，但以纯水进行鼻腔冲洗的加拉洗鼻壶（Jala neti）最终成为现在各类鼻腔冲洗装置的始祖。现代医学体系中，鼻腔冲洗的最早描述见于 1895 年《英国医学杂志》（British Medical Journal）。

一、消毒器的构造

鼻腔清洗器又称“洗鼻器”，与相应的洗鼻剂（洗鼻盐）联合使用。鼻腔冲洗器是将冲洗液送至鼻腔内部的一种装置，借助冲洗液与鼻腔靶组织的接触，达到清洁鼻腔、改善鼻部症状的作用。鼻腔护理器主要由喷液罐、护理液、冲洗头及冲洗软管组成。

二、消毒器的分类

洗鼻器或洗鼻机属于二类医疗器械中的耳鼻喉科手术类用品。常见的洗鼻器有简单瓶罐式洗鼻器、手动气囊洗鼻器和电动洗鼻器。

（1）简单瓶罐式洗鼻器。依靠瓶罐倒置水自身的重力以及使用者头部运动的配合完成鼻腔清洗的简易冲洗器。

（2）手动气囊式洗鼻器。采用高分子材料动力球囊，压力可轻松掌握的一类洗鼻器。其压力与电动洗鼻器不相上下，性价比较高。

（3）电动洗鼻器。电动洗鼻器又分为电动脉冲式洗鼻器和电动喷雾式洗鼻器。

电动脉冲式洗鼻器：相对手动式，电动脉冲式洗鼻器是一类压力持续恒定的洗鼻器。

电动喷雾式洗鼻器：利用雾化脉冲的原理，将冲洗液雾化为细小水雾颗粒，并以脉冲的方式冲入鼻腔，使用者在冲洗时头部稍向前倾斜，将鼻塞头放入鼻前庭，打开机器后冲洗液会自动进入鼻腔，并通过回吸收装置流出。

三、消毒器的工作原理

手动式和电动式洗鼻器均是利用压力将冲洗液压入鼻腔内，机械性地冲刷鼻腔内的异物，如灰尘、致病菌、结痂块状物或过敏物质等，辅助鼻黏膜纤毛的正常运动，以达到清洁鼻腔内部环境的效果。多用于临床术后的辅助性治疗，如鼻咽癌患者治疗后鼻腔自洁功能明显减退，受照射而死亡的大量坏死脱落细胞堆积，局部细菌繁殖，刺激鼻咽组织过度增生机化，主要表现为鼻塞、鼻黏膜水肿黏连、鼻腔分泌物增多及局部感染等。持续有效地冲洗可减少术后并发症，提高患者的生存质量。

四、消毒器的使用方法

（1）备好专门的洗鼻器以及配套的冲洗液（需带有医疗器械批号）。

（2）将冲洗液（常用冲洗液为0.9%的生理盐水）注入瓶体内。

（3）鼻腔冲洗的具体方法是将身体向前倾斜45°角，旋转头部，使一个鼻孔朝下，将出水口塞入较高的鼻孔中即可。洗鼻过程中需张嘴呼吸，避免鼻子呼吸而呛水。尽量让鼻腔冲洗的水从另一个鼻孔流出，如果水流入口腔，应将其吐出。即使误吞冲洗液也不会对健康产生影响。鼻腔冲洗后，轻轻将残留在鼻腔中的冲洗液擤出。

（4）冲洗完后注意洗鼻器的清洁。

五、消毒器的消毒因子

常规采用生理盐水（0.9%）机械干预。也可采用高渗盐水（3%），生理性海水中的微量元素（锌、银、铜、锰）可以起到杀菌、抗过敏等作用。含其他药物成分的冲洗液在临床中也得到越来越多的使用。如在鼻咽癌患者放疗后的术后护理，杜静等将3%过氧化氢溶液150mL用300mL生理盐水稀释成0.3%过氧化氢溶液并加温至38℃，对病人进行鼻腔冲洗，可将病灶以及周围的感染物消除干净，减少局部炎症、水肿，降低感染的发生。

六、消毒器的消毒机制

冲洗液成分不同，作用机制不同。广泛认为可能与以下机制相关。

1. 物理清洗作用

鼻黏膜易受环境因素影响，细菌在鼻黏膜表面沉留，在不利的环境中形成细菌生物膜，成为慢性鼻窦炎持续性感染的原因。局部使用偏碱性盐水，行有效的鼻腔冲洗，有助于细菌生物膜的清除。有效的鼻腔冲洗能够清洁鼻腔，清除真菌团对鼻黏膜的刺激，有利于鼻黏膜内环境的稳定，从而降低了慢性鼻窦炎的发病率。

2. 减轻鼻黏膜炎症反应

病原菌感染是黏膜炎症的常见病因之一。针对病原菌的治疗，能起到病因治疗的作用，减轻鼻黏膜炎症。临床常用的鼻腔冲洗液通过加用抗生素，达到局部抗菌作用。

七、消毒器杀灭微生物的效果

临床上鼻腔冲洗多与药物联用。研究表明非侵袭型真菌性鼻窦炎患者在实施鼻内镜手术后，采用氟康唑氯化钠注射液进行局部冲洗更有助于提高杀菌效果，能显著缓解患者的流涕、鼻塞、鼻痒等症状，降低复发率。

八、影响消毒器作用效果的因素

在临床上鼻腔内部病变者，鼻腔内部的局部给药成为主要的治疗方式。欧洲鼻窦炎治疗指南（EPOS，2007）推荐用3%的高渗盐水冲洗鼻腔。主要是受到内置冲洗液的物理化学性质影响，但多无统一的标准。正确的体位和正确的冲洗方式能极大地提高鼻腔清洁的效果。冲洗液的盐浓度、冲洗液中添加的药物成分、冲洗液的温度、冲洗液的时间以及频率、冲洗液的 pH、依从性等也会影响清洁和治疗的效果。

九、消毒器使用的注意事项

（1）正规途径购买洗鼻器，不可盲目或滥用，以防损伤鼻黏膜。

（2）儿童使用儿童专用洗鼻器。

（3）若鼻冲洗液中含盐量过高，则可能对局部产生刺激，可按照说明来降低冲洗液中的盐浓度，并且提高水温。

（4）健康人洗鼻时不可联合药物使用，与药物联用仅限医疗卫生机构诊疗用。

（5）鼻腔冲洗器使用完毕后应清洁消毒。

（6）外用消毒器，不可口服。

十、消毒器的应用范围

鼻腔冲洗作为一种简单、有效的局部治疗手段，已广泛用于临床。对于鼻病患者可起到积极作用，也可合理使用于日常保健。

第二节　低温等离子体消毒器

等离子体一词译自 plasma，源于希腊语，意为能够成形的东西。等离子体被称为是除固态、液态、气态外的物质的第四种形态，因其中的正电荷总数和负电荷总数在数值上总是相等，故称之为等离子体。

20 世纪 60 年代，等离子体灭菌技术开始发展。1968 年首次报道氩低温等离子体可杀灭玻璃瓶表面细菌。非热平衡等离子体，其电子温度达 104K 上，而离子和原子之类的重粒子温度却可低到 300～500K，等离子体的宏观温度却取决于重粒子的温度，因此这类等离子体也叫做低温等离子体，其宏观温度并不高，接近室温，适合于对各类热敏感物质进行灭菌。

随着科技发展，等离子体由于其强大的杀菌作用而被引进皮肤科领域，在皮肤慢性伤口感染、瘙痒性疾病、组织重建和皮肤美容和家族性慢性良性天疱疮的治疗等方面取得了一些成就。其中低温等离子体消毒器对皮肤消毒的功能在逐渐兴起，并具有较大的应用潜力。可对皮肤伤口直接处理，在消毒灭菌的同时实现刺激细胞分化和促进伤口的愈合。低温等离子体灭菌具有无环境污染、灭菌时间短、安全性高、无药物残留等优点，但设备投资较大，用于皮肤消毒的应用并不多见。

一、消毒器的构造

一般低温等离子体消毒器是由真空系统、排气过滤系统、注入系统、等离子体发生系统、进气过滤系统、自控控制等构成。由于消毒位置、面积不同，往往需要不同设计类型的低温等离子体发生装置，这些装置的构成有一定的差异（图 27-1 和图 27-2）。

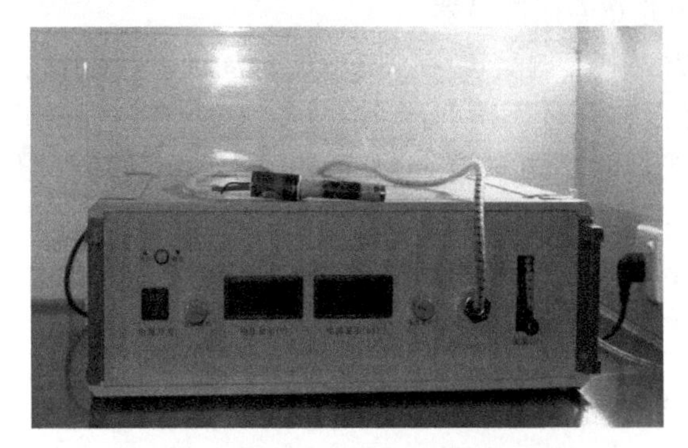

图 27-1　低温常压等离子体发生装置

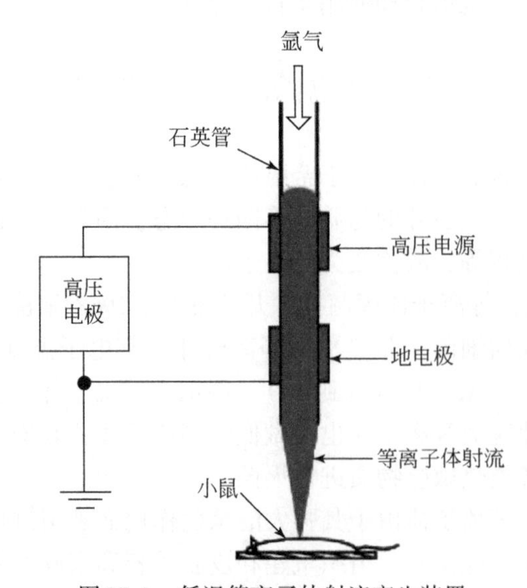

图 27-2　低温等离子体射流产生装置

二、消毒器的工作原理

低温等离子体的技术原理是工作气体在外加电场作用下电离，产生含大量电子、离子、原子、分子和活性自由基以及射线的低温等离子体，其中活性自由基和紫外线、带电粒子对细菌产生强烈的相互作用，构成了对细菌或病毒的全方位的灭杀环境。

如单电极等离子体装置，这类装置只有一个电极，能够直接或间接在周围大气中产生等离子体，这个装置称为悬浮单电极 DBD 装置，它可使用皮肤或其他活性组织作为另外一个电极，当人体组织接近高电压电极时，组织与电极间的间隙被击穿产生等离子体，达到消毒霉菌的效果（图 27-3 和图 27-4）。

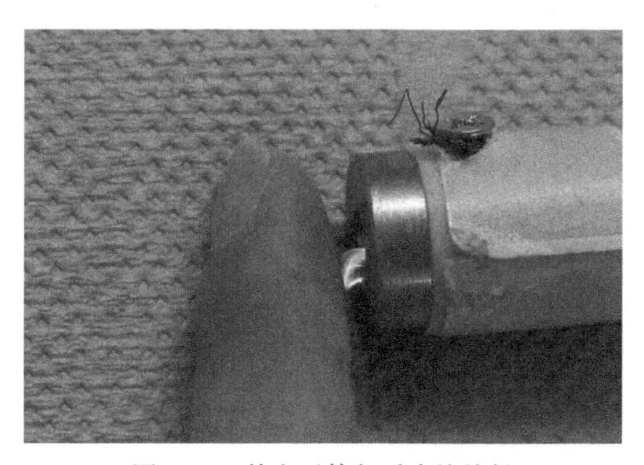

图 27-3　等离子体与手直接接触

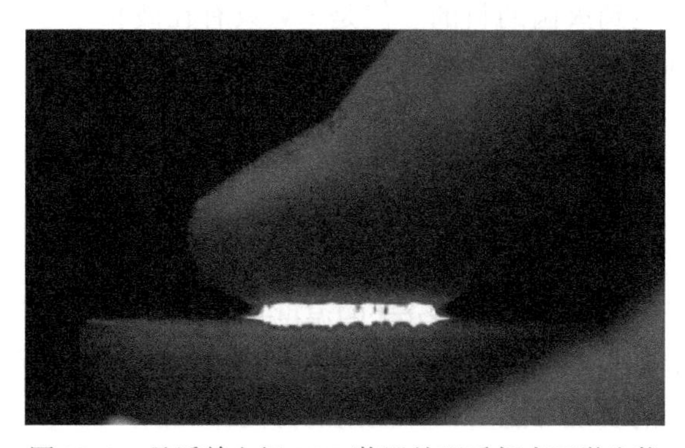

图 27-4　悬浮单电极 DBD 装置处理手部表面微生物

三、消毒器的使用方法

打开等离子体发生装置，等离子体的发生方法有气体放电法、射线辐照法、光电离法、激光等离子体、热电离法、激波等离子体。按说明书操作，确定消毒的精确安全剂量，以等离子体焰前端直接接触式照射于灭菌皮肤表面，作用一定的时间。

四、消毒器的消毒因子

等离子体系中的活性物质、紫外线辐射等。

五、消毒器的消毒机制

等离子体和细胞的作用均具有复杂性，故等离子体与生物体相互作用的机制仍然没有完全阐明，这也限制了其在皮肤科的应用。低温等离子体的灭菌机制被认为与以下的三种机理有关。

1. 活性粒子的作用

研究表明，在冷常压等离子体产生抗微生物的活性自由基粒子中主要包括活性氧离子和活性氮离子两大类。这些活性粒子极易和微生物的蛋白质和核酸反应，导致细胞部分或全部裂解，达到消毒灭菌的目的。其中，活性氧粒子在细菌失活过程中起关键作用，活性氧粒子可使细胞壁键肽聚糖结构中的重要键发生断裂，并对DNA、脂质和蛋白质等细胞生物大分子产生氧化作用，导致细胞膜去极化、脂质过氧化以及DNA损伤，扰乱细胞的功能，使细胞膜脱水、溶解，最终直接或间接地导致细胞死亡。

2. 紫外辐射的作用

紫外辐射对细胞内DNA的破坏是等离子体灭菌的重要原因之一，通过抑制致病菌核酸的形成达到灭菌的目的。但是UV只有在波长小于280 nm且剂量足够大时才能杀死细菌。

大量的紫外辐射对人体同样产生危害，所以在处理动物细胞和组织的过程中，为了避免诱发不必要的基因突变，需要严格控制其辐射剂量在安全范围之内。

3. 热效应的作用

在低温等离子体体系中，气体分子的温度并不高，多项研究也表明温度并不是消毒的主要因素，或者说是热效应的作用机制仍然缺乏相关的实验数据。所以等离子体灭菌过程的实现可能是多种机制的协同作用。

六、消毒器杀灭微生物的效果

精确的等离子体剂量是皮肤实现消毒的前提。研究表明，当等离子体剂量小于$1J/cm^2$时，能杀灭细菌的同时对正常细胞作用不明显。但也有研究表明，皮肤消毒的最佳等离子体剂量为$1\sim2J/cm^2$。

Dobrynin 等采用 FE-DBD 等离子体处理离体的人体皮肤，6s 就达到医院的消毒标准，5min 后用肉眼和组织显微镜都观察不到组织损伤，说明等离子体可在不损伤皮肤的情况下进行快速消毒。

七、消毒器消毒过程的监测方法

传统的监测皮肤消毒效果的方法是琼脂平板法（或倾注平板计数法），后来相继出现微菌落计数法、阻抗法、ATP 生物发光法及快速纸片法等。

我国根据《医疗机构消毒规范》（2012 年）皮肤表面细菌总数的测定标准的方法，仍然采用传统的涂抹后平板菌落计数法。在规定消毒作用时间后进行采样检测即可。

八、影响消毒器作用效果的因素

冷常压等离子体对微生物的消毒灭菌效果受其本身放电条件、作用时间和剂量等因素影响。

其中用于皮肤消毒的剂量和时间均要求严格，要保证不损伤正常细胞的同时达到消毒灭菌的效果。致病菌种类也会影响作用效果，冷常压等离子体对革兰氏阴性菌的杀灭作用强于细胞壁结构更坚韧的革兰氏阳性菌，且冷常压等离子体对低浓度细菌的杀灭作用强于高浓度者。

九、消毒器使用的注意事项

（1）医药的等离子体剂量严格要求，既要获得良好的预期效果，又要减少对组织带来的不良反应。

（2）消毒器需进行严格的灭菌效果监测。新的消毒器由于原件较新比较容易产生等离子体，一般能保证灭菌成功，后期随着原件的老化，可能造成灭菌失败。

十、消毒器的应用范围

作为一种新型的灭菌技术，应用于医疗卫生、玻璃制品、生物材料以及高分子材料制品、航天器以及外太空等多个领域。

在皮肤消毒的应用中，主要适用于临床皮肤切口的消毒。在国外也有应用于手部消毒的报道。伤口的细菌感染是临床医学上的一大难题，目前普遍采用抗生素等药物来预防和治疗，但随着抗药菌（如 MRSA）的不断出现，给伤口愈合带来更多困难，特别是诸如大面积烧伤后产生的感染性溃疡。等离子体设备的高效性和广谱性是解决问题的希望。

小　结

皮肤黏膜消毒的目的是控制感染的发生。本章简述了鼻腔冲洗器和低温等离子体消毒器的相关内容。鼻腔冲洗器主要是依靠腔体内液体机械性地冲刷鼻腔内的异物，达到一定程度的消毒。低温等离子体消毒器对皮肤消毒的应用并不多，低温等离子体是依靠活性自由基和紫外线、带电粒子对细菌产生强烈的相互作用，构成了对细菌或病毒的全方位的灭杀环境。鉴于皮肤黏膜清洗消毒的重要性，应该加快皮肤黏膜清洗消毒器的研发。

（何　婷　陈昭斌）

第二十八章　手 消 毒 器

双手在我们日常生活中是许多病原微生物的传播途径。对医护人员来说，90%以上的操作都要通过手来完成。手在医院的传染链中起到了传播途径的作用，通过手卫生，切断病人微生物的传播途径，减少院内感染的发生。清洁的双手不但是实现医疗安全的基本保障，也能最大限度地保证医务人员自身的安全。对于食品从业人员来说，食品从业人员的手部最易受到病原微生物的污染，清洁的双手能够阻断病原微生物的传播，是保障食品安全和广大群众的生命安全最有效的措施之一。对于普通群众来说，双手是日常接触物品必不可少的，清洁的双手是保护身体健康的必要条件。洗手是降低手传播疾病最简单、最有效、最经济、最重要的方法。伴随着工业革命，各行各业飞速发展，手清洗消毒器由于其规范化、自动化、非接触化的特点已经渗入人类的生活和工作中。

现用的手清洗消毒器主要有接触式手消毒器、免接触自动控制手消毒器等。其中接触式手清洗消毒器主要有恒温泡手消毒器。免接触自动控制手消毒器按照产品的供电方式分为交流电手消毒器和直流电手消毒器。在国内，交流电手消毒器通常采用220V/50hz的电源供电，电磁泵产生的压力均匀，喷淋或者雾化效果稳定，但是安装位置上需要配备电源直流供电，也有个别采用变压器供电的，由于供电能力不足，通常这类消毒器雾化效果很差，效果类似于皂液器的效果。按照喷出液体的状态分为雾化手消毒器和喷淋手消毒器。雾化手消毒器通常采用高压电磁泵，喷出的消毒液均匀，能够充分跟皮肤或者橡胶手套接触，在使用少量消毒液、不搓的情况下即可达到消毒效果，这种产品越来越成为市场的主流产品。喷淋手消毒器一方面电磁泵的压力不足，另一方面因为喷嘴的设计不够合理，喷出消毒液有流淌现象，这样导致其效果不够理想，造成消毒液的浪费，以至于越来越少被选择。按照消毒器的材质分为ABS塑料手消毒器和不锈钢手消毒器，ABS以其稳定的化学性质和易成形的特点，成为手消毒器外壳的优良材料，但是颜色易老化，容易被划伤，影响了其美观。不锈钢手消毒器通常采用304不锈钢为外壳材质，经久耐用，尤其成为高端食品和制药厂家的最佳拍档，唯一的缺点就是造价较贵，但是经久耐用的特点还是得到了用户的肯定。

通过手卫生措施，可以消除或杀灭手上的微生物，切断微生物通过手的传播途径。文献表明，通过执行手卫生，可以将腹泻致死率减半、急性呼吸道感染致死率减少三分之一，也就是说，良好的洗手习惯每年可以挽救百万儿童生命，比任何疫苗或医疗干预都有用。这仅仅是普通群众养成个人卫生的良好习惯，在临床实践中，各种诊疗、护理工作都离不开医护人员的双手，如不加强手卫生就会直接或间接导致医院感染的发生。美国 SENIC 的调查研究显示，通过加强手卫生、严格实施正确的洗手规则，可降低 30% 的医院感染。为保障群众安全、提高生命质量，防治疾病传播，应提高人们对手卫生的重视性，加强公共场所手卫生设施的设立。

手消毒器目前广泛应用于医疗卫生、制药企业、食品加工厂、餐饮业、酒店和学校等进行手部消毒，以保证卫生。国外一般选用的是自动感应手消毒器，其基本特点为①座挂两用设计，具备消毒液回收功能；②采用可拆式三级即弹喷嘴，防堵塞、喷雾效果好；③设备外壳采用不锈钢制造，防止消毒液腐蚀机器；④采用质量过硬的压力水泵，具备射入手心、手皮皱的力度。国内市场感应式手消毒器的现状是①基本为单式壁挂机器，外壳为塑料包装；②喷雾的效果类似于普通的农用喷雾器，喷淋力量弱；③塑料喷嘴与软管相连，不便于故障的排除；④质量稳定性值得推敲，大部分产品不能通过 3s 间隔连续喷雾 10 万次的高强度。

随着对手卫生关心，手消毒器必将迎来新一轮的改革。回首过去，由于人们对食品加工行业的卫生要求缺乏了解与认识，所以对生产人员的手消毒要求不够严格。现在人们对食品（特别是水产品）质量问题的认识有了很大的提高。自 1997 年开始，美国、欧盟开始实施输美输欧的水产品必须按照 HACCP 制度规范生产的要求，否则无法进入欧美市场。其后，日本、韩国以及其他一些东南亚国家也陆续采用类似的管理办法，现在各食品加工企业及水产品加工单位正大力推行 GMP、SSOP 制度。与此同时，上海某公司推出了国内首款高端自动感应手消毒器，该产品是专门为配合各食品出口企业及水产品加工业开展论证、达标工作的一种消毒设备，在实际工作中该消毒器既能节约大量的消毒液，又能提高工作效率，为企业保证产品质量、改善企业形象提供了良好的硬件保证。手消毒器是现代生活中防止交叉感染和病从手入的最佳消毒工具，是人类社会进步、生活质量提高的重要标志之一，其应用前景十分广阔。

第一节　恒温泡手消毒器

恒温泡手消毒器主要特点是体积小、质量轻，可供两人同时进行泡手消毒和规范化泡手消毒等。

一、消毒器的构造

恒温泡手消毒器是由电加热器、恒温器，光控起始计时器、数字次数显示器、自动报警器、停电数字储存器等构成。其主要技术指标是电源电压：AC220V+30V

50Hz；恒温：25℃；计时：300s；计数：0：99；加热器使用功耗：500W；主机功耗：20W。

二、消毒器的工作原理

仪器工作时，在恒温器的作用下，由电加热器对消毒液进行加热，以达到恒温消毒泡手之目的。

三、消毒器的使用方法

（1）接通电源，电源开关按在“开”的位置，加热开关扳至“开”的位置，按下“清0”开关，数码管数字为0。

（2）半小时后，待恒温灯亮，即可使用。用手遮一下光源，起始指示灯亮，把手伸入消毒桶。5min到，报警声响，数码管消毒次数加1，消毒结束。

（3）更换消毒液，按“清0”开关，使数显复0。

（4）夏天无需加热恒温时，关闭加热电源开关。

四、消毒器的消毒因子

化学消毒因子，根据选用何种化学消毒剂确定具体为哪种化学消毒因子，如含氯消毒剂、醇类消毒剂、过氧化物类消毒剂等。

五、消毒器的消毒机制

根据采用消毒液的种类不同，不同的化学消毒因子一般有不同的消毒机制。不同消毒剂的杀菌机制不同，主要有①使微生物蛋白质变性、凝固，如醇类消毒剂。②干扰微生物的酶系统，破坏其代谢，如硝酸银等重金属类消毒剂。③损伤微生物细胞膜或包膜，如表面活性剂。

六、消毒器杀灭微生物的效果

按照产品说明书的要求，使用的消毒剂稀释至规定的使用剂量，按卫生部《消毒技术规范》（2002年版）中的定量杀菌试验方法进行试验，其杀菌效果应符合相应消毒剂的要求，以乙醇为例（表28-1）。

表28-1　杀灭微生物技术要求

代表菌（毒）株	有效浓度	作用时间/min				杀灭对数值	
		卫生手消毒	外科手消毒	皮肤消毒	物体表面消毒	载体法	悬液法
大肠杆菌	原液	≤1	≤3	—	≤3	≥3.00	≥5.00

续表

代表菌（毒）株	有效浓度	作用时间/min				杀灭对数值	
		卫生手消毒	外科手消毒	皮肤消毒	物体表面消毒	载体法	悬液法
金黄色葡萄球菌	原液	≤1	≤3	≤3	≤3	≥3.00	≥5.00
铜绿假单孢菌	原液	—	—	≤3	—	≥3.00	≥5.00
白色念珠菌	原液	≤1	≤3	≤3	—	≥3.00	≥4.00

七、消毒器消毒过程的监测方法

按卫生部《消毒技术规范》的规定进行检验。

(1) 生物监测：使用的消毒剂国家标准为细菌菌落总数≤100CFU/mL，致病性微生物不得检出。

(2) 化学监测：应该根据使用的消毒剂的性能定期监测。含氯消毒剂、过氧乙酸、醇类消毒剂等，应该每日监测浓度并做好记录，消毒剂的使用时间不得超过产品说明书的固定使用期限。

八、影响消毒器作用效果的因素

消毒灭菌的效果受环境、微生物种类、消毒剂本身和使用方法等多种因素的影响。

(1) 消毒剂的性质、浓度、作用时间。一般而言，浓度越高，作用时间越长，杀菌效果越好，醇类例外，如乙醇的浓度为75%时效果最好。

(2) 微生物的种类、数量。同一种消毒剂对不同种类微生物的杀灭效果不同。通常情况下，G^+菌比G^-菌对消毒剂更敏感。消毒效果与微生物的数量也有关系，数量多所需消毒剂的浓度和作用时间就要相应地提高和延长。

(3) 温度与pH。升高温度，一般可以增强消毒效果，各种消毒剂所需酸碱度应视消毒剂种类而异。

(4) 有机物质消毒物品中如果含有有机物，可能会影响消毒效果。

九、影响消毒器作用效果的注意事项

(1) 使用时要有良好的接地装置。

(2) 半年左右需更换电池，更换电池时务必先切断电源，后打开后盖。

(3) 不切断电源，关闭面板上的开关，仪器消毒工作将停止。但照常保持恒温。

注：本仪器以HPX-1型为例。

十、消毒器的应用范围

恒温泡手消毒器在医疗上主要用于手术前手部的消毒。

第二节　免接触自动控制手消毒器

免接触自动控制手消毒器采用红外线自动感应系统，配备智能控制芯片，喷雾效果极佳，可轻松对双手进行有效杀菌，是工厂、医院、学校、幼儿园、宾馆、银行、餐厅、写字楼、实验室、洁净室、机场、车站等场所相关人员保持手部卫生的最佳选择。

一、消毒器的构造

免接触自动控制手消毒器包括外壳，外壳中设有消毒区，消毒区顶部固定有喷淋头，外壳内消毒区上方设有储水箱，储水箱通过送水管与喷淋头相连，储水箱上设有纯水过滤器，纯水过滤器上设有进水管，消毒区侧壁固定有电动喷头，外壳内壁与电动喷头相对处固定有消毒液罐，消毒液罐通过送水管与电动喷头相连，消毒区底部设有平台，平台上设有导槽，消毒区底部平台两侧均设有通孔，通孔下方设有集水槽，集水槽一侧设有出水管，外壳内还设有红外传感器和微处理器（图 28-1）。

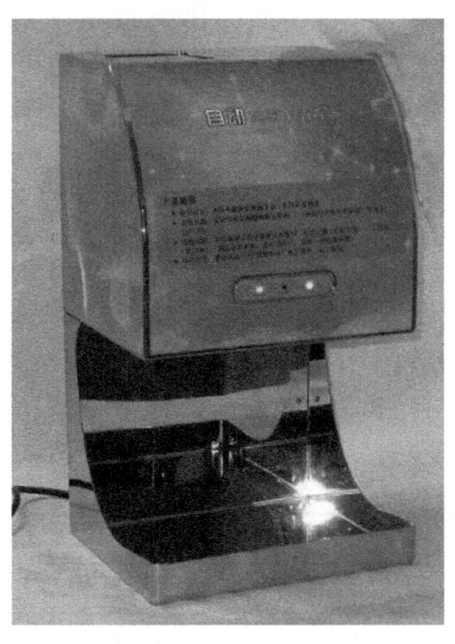

图 28-1　免接触自动控制手消毒器实物图

二、消毒器的工作原理

免接触自动控制手消毒器采用先进的红外光电器件实现自动控制，使消毒液均匀地喷于手部的各个部位，以实现手消毒。

三、消毒器的使用方法

（1）清洗消毒器。

（2）接通电源。

（3）注入消毒液。

（4）将消毒器放置于合适高度，消毒者站在消毒器前方，将手伸至消毒器下方50～150mm的相应区域，消毒液自动喷出，移动、翻转手掌和手臂，消毒液均匀地喷洒到要消毒的部位。当手离开感应区域时，消毒液自动停止喷出。

（5）补充消毒液。

四、消毒器的消毒因子

化学消毒因子，根据选用何种化学消毒剂确定具体为哪种化学消毒因子，如含氯消毒剂、醇类消毒剂、过氧化物类消毒剂等。

五、消毒器的消毒机制

根据采用消毒液的种类不同，不同的化学消毒因子一般有不同的消毒机制。主要有①使微生物蛋白质变性、凝固，如醇类消毒剂；②干扰微生物的酶系统，破坏其代谢，如硝酸银等重金属类消毒剂；③损伤微生物细胞膜或包膜，如表面活性剂。

六、消毒器杀灭微生物的效果

按照产品说明书的要求，使用的消毒剂稀释至规定的使用剂量，按卫生部《消毒技术规范》（2002年版）中的定量杀菌试验方法进行试验，其杀菌效果应符合相应消毒剂的要求（表28-2）。

表 28-2　杀灭微生物指标

微生物种类	作用时间/min		杀灭对数值	
	卫生手消毒	外科手消毒	悬液法	载体法
大肠杆菌（8099）	≤1.0	≤1.0	≥5.00	≥3.00
金黄色葡萄球菌 ATCC 6538	≤1.0	≤3.0	≥5.00	≥3.00
白色念珠菌 ATCC 10231	≤1.0	≤3.0	≥5.00	≥3.00

续表

微生物种类	作用时间/min		杀灭对数值	
	卫生手消毒	外科手消毒	悬液法	载体法
脊髓灰质炎病毒Ⅰ型疫苗株[a]	≤疫苗株	—	≥3.00	≥4.00
模拟现场试验[b]	≤拟现场	≤拟现场	≥3.00	
现场试验	≤场试验	≤场试验	≥1.00	

a. 使用说明书标明对病毒有灭活作用，需做脊髓灰质炎Ⅰ型疫苗株病毒灭活试验；标明对其他微生物有杀灭作用需做相应的微生物杀灭试验；b. 模拟现场试验和现场试验可选做一项。

七、消毒器消毒过程的监测方法

同本章第一节。

八、影响消毒器作用效果的因素

同本章第一节。

九、影响消毒器作用效果的注意事项

（1）当结束使用消毒器时，请断开消毒器右侧“电源开关”，以延长光电感应器件等电子元件的使用寿命。

（2）清洁消毒器外壳时必须拔掉电源，在无工作状态下清洁。使用柔软抹布或蘸上中性洗涤剂擦拭干净，禁止使用酸性、碱性液体，有机溶液、挥发剂、天那水、汽油、研磨去污粉及尼龙刷、钢丝刷等物品清洗或保养。

（3）使用消毒器3～6个月应清洗一遍装液容器以达到理想消毒效果。

（4）清洁过程防止水渍进入机器内部，如不小心倒入必须立即断开电源，将水倒出停用并送厂检修，否则会造成触电或机器故障。

（5）如果长时间不使用本机，拔掉电源，排干净残留的液体并清洁干净，封箱后放置在干燥的室内保存。

十、消毒器的应用范围

免接触自动控制手消毒器高效快捷，免接触全自动感应喷雾控制系统，广角雾化效果强劲，3～8s即可完成手部消毒，杀菌率达99.9%，且是智能控制，使用起来更得心应手。目前广泛应用于医药企业、学校、餐饮企业等。

小　结

手卫生是保障群众安全、提高生命质量，防治疾病传播的重要措施，应提高人们对手卫生的重视程度，加强公共场所手卫生设施的设立。手消毒器目前广泛应用于医疗卫生、制药企业、食品加工厂、餐饮业、酒店和学校等进行手部消毒，以保证卫生。本章分别介绍了恒温泡手消毒器和免接触自动控制手消毒器的构造、工作原理、消毒因子、消毒机制、杀灭微生物的效果、消毒过程的监测方法、影响消毒器作用效果的因素、注意事项以及其应用范围。

（胡　杰　陈昭斌）

第二十九章　空气消毒器

空气是许多疾病的传播媒介，由于空气中微生物以气溶胶形式存在，颗粒小、可随气流运动，因此，空气传播疾病的特点是传播速度快、波及面广、控制困难、后果严重。医院内空气污染是医院内感染的重要因素。因此消除和控制空气中的病原微生物，对预防和控制以空气为传播媒介的传染病以及院内感染有十分重要的意义。

根据《GB 27948—2011 空气消毒剂卫生要求》，空气消毒（air disinfection）是指利用物理或化学的方法，将密闭空间内空气中悬浮的病原微生物消除或杀灭，达到无害化的处理。空气消毒剂（air disinfectant）是指用于杀灭空气中病原微生物达到消毒要求的制剂。其使用方法包括气溶胶喷雾消毒法、加热熏蒸消毒法和气体熏蒸消毒法。空气消毒的方式分为静态消毒和动态消毒，静态消毒是指所选择的消毒设备对人体存在直接或间接的伤害，在对空气消毒时，操作人员需要配备防护措施，其他人不能留在正在消毒的空间，此种消毒方式称之为静态消毒；而动态消毒是指所选择的消毒设备对人体无任何危害，针对空气消毒时人员无需离开消毒场所，人机同场同步杀菌，对人不存在任何副作用，称之为动态消毒。常用空气消毒方法有紫外线照射、过滤除菌、空气消毒器、消毒剂喷雾、消毒剂熏蒸等。

空气消毒器，也称空气消毒机，WS/T 648—2019《空气消毒机通用卫生要求》中规范了空气消毒机（air disinfecting machine）是指利用物理、化学或其他方法杀灭或去除室内空气中微生物，并能达到消毒要求，具有独立动力、能独立运行的装置。空气消毒器按照工作原理可分为三类：物理因子的空气消毒器、化学因子的空气消毒器和其他因子的空气消毒器。

（1）物理因子空气消毒器。利用静电吸附、过滤技术和紫外线灯方法杀灭或去除空气微生物，达到消毒要求的空气消毒机，可用于有人情况下的室内空气消毒。如静电吸附式空气消毒器、高效过滤器（HEPA）、紫外线空气消毒器等。

（2）化学因子空气消毒器。利用产生的化学因子杀灭空气微生物，达到消毒要求的空气消毒器，仅用于无人情况下室内空气的消毒。如二氧化氯空气消毒器、臭氧空气消毒器、过氧化氢空气消毒器、过氧乙酸空气消毒器等。

（3）复合因子空气消毒器。利用其他因子杀灭空气微生物，达到消毒要求的空气消毒器，如等离子体空气消毒器、光触媒空气消毒器等。

空气消毒机按照安装方式可分为壁挂式、柜式、移动柜式、嵌入式空气消毒器等。

需要对空气进行消毒处理的时机一般是：在有呼吸道传染病人存在时，应随时消毒；手术室手术前和手术中应进行消毒，尽量减轻对术野的污染；新生儿室、早产婴儿室、烧伤病房、洁净病房应间断进行消毒，以保证较洁净的空气；药剂及生物制品生产车间，工作前或工作中应进行消毒；细菌实验室，工作前应进行消毒；空气中细菌数超过有关卫生要求的场所应进行消毒。

下面对市面上常见的空气消毒器进行简要概述。

第一节　紫外线空气消毒器

1877 年，英国人 Dowens 和 Blunt 发表论文报道了利用紫外线（ultraviolet ray，UV）照射杀灭枯草芽孢杆菌的试验，证明了紫外线的杀菌作用，从而建立了紫外线灭菌发展史上第一个里程碑。1929 年，Gates 在研究紫外线的杀灭作用时发现，不同波长的紫外线对微生物杀灭作用不同，杀菌作用光谱平行于核酸碱基对紫外线的吸收光谱，这一发现被后人誉为紫外线灭菌研究发展史上的第二个里程碑。经历了多年的研究，目前对紫外线已经有了比较清楚的了解，在此期间，有许多物理和化学的消毒方法问世，但紫外线至今仍不失为一种良好的消毒方法而被广泛应用，在空气与物体表面消毒方面，尤以紫外线应用最为广泛。紫外线消毒空气具有杀菌效果可靠、使用方便、不残留毒性、不污染环境、安全节约等诸多优点。

利用紫外线杀菌灯（ultraviolet germicidal lamp）直接照射空气是目前最常用的方法。室内消毒使用 30W 和 40W 低臭氧直管紫外线杀菌灯，安装距离均匀，使房间体积紫外线分布功率达到 $1.5W/m^3$。可根据实际需要和使用方便采用固定安装和移动灯具装置形式：固定照射应将紫外线灯管吊装在房间顶部距离地面 2.0m±0.2m 的高度，或安装在墙壁侧向照射或屏幕式照射；移动式照射可将灯管安装在移动车架上，进行多方向照射并随时移动；也可在紫外线灯架上装抛光铝面的反光罩，增加紫外线辐照强度以提高杀菌效果。但紫外线杀菌灯直接照射对人体有害，所以在有人的场所，可改用紫外线空气消毒器。紫外线空气消毒器（ultraviolet appliance for air disinfection）是利用紫外线杀菌灯、过滤网、风机和镇流器达到空气消毒目的的一种紫外线消毒器，其过滤网和风机不具有杀菌因子的作用。

一、消毒器的构造

紫外线空气消毒器由紫外线杀菌灯、过滤网、风机和镇流器等组成。

二、消毒器的工作原理

消毒器对空气的消毒作用，主要是利用病原微生物吸收波长在200～280nm之间的紫外线能量后，其遗传物质发生突变导致细胞不再分裂繁殖。通过风扇或风机，将室内的空气吸入消毒器内，经紫外线通道内紫外线灯照射后再将空气经出口排出，这样循环消毒室内空气。由于风机的作用形成室内空气循环，经过过滤器阻挡部分颗粒。

三、消毒器的使用方法

根据待消毒处理空间的体积大小选择适用的消毒器机型。每台消毒器的适用体积不得大于技术参数的规定，可根据实际使用环境情况进行适当调整，按体积计算需要配备消毒器的数量；按照产品使用说明书要求安装消毒器；进行空气消毒时，应关闭门窗，接通电源，指示灯亮，按动开关或遥控器，设定消毒时间，开机5min稳定后，机器开始工作。按设定程序经过一个消毒周期，完成消毒处理。消毒器运行方式采用间断运行。

四、消毒器的消毒因子

C波段（波长范围为200～280nm）紫外线。

五、消毒器的消毒机制

消毒器是通过紫外线的辐射使微生物细胞内的核酸、胞质蛋白质和酶发生化学变化，使空气中的细菌繁殖体、空气细菌芽孢、结合分枝杆菌、真菌、病毒和立克次体等各种微生物突变或死亡，在有效杀灭微生物的同时，可以通过循环风有效地过滤空气中的尘埃达到净化效果。

六、消毒器杀灭微生物的效果

研究人员研究了紫外线对流动空气中气溶胶颗粒内微生物的杀灭作用，采用254nm紫外线，平均强度9400μW/cm^2，照射时间0.0625～1.0s，结果发现，照射0.5s对金黄色葡萄球菌、表皮葡萄球菌、黏质沙雷菌、枯草杆菌繁殖体和枯草杆菌芽孢都可杀灭99.5%以上，而对黑曲霉孢子只能杀灭67%，对各种高度抗性的微生物照射1s亦只能杀灭72%，可见对不同微生物的杀灭作用相差很大。李进等在直径30cm的铝制圆筒内，安装2支30W直管式的低臭氧紫外线灯管，在一端装有轴流式风扇，研制出的风筒式紫外线空气消毒器，开机8～30min可使室内空气中的细菌减少99.9%以上。居喜娟等研制的柜内安装8支H型低臭氧紫外线灯管的紫外线空气消毒器开机6～15min可杀灭空气中的99.9%以上的微生物；开机30min可使空气中的浮游菌下降到50CFU/m^3以下。在50m^3的室内放置一台此类消毒器可达到Ⅱ类洁净室的消毒标准。依据GB 28235—2020中紫外线空气消毒器的模拟现场试验，在温度为20～25℃、相对湿度为50%～70%的条件下，开机作用至产品使用说明书规定的时间（最长不超过2h），对于空气中污染的白色葡萄球菌（8032）的杀灭率≥99.9%；而现场自然条件下，对于空气中自然菌的消亡率应≥90.0%。

七、消毒器的监测方法

依据WS/T 648—2019《空气消毒剂通用卫生要求》附录A进行空气消毒模拟现场试验、附录B进行空气消毒现场试验。

八、影响消毒器作用效果的因素

（1）紫外线光源的电压。电压不足，辐射强度明显下降，两者呈正相关。

（2）紫外线照射消毒的时间。卫生部2002年消毒技术规范规定了紫外线空气消毒的照射时间为30～60min。

（3）环境湿度。由于水分子能吸收紫外线，空气湿度较大时会降低紫外线的穿透力，降低消毒效果。紫外线灯辐射强度与空气含湿量成反比。

（4）环境温度。环境温度影响紫外线消毒器紫外线灯的辐射输出，紫外线灯在环境温度40℃时辐射的杀菌紫外线较强。通常来说，紫外线在室温20～35℃时杀菌作用较强。随着温度降低，紫外线的输出减少；温度过高，辐射的紫外线因吸收增多，输出也减少。因此，温度过高或过低对紫外线的消毒效果均有影响。

（5）微生物的种类和数量。紫外线照射消毒的效果与微生物对紫外线的敏感性及微生物的数量有关，敏感性越差，数量越多，消毒效果越差。

（6）消毒器的有效寿命。包括主要元器件的有效寿命和整机寿命两种，紫外线杀菌灯的有效寿命作为紫外线空气消毒器有效寿命指标。

（7）循环风量。循环风量是保证紫外线空气消毒器消毒效果的主要因素之一，循环风量随着风机使用时间的延长而衰减。卫生部《消毒技术规范》（2002年版）中要求新消毒器的循环风量为适用体积的8倍。

（8）灯管质量。紫外线杀菌灯管的质量也会影响产品的消毒效果。

（9）消毒空间。待消毒的空间越大，需按比例增加消毒器数量。

九、消毒器使用的注意事项

（1）使用消毒器前应严格按照说明书操作，并应按产品使用说明书规定定期维护、保养，保养及维修时务必拔下电源插头。

(2) 使用消毒器对空气消毒时，应保持待消毒空间内环境清洁、干燥，关闭门窗，避免与室外空气流通，以确保消毒效果。

(3) 严禁在存有易燃、易爆物质的场所使用。

(4) 严禁堵塞紫外线空气消毒器的进风口、出风口。

(5) 为确保有效的循环风量和消毒效果，应根据使用环境清洁度定期清理过滤器，保持清洁，不宜使用风速调节器。

(6) 紫外线杀菌灯应视使用时间检测辐射照度，其辐射照度低于 $70\mu W/cm^2$（功率≥30W 的灯）或累积使用时间超过有效寿命时，应及时更换灯管。

(7) 消毒器应由专业人员维修。

(8) 在中心波长为 253.7nm 的紫外线下消毒操作时，应戴防护镜、穿防护服。

(9) 应避免直接照射人体皮肤、黏膜和眼。

十、消毒器的应用范围

主要适用于医院Ⅱ类环境、Ⅲ类环境、Ⅳ类环境的室内空气动态消毒，也适用于血站、食品饮料厂、制药厂、卫生用品厂、电子厂、养殖场、库房、银行、学校、疗养院、博物馆、档案馆、图书馆、餐饮业、公共场所等的室内空气动态消毒，也可在无人条件下使用。

第二节　高效空气过滤器

高效空气过滤器（HEPA），是空气净化技术的核心技术手段，也就是高效过滤除菌，其过滤精度非常高，能够过滤 0.1～0.3μm 的微粒。空气洁净技术是空气除菌的方法之一，空气消毒只对空气中致病微生物而言，而空气净化不仅要除去空气中生物粒子，也要出去其他各种颗粒。高洁净度环境所用滤材级别多数为高效或超高效滤材，现在滤材有玻璃棉制滤材、高级纸浆制滤材、石棉纤维滤材、过氯乙烯纤维滤材等。

一、消毒器的构造

一个完整的空气净化系统包括组合式净化空调机组、洁净送风管道、洁净回风管道、送风静压箱、高效过滤器、多孔扩散板、洁净室隔断、百叶回风口、新风口等。

二、消毒器的工作原理

用风机将室外的空气通过空气过滤器送入室内，稀释以置换室内污染的空气，使室内的空气达到洁净的水平。该类消毒器主要靠初效、中效、高效或超高效过滤设备中的滤材，组成空气过滤、除菌、除尘系统起作用。

三、消毒器的使用方法

依使用说明书进行。

四、消毒器的消毒因子

过滤介质；静电。

五、消毒器的消毒机制

（1）网截阻留：靠滤材纵横交错的网格结构机械阻留空气中的各种颗粒。

（2）筛孔阻留：空气过滤器的不同孔径的微孔结构，超高效滤器能阻留住0. 1μm 的颗粒，普通高效滤材亦能阻留直径<0. 5μm 的颗粒。孔径越小，阻留效果越好，但孔径过细产生的阻力越大，会影响风速。

（3）静电吸引阻留：空气中的微粒多为带电粒子，高效滤材一般都带有静电，能吸附空气中的颗粒。

（4）惯性碰撞和布朗运动阻留：空气中颗粒可以在气流改变方向时保持其原来运动轨迹，这样颗粒就会碰撞阻留在滤材上，另外空气中颗粒的不规则运动也会被滤材阻留。由此可见，过滤洁净技术是一种综合作用的结果。

六、消毒器杀灭微生物的效果

高效过滤器对空气中 0. 5μm 的颗粒的阻留率能达到90%~99%，超高效滤材可阻留 0. 3μm 的颗粒 99. 9% 以上。

七、消毒器的监测方法

GB 15982—2012《医院消毒卫生标准》附录 A. 2 空气微生物污染检查方法。

八、影响消毒器作用效果的因素

（1）HEPA 滤网效率。

（2）空气净化风量。HEPA 效率越高，阻力也越大，净化器的实际通风量也会减小；风量减小，单位时间内的净化次数也会减少，CADR（高洁净空气量）值降低。

九、消毒器使用的注意事项

（1）避免安装于高湿度地方，并避免使用于直接高度污染的外气。

（2）如有金属或其他铁屑等异物飞入滤纸面而撞击到滤纸会造成如针孔般的小洞，所以做好预防措施后再进行送风运转。

（3）运送时，空气过滤器等同玻璃制品之易碎物品，务必禁掉落、禁止横放、禁止平放堆积、禁止堆积过高过重。

（4）保管时，勿置放在阳光下暴晒，在不会造成结露的常温下保管。

（5）纸箱打开时，因为滤纸面极为脆弱故以纸板保护，基本上勿用手或器具触摸，避免造成过滤器受损。

（6）安装作业时，避免会造成过滤器外框及滤材变形之作业行为。

十、消毒器的应用范围

适用于医院手术室等Ⅰ类环境、洁净室、制药厂、飞机舱、实验室、精密电子仪器厂等场合。

第三节　静电吸附式空气消毒器

一、消毒器的构造

静电吸附式空气消毒器由风机、初效滤器、多级线棒蜂巢静电场、浸渍型活性炭吸附器等组成。

二、消毒器的工作原理

通过风机转动使室内空气经消毒器不断循环，经反复过滤、静电场及活性炭吸附而达到净化和消毒空气的目的。

三、消毒器的使用方法

依据消毒器使用说明书进行。

四、消毒器的消毒因子

静电；过滤介质。

五、消毒器的消毒机制

利用高频高压恒流电压，形成正离子浸润效应。当空气中的细菌处于正离子的包围中，迅速获得饱和电量。带负电的细菌在高强度、高能量的正离子浸润作用下，迅速发生电解和能量释放过程，由于快速的能量释放，细菌的细胞壁遭受到严重的破坏。足够的正离子会穿透细胞壁，渗透到细胞内部，破坏细胞膜，导致细菌死亡。

六、消毒器杀灭微生物的效果

易斌等在手术室和 ICU 进行此类装置的动态消毒试验。结果显示，开机 30min 后，空气中自然菌有明显降低，但除菌效果不稳定，空气细菌含量随消毒时间延长而降低。而孙玉卿等的研究结论显示对照组存在室内空气细菌量与人员流动有一定关联，但在开启了静电吸附式空气消毒器的试验组未见室内空气细菌数随人员增加、换药等医疗活动的增加而明显上升的情况。所以对于静电吸附式空气消毒器的动态除菌效果不稳定的说法，可能还尚需探讨。顾健等对 KGD-1800 空气消毒器进行的实验室除菌效果测定显示，常温、开机 30min 对于金黄色葡萄球菌的除菌率达 99.97%，60min 对空气中的枯草杆菌黑色变种芽孢的除菌率为 99.23%。对手术室的动态消毒结果显示开机 60min 后，空气中未检出细菌。

七、消毒器的监测方法

据 WS/T 648—2019《空气消毒剂通用卫生要求》附录 A 进行空气消毒模拟现场试验、附录 B 进行空气消毒现场试验。

八、影响消毒器作用效果的因素

（1）空气相对湿度：湿度太高会对消毒效果产生不利的影响。

（2）室内空气的洁净程度和污染程度，可影响消毒效果，尘埃太多和污染严重的空气，难以消毒。

（3）电压的高低会影响内部高压静电场组件的电场强度，从而影响消毒效果。

九、消毒器使用的注意事项

（1）所用消毒器的循环风量必须为房间体积的 8 倍以上。

（2）个别小型的消毒器经试验证明不能达到上述消毒效果，则不宜用于医院Ⅱ类的空气消毒。

十、消毒器的应用范围

静电吸附空气消毒方法简便、易行、可在动态环境下连续消毒，对周围环境无污染，对人体无害，适用于医院Ⅱ类、Ⅲ类环境，制药厂的无菌室、实验室，食品饮料厂与卫生用品厂的车间、库房等场所的动态持续杀菌除尘。

第四节　臭氧消毒器

臭氧（O_3）是一种强氧化性气体，可弥漫到室内的每个角落，不受室内物品遮挡的影响，不留死角，对空气中微生物具有广谱、高效的杀菌作用，可以杀灭空气中的各种微生物，同时臭氧又具有消除异味、改善空气质量的特性。它具有不稳定可快速自然分解为氧的特征，环保无污染，是作为消毒灭菌剂的独特优点。臭氧的发生技术主要是通过自然界产生臭氧的方法模拟而来的，大致有光化学法、电化学法和电晕放电法三种。臭氧发生器（ozone generator）是指通过介质阻挡放电、紫外线照射或电解方式产生臭氧所必需的装置。臭氧消毒器（ozone disinfector）是指将臭氧发生器产生的臭氧以气体或水为载体用于消毒所必需的全部装置。这里臭氧作为消毒剂使用。臭氧消毒器按安装形式可分为介质阻挡放电式、紫外线照射式、电解式等。

一、消毒器的构造

臭氧消毒器由臭氧发生器和风机组成，是化学因子的空气消毒器的一种。

二、消毒器的工作原理

利用风机将臭氧发生器产生的臭氧扩散于空气中，空气的微生物受到臭氧的氧化作用而死亡，从而达到对空气的消毒作用。

三、消毒器的使用方法

根据待消毒处理空间的体积大小和产品使用说明书中适用体积要求，选择适用的臭氧消毒器机型。消毒时首先关闭窗户，开启臭氧发生器后操作人员立即离开消毒房间并关门。一般臭氧浓度 5～30mg/m^3，相对湿度≥70%，作用时间30～120min。设定消毒时间随臭氧浓度和杀灭微生物的种类而定，经过一个消毒周期，完成消毒处理。消毒结束后，关闭臭氧发生器，待室内臭氧浓度降低至≤0.16mg/m^{3}后（或由厂家提供相应时间），人员才可进入。

四、消毒器的消毒因子

臭氧。

五、消毒器的消毒机制

利用臭氧的强大氧化作用而杀菌，它可有效杀灭细菌及芽孢、真菌等。①臭氧能氧化分解细菌内部葡萄糖所需的酶，使细菌灭活死亡；②直接与细菌、病毒作用，破坏它们的细胞器和 DNA、RNA，使细菌的新陈代谢受到破坏，导致细菌死亡；③透过细胞膜组织，侵入细胞内，作用于外膜的脂蛋白和内部的脂多糖，使细菌发生通透性畸变而溶解死亡。

六、消毒器杀灭微生物的效果

顾士圻等报道在温度为 32℃、相对湿度为 74%、臭氧浓度为 156mg/L 时作用 60min 对空气中自然菌的杀灭率为 90.34%。居喜娟等报道，在 20m^3 的房间内，用臭氧发生器产生 500mg/L 的臭氧量，10min 可使空气中的自然菌减少 90%以上。李怀恩等报道，臭氧浓度为 0.20～0.30mg/m^{3}时，15min 对自然菌的杀灭率为 98.05%～99.90%。GB 28232—2020 中臭氧消毒器用于空气消毒的实验室试验和模拟现场试验时，对白色葡萄球菌（8032）的杀灭率≥99.9%，现场实验中，对于自然菌的消亡率可≥90.0%。

七、消毒器的监测方法

可依据 GB 28232—2011《臭氧发生器安全与卫生标准》附录 A 的碘量法和仪器法进行臭氧浓度的测定。据 WS/T 648—2019《空气消毒机通用卫生要求》附录 A 进行空气消毒模拟现场试验、附录 B 进行空气消毒现场试验。

八、影响消毒器作用效果的因素

（1）臭氧的浓度，臭氧浓度应达到一定的浓度（≥20mg/m^3），但不能太高，否则会损坏室内物品。

（2）相对湿度：用臭氧消毒时，一般相对湿度控制在 70%～95%之间。

（3）环境温度。

（4）作用时间：作用时间的设定具体参考产品说明书。

（5）微生物种类。

九、消毒器使用的注意事项

（1）进行空气消毒，必须是在室内无人条件下进行，消毒后待室内臭氧浓度降低至≤0.2mg/m^{3}后（或由厂家提供相应时间），人才能进入室内。

（2）注意房间的密闭性。消毒时应关闭门窗，保持房间有良好的密闭性，严禁无关人员进入，尽可能减少室内人员数量，以确保消毒效果。

（3）注意室内物体表面卫生。仅对空气有效，对物体表面无消毒效果。

（4）臭氧对物品有损坏作用，不适于室内长期使用臭氧消毒金属仪器设备和橡胶塑料制品。

（5）不能超空间范围使用。

（6）消毒开机时间的选择。①预防性消毒：每天定时消毒 2 次，每次开机 60～120min。一般安排在早晨上班前和下午下班后进行。②动态消毒：目的是控制和减少人员活动过程中对环境空气的二次污染。一般在人员活动高峰期间进行，如更换清洁床单位、会诊查房等。

十、消毒器的应用范围

可应用于医院Ⅲ类环境，如儿科病房、妇科检查室、注射室、换药室、烧伤病房等各类房间的空气消毒。

第五节　过氧化氢空气消毒器

过氧化氢（hydrogen peroxide）又称双氧水，是无色透明液体，分子式为 H_2O_2，分子量为34.015，具弱酸性。过氧化氢分解后产生氧气和水，无残留毒性，对环境友好，是一种高水平消毒剂，对金属、软木、橡胶等具有腐蚀性。

一、消毒器的构造

过氧化氢空气消毒器是由气溶胶喷雾器和过氧化氢消毒剂组成。

二、消毒器的工作原理

过氧化氢空气消毒器是一种用于封闭空间消毒的独特的便携式雾化装置，可自动将过氧化氢消毒剂通过喷嘴和压缩空气系统变为雾化状态。依靠一定压力的气体形成高速气流，从而使气体与液体之间形成很高的相对速度，以达到雾化的目的。使消毒液布满整个房间，从而杀死所有物体表面上的细菌。

三、消毒器的使用方法

稀释配置好特定浓度的过氧化氢，置于消毒器的密闭容器中，设定好待消毒的室内空间面积，依据消毒器使用说明书进行。

四、消毒器的消毒因子

过氧化氢。

五、消毒器的消毒机制

过氧化氢的杀微生物机制是通过改变微生物的通透屏障，破坏微生物的蛋白质、酶、氨基酸和核酸，最终导致微生物的死亡。

六、消毒器杀灭微生物的效果

过氧化氢可杀灭细菌繁殖体、真菌、病毒、分枝杆菌、细菌芽孢等各种微生物。在室温下，用15～30g/L浓度的过氧化氢溶液，按20mL/m^3喷雾，密闭作用60min，可杀灭空气中和光滑表面上微生物达99.99%以上；用60g/L浓度的过氧化氢喷雾，作用60min，可有效杀灭细菌芽孢达99.99%。

七、消毒器的监测方法

据WS/T 648—2019《空气消毒机通用卫生要求》附录A进行空气消毒模拟现场试验、附录B进行空气消毒现场试验。

八、影响消毒器作用效果的因素

（1）浓度及作用时间；过氧化氢的杀微生物效果随浓度增高和作用时间的延长而增强。

（2）温度，理论上讲，温度每下降10℃，消毒作用时间需延长2～2.5倍。

（3）有机物，有机物的存在对过氧化氢的杀菌效果有明显影响。

（4）相对湿度：以60%～80%为宜。

（5）研究显示，过氧化氢与热、紫外线、无机碘化物、超声波、等离子体、金属离子、表面活性剂、醇、季铵盐、戊二醛等均有协同杀菌作用。

九、消毒器使用的注意事项

（1）储存：通风阴凉处，远离可燃和高温，以免引起爆炸。

（2）消毒液的配制：稀释液不稳定，需现配现用。

（3）对金属有腐蚀性，对织物有漂白作用，消毒后的物品及时用清水去除残留，以免造成损害。

（4）对人体皮肤黏膜有腐蚀性，接触高浓度过氧化氢时，应采取防护措施。

十、消毒器的应用范围

过氧化氢空气消毒器应用于高级别生物安全实验室、隔离病房和传染病患者救护转运车辆的安全消毒，也可用于以上场所及医院病房、手术室、ICU等场所空气和公共集体场所及家庭的终末消毒处理等。

第六节 过氧乙酸空气消毒器

过氧乙酸（peracetic acid）是无色透明液体，分子式为$C_2H_4O_3$（CH_3COOOH），

分子量为76.0518，具酸性，易挥发，有强烈的刺激性酸味。过氧乙酸分解后产生氧气和水，无残留毒性，对环境友好，是一种杀菌能力较强的高效消毒剂。

一、消毒器的构造

过氧乙酸空气消毒器是由气溶胶喷雾器和过氧乙酸消毒剂所组成。

二、消毒器的工作原理

采用现代微粒子气溶胶喷雾器将过氧乙酸溶液雾化成50μm以下的微小粒子，允许其在空气中与微生物颗粒有充分接触的机会，达到杀灭空气中微生物的目的。

三、消毒器的使用方法

消毒时，关闭门窗，使其密封，过氧乙酸用量大约为1g/m^3，采用加热熏蒸、超声波雾化或气溶胶喷雾等方法，作用时间为30～120min不等，视环境条件和使用方法而定。

四、消毒器的消毒因子

过氧乙酸。

五、消毒器的消毒机制

过氧乙酸的杀微生物机制是它本身所具有的强氧化作用。过氧乙酸可以和酶、氨基酸、核酸等发生反应，不但可以分解DNA的碱基，而且可以使DNA双链解开和断裂。过氧乙酸对细菌芽孢的杀菌机制研究表明，过氧乙酸先破坏芽孢的通透性屏障，进而破坏和溶解核心，使内容物漏出，引起芽孢死亡。其中活性氧起主导作用，酸起协同作用。

六、消毒器杀灭微生物的效果

过氧乙酸可杀灭细菌繁殖体、真菌、病毒、分枝杆菌、细菌芽孢等各种微生物，且在低温下仍有效。使用5g/L过氧乙酸喷雾20～30mL/m^3，密闭作用30min以上，即可达到良好的消毒效果。

七、消毒器的监测方法

据WS/T 648—2019《空气消毒机通用卫生要求》附录A进行空气消毒模拟现场试验、附录B进行空气消毒现场试验。

八、影响消毒器作用效果的因素

（1）浓度及作用时间，过氧乙酸的杀微生物效果随浓度增高和作用时间的延长而增强。

（2）温度，温度虽对过氧乙酸的杀微生物效果有一定影响，但即使低至-20℃过氧乙酸仍有显著的杀微生物作用。

（3）相对湿度，以60%~80%为宜。

（4）研究显示，过氧化氢与超声波有协同杀菌作用。

九、消毒器使用的注意事项

（1）储存：过氧乙酸性质不稳定，其稀溶液极易分解，应盛放于塑料容器中，避免接触金属离子、碱或有机物，于通风阴凉避光处储存。

（2）使用液应每天更换。

（3）对金属有腐蚀性，对织物有漂白作用，消毒后的物品及时用清水去除残留，以免造成损害。

（4）对人体皮肤黏膜有腐蚀性，接触高浓度过氧化氢时，应采取防护措施。

十、消毒器的应用范围

过氧乙酸空气消毒器应用于高级别生物安全实验室、隔离病房和传染病患者救护转运车辆的安全消毒，也可用于以上场所及医院病房、手术室、ICU等场所空气和公共集体场所及家庭的终末消毒处理等。

第七节　二氧化氯空气消毒器

二氧化氯，常温下是黄色气体，有刺激性气味，易溶于水，该化合物为强氧化性小分子消毒剂，具有与过氧乙酸类似的性质，亦是良好的气溶胶喷雾消毒剂。

一、消毒器的构造

二氧化氯空气消毒器是由二氧化氯发生器、气溶胶喷雾器和二氧化氯消毒液所组成。

二、消毒器的工作原理

采用气动搅拌的方式将二氧化氯消毒液转化成二氧化氯气体，使其在空气中传播，以杀灭空气中的微生物。

三、消毒器的使用方法

消毒时，关闭门窗，使其密封，采用加热熏蒸或气溶胶喷雾等方法，作用一定的时间，进行室内空气的消毒。

四、消毒器的消毒因子

二氧化氯。

五、消毒器的消毒机制

杀菌机制目前还不是十分清楚，但多数学者认为二氧化氯对微生物细胞壁有较好的吸附和穿透能力，进入细胞体内后直接氧化细胞内含硫基的丙氨酸、色氨酸、酪氨酸等从而导致细菌死亡。对一般细菌有杀灭作用外，对芽孢、病毒、藻类、细菌、真菌等均有很好的杀灭作用。部分学者则认为二氧化氯能聚集在细胞周围，起到封闭作用，使细胞失去利用蛋白质的能力，破坏蛋白质合成新细胞的过程，阻碍细胞再生，使之达到最终破坏细胞的效果。

六、消毒器杀灭微生物的效果

二氧化氯气体浓度为8mg/m^{3}时，作用30min，对空气中细菌、真菌、病毒等均能达到消毒效果。

七、消毒器的监测方法

据WS/T 648—2019《空气消毒机通用卫生要求》附录A进行空气消毒模拟现场试验、附录B进行空气消毒现场试验。

八、影响消毒器作用效果的因素

消毒剂用量和消毒作用时间。

九、消毒器使用的注意事项

（1）储存：于干燥通风阴凉避光处储存。

（2）使用稀释液应现配现用，每天更换。

（3）对碳钢、铝等有中度腐蚀性，对铜、不锈钢有轻度腐蚀性，金属制品经二氧化氯消毒后，应及时用符合要求的水冲洗干净、干燥。

十、消毒器的应用范围

二氧化氯可用于生物安全实验室、隔离病房和传染病患者救护转运车辆等无人条件下密闭场所的终末消毒。

第八节　等离子体空气消毒器

等离子体是高度电离的气体云，是气体在加热或强电磁场作用下电离而产生的，主要由电子、离子、原子、分子、活性自由基及射线等组成。等离子体是继固态、液态、气态下的第四种形态。等离子体灭菌消毒效果极强，且作用时间短，是高强紫外线所远远不及的。

一、消毒器的构造

等离子空气消毒器由（粗效+中效+活性炭）复合过滤网、高压等离子体电场、风机、高效复合过滤网等组成。

二、消毒器的工作原理

等离子体空气消毒器是采用不锈钢圆形电晕线，在高压正脉冲电源作用下，产生正脉冲电晕放电，电量区域容易伸展，从而形成稳定的等离子体，微生物经过等离子体区域时，受到等离子体云中高能紫外线光子和活性自由基的作用，破坏菌体蛋白质和核酸，致使细菌死亡。

三、消毒器的使用方法

依据消毒器使用说明书进行。

四、消毒器的消毒因子

正、负离子（等离子体）。

五、消毒器的消毒机制

低温等离子体发生的静电作用在各种细菌、病毒等微生物表面产生的电能剪切力大于细胞膜表面张力，使细胞膜遭到破坏，导致微生物死亡。

六、消毒器杀灭微生物的效果

在 $20m^3$ 密闭空间内，开启设备 60～150min 后，对白色葡萄球菌的杀灭率≥99.9%。在对应体积的实验室里，产品开启 2h 后，对空气中自然菌的杀灭率≥90%。

七、消毒器的监测方法

据 WS/T 648—2019《空气消毒剂通用卫生要求》附录 A 进行空气消毒模拟现场试验、附录 B 进行空气消毒现场试验。

八、影响消毒器作用效果的因素

（1）空气相对湿度：湿度太高会对消毒效果产生不利的影响。

（2）室内空气的洁净程度和污染程度，可影响消毒效果，尘埃太多和污染严重的空气，难以消毒。

（3）电压的高低会影响内部高压静电场组件的电场强度，从而影响消毒效果。

九、消毒器使用的注意事项

（1）无论用于静态消毒或动态持续消毒均需关闭门窗。

（2）过滤网需要定期更换。

十、消毒器的应用范围

适用于医院Ⅱ类环境、Ⅲ类环境、Ⅳ类环境的室内空气动态消毒，也适用于血站、食品饮料厂、制药厂、卫生用品厂、电子厂、养殖场、库房、银行、学校、疗养院、博物馆、档案馆、图书馆、餐饮业、公共场所等的室内空气动态消毒（人机共处）。

第九节　光触媒空气消毒器

光催化技术是近年来发展起来的新的空气消毒方法，主要利用光触媒（如纳米 TiO_2）技术。

一、消毒器的构造

光触媒空气消毒器主要由光触媒系统、紫外灯管、静电吸附系统、活性炭滤网、风机等组成。

二、消毒器的工作原理

通过特殊光源照射光触媒涂层，产生类似光合作用的光催化作用，产生氧化能力极强的自由氢氧基和活性氧，具有很强的光氧化还原功能，可氧化分解各种有机化合物和部分有机物，能破坏细菌的细胞膜和固化病毒的蛋白质，杀灭细菌和分解有机污染物，因而具有极强的杀菌、除臭、防霉、净化空气的功能。

三、消毒器的使用方法

依据消毒器使用说明书进行。

四、消毒器的消毒因子

自由氢氧基、活性氧。

五、消毒器的消毒机制

光触媒在紫外线光源照射下，产生强烈催化降解功能，能有效降解空气中有毒有害气体，能有效杀灭多种细菌，同时还具备除甲醛、除臭、抗污、净化空气等功能。

六、消毒器杀灭微生物的效果

光触媒空气消毒器运行 30min，对气雾室空气中白色葡萄球菌的杀灭率为 99.96%。现场试验中，运行 60min，对体积约为 60m³ 室内空气中的自然菌消亡率均>90.00%，平均消亡率为 98.25%；运行 60min，对医院Ⅱ类环境和Ⅲ类环境空气中的自然菌清除率均>90.00%。

七、消毒器的监测方法

据 WS/T 648—2019《空气消毒机通用卫生要求》附录 A 进行空气消毒模拟现场试验、附录 B 进行空气消毒现场试验。

八、影响消毒器作用效果的因素

（1）光源：采用不同光源照射，其除菌效果不同，尤以紫外线杀菌灯作为激发光源对空气消毒效果最好。

（2）作用时间：消毒效果随作用时间的延长而增强。

（3）其他因素对光触媒的协同杀菌作用：联合使用静电、活性炭吸附、电辅加热系统、循环风等有利于提升消毒效果。

九、消毒器使用的注意事项

（1）内置紫外灯管仅为激活光触媒用，波长仅为 35nm 以下，对人体无任何副作用。

（2）后期维护：对于光触媒面板、灯管和过滤器等耗品需要根据使用环境情况，定期更换。

十、消毒器的应用范围

适用于住院部、急诊室、ICU、手术室、门诊部等医院环境的空气消毒，也适用于餐饮、宾馆、娱乐场所、酒店等商业领域的空气消毒。

小　结

随着生物高科技和现代医学发展，单一杀菌因子的空气消毒器慢慢淡出市场，而多因子空气消毒器，不仅可以在有人条件下持续运行，且对人体无害，对环境不产生二次污染，净化效果提高，增加了空气中化学污染物的去除功能。多因素组合型的空气消毒器依靠多种消毒因子消除自然菌，缩短了消毒时间、扩大杀菌谱、节省资源，保护环境。甚至有的机型还能去除空气中的甲醛、苯酚等有机气体，过滤花粉等过敏源，同时对吸烟产生的烟雾和烟味、卫生间的不良气味、人的体味等都可有效去除。多因素组合型的空气消毒器正被人们广泛接纳和使用。

（孙华杰）

第三十章　钱币消毒器

钱币作为一种流通手段，早在中国北宋时期就已出现。第一张钱币“交子”诞生于四川成都，替代了传统的金属货币。发展至今，钱币不仅仅作为一种等价交换的流通手段，更是一个国家的“名片”。世界上存在的两百多种钱币，流通于全球的独立国家和地区。不同国家的钱币图案颜色各不相同，从侧面反映了一个国家历史文化底蕴、价值取向、政治制度和文明程度等。近年来，随着经济高速发展，社会对现金的需求量日益增大，钱币交换频繁，由于钱币流通范围广，接触人手多，其卫生状况不容忽视，在传染病频发的今天，货币成为一种隐患极大的传播媒介，可造成疾病大范围流行。

调查显示，第五套人民币细菌污染状况严重，其细菌污染总数达到 $3.0\times10^3\sim5.3\times10^4$ CFU/cm^2 和 $2.9\times10^3\sim4.4\times10^6$ CFU /张。根据有关标准，皮肤接触类用品的细菌总数应 ≤300CFU/25cm^2，由此可知，第五套人民币是存在大量细菌超标的钱币，存在一定的安全隐患。此外，有研究表明，不同面值的钱币细菌污染情况有所差别，1 元、5 元、10 元和 20 元等小面额的钱币细菌污染情况严重，100 元的细菌污染程度最轻。这与钱币流通的频繁程度有关，通常小面额的钱币经手交换的次数较多，沾染上不同细菌的机会较大。一项对人群使用人民币习惯的调查显示，大部分人群知晓钱币含有大量的细菌，卫生状况较差，但少有人形成正确使用钱币的习惯，缺少预防细菌感染的意识。

钱币的卫生状况关系着每个人的身体健康，尤其是老人、小孩以及长期与钱币打交道的银行工作人员。此外，钱币外表附着微生物、灰尘和污垢，也影响其二次流通。为消除隐患，杀灭、清除钱币表面附着的病原微生物，减少人群感染有害病菌的风险，人们通过物理、化学等手段对钱币进行消毒，为了对大量紧密成捆、堆积的钱币进行全面、彻底的消毒，研发者们也制造了一些容量较大的消毒器，便于进行大规模的钱币消毒。根据消毒因子不同，钱币消毒器大致可分为物理和化学消毒，主要可分为以下几类：

1. 紫外线钱币消毒器

目前，钱币消毒器中最常用的消毒因子为紫外线消毒因子，240 ~ 280nm 波段的紫外线具有杀菌作用，其主要作用于微生物的核酸，使 DNA、RNA 的碱基受到破坏，形成嘧啶二聚体、嘧啶水化物等，使细菌失去复制、转录的功能。此外，紫外线还可作用于微生物的蛋白质，破坏其结构，使酶失去活性。

紫外线消毒器作用于钱币表面微生物的实验表明，在 13 ~ 15℃、相对湿度

52%~54%条件下，钱币经紫外线照射12s后，95%以上的自然菌被杀灭，但紫外线穿透性较差，对于成捆紧密成堆的钱币而言，表层的微生物杀灭效果较好，中间内层的钱币由于没有接受紫外线的照射，消毒效果较差。为了解决这个问题，也有人想出将紫外灯安装在运输带的上下方，钱币经输入口输入，接受紫外线照射后，再由输出口输出到钱币收集盒内。每张钱币双面均被紫外灯照射，可充分杀灭微生物，消毒效果较好。此外，还有人提出将紫外线与点钞机相结合，在点钞的过程中打开紫外灯，在紫外线的照射下可充分杀灭钱币表面附着的微生物。

2. 微波钱币消毒器

微波是一种波长短、频率高、穿透性强的电磁波，一般消毒用的微波频率为915MHz和2450MHz，可杀灭芽孢在内的所有微生物，其主要通过产生热效应和非热效应（如场力效应、光化学效应、超导电性等）达到杀灭病原菌的目的。

微波钱币消毒器通过有效控制微波热效应的情况下利用其电磁场效应，使细菌细胞液中的正负离子向两级做定向运动，破坏细菌细胞液中的正负离子浓度及细胞膜的通透性，起到杀菌的作用。实验表明，利用微波钱币消毒器对一扎钱币进行消毒时，中间层的消毒效果要优于表层，在这扎钱币外加一层塑料盒后，表层和中间层的消毒杀菌效果达标。原因可能是微波产生的热效应在表层容易流失，温度不够，杀菌不彻底。在使用微波消毒器的过程中，应注意消毒时间和温度的控制，避免温度过高造成纸币碳化或燃烧。

3. 臭氧钱币消毒器

臭氧作用于细菌细胞膜，使其通透性增加，细菌细胞膜内容物流出，从而使细菌死亡。此外，臭氧还可作用于细菌的蛋白质、遗传物质等。紫外线、微波以及化学熏蒸等在对钱币进行消毒时都存在消毒不完全、不彻底、工作量大的缺点，臭氧作为一种气体，能迅速弥漫到整个待消毒的空间、灭菌无死角，但臭氧化学性质不稳定，很容易分解成氧气或单个氧原子。

为了应对臭氧极不稳定的特点，有研发者在设计臭氧输出端口时，设计了5个端口，且全部贴附于过钞路径上，当钞票经过时，五个端口分别对着钞票的不同位置，使钞票能被臭氧全面包裹，能有效杀菌。为保证杀菌彻底，一张钞票重复2~3次进入运钞带。

4. 其他钱币消毒器

除上述外，钱币消毒器还包括等离子体增强纸币消毒器、纳米光半导体纸币消毒器、紫外线-臭氧钱币消毒器等。总的来讲，钱币消毒器是将不同的消毒系统与机器相结合，其目的都是为了彻底杀灭钱币上存在的微生物，降低银行工作人员和大众感染病菌的概率，使“钱币”不再成为传播疾病的危险媒介，只是不同的机器采用的消毒原理不同。不同的消毒方法各有优缺点，钱币消毒器也在不停地改进、优化之中。

目前，常用于钱币消毒的机器是紫外线消毒器、臭氧消毒器。下面分别介绍，包括其构造、消毒原理、消毒机制、影响因素、注意事项等。

第一节　紫外线钱币消毒器

一、消毒器的构造

紫外线钱币消毒器主要用紫外线进行消毒灭菌。根据构造、原理不同，又可分为柜式、输送式消毒。目前市面上常见的柜式紫外线钱币消毒器构造较为简单，分为外壳（即柜子）和内置紫外灯。消毒时打开紫外灯。密闭柜门，消毒完毕后先关掉紫外灯，再将消毒完成的钱币取出（图 30-1 和图 30-2）。

图 30-1　柜式紫外线钱币消毒器

除此之外，有人设计将钱币进行单张消毒的机器，其在传输带上下两端各安装一个紫外灯，钱币由输入口进入，传输带运送，铅笔两面经紫外线充分照射后，由输出口输出。

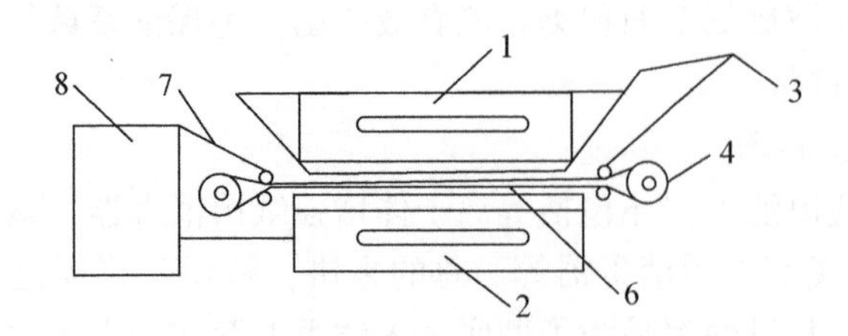

图 30-2　输送式紫外线钱币消毒器

1. 上层紫外灯；2. 下层紫外灯；3. 钱币输入口；4. 钱币输送机；6. 传送带；7. 钱币输出口；8. 钱币收集盒

二、消毒器的工作原理

柜式紫外线钱币消毒器需要先将待消毒的钱币放入柜内，然后再打开紫外灯对钱币进行杀菌处理。按照设定的程序，紫外灯以一定照射强度作用钱币一定时间后达到消毒灭菌的目的，待机器停止运作后将纸币取出。输送式紫外线钱币消毒器的原理是，打开紫外线灯，钱币经输入口进入，接受传输带上下两侧紫外灯照射后由输出口输出。

三、消毒器的使用方法

此类消毒器的程序较为简单，按照产品使用说明书进行操作即可。

四、消毒器的消毒因子

紫外线。

五、消毒器的消毒机制

消毒器主要通过紫外线进行消毒，紫外线是位于可见光和X线之间的非电离辐射光波，240～280nm波段的紫外线具有杀菌作用，其中又以253.7nm的紫外线杀菌能力最强。紫外线的杀菌机制为：紫外线可作用于微生物的核酸，使DNA、RNA的碱基受到破坏，形成嘧啶二聚体、嘧啶水化物等，从而使核酸断裂，失去复制、转录等功能，由此杀灭微生物。紫外线还可以作用于微生物的蛋白质，破坏其结构，导致酶失活、膜损伤等。

六、消毒器杀灭微生物的效果

研究表明，紫外线消毒器对实验室内物体表面的杀菌率达到90%以上，消毒90min后各个采样点的细菌数量均达到消毒的合格水平。另外，实验表明在紫外线消毒箱内对金黄色葡萄球菌、大肠杆菌、绿脓杆菌5s的杀灭率达到99.9%，照射15s可杀死枯草杆菌芽孢和白色念珠菌，照射30s可使HBsAg全部转阴。

七、消毒器消毒过程的监测方法

1. 紫外灯的日常监测

包括对紫外灯管的使用时间、照射累计时间的记录，紫外灯管的照射时间为1000h，紫外灯管的辐照强度<70μW/cm^{2}时应及时更换灯管。

2. 紫外线照射强度的监测

（1）指示卡监测：监测前用95%酒精擦拭灯管，开启紫外线灯5min后，将指示卡置于紫外线灯下垂直距离1m处。将指示卡有图案的一面朝上，照射1min

后关闭紫外线灯，立即取出指示卡。观察指示卡色块颜色，将其与标准色块比较，读出照射强度。

（2）探照仪监测：监测前使用95%酒精擦拭灯管，开启紫外线灯5min后，将紫外线辐射强度仪探头置于被检紫外线灯中央向下垂直距离1m处。仪表稳定3~5min后，观察并记录数值。仪表可直接检测出紫外灯的辐照强度，普通30W直管型紫外线灯，新灯辐射照度值≥90μW/cm^{2}为合格，使用中紫外线灯辐射照度值≥70μW/cm^{2}为合格，若<70μW/cm^{2}时应及时更换灯管。

3. 微生物监测

紫外线对钱币进行照射属于物表消毒，因此按照GB 28235—2020的规定消毒效果进行试验。

（1）实验室微生物杀灭试验。在实验室温度为20~25℃，开机作用至产品使用说明书规定的时间，对指标微生物的杀灭对数值应符合表30-1。

表30-1 对指标微生物的杀灭效果

消毒对象	指标微生物	实验方法	杀灭对数值
钱币表面消毒	金黄色葡萄球菌大肠杆菌	载体法	≥3.00$\log_{10}$

（2）现场模拟试验或现场试验。在现场自然条件下，按照产品使用说明书规定的条件进行现场模拟试验或现场试验，开机作用至产品使用说明书规定的时间，现场模拟试验对钱币表面的指标微生物的杀灭对数值应≥3.00$\log_{10}$；经现场试验对钱币表面的自然菌的杀灭对数值应≥1.00$\log_{10}$。

具体实验程序参照GB 28235—2020。

八、影响消毒器作用效果的因素

1. 辐照强度和照射时间

紫外线的照射强度越低，杀菌效果越差，当强度低于70μW/cm^{2}时，即使照射60min，对细菌芽孢的杀灭作用也不能达到合格要求，紫外线的照射剂量随着照射强度增加而增加。故《消毒技术规范》中规定，用于紫外线消毒的灯管的照射强度不应低于70μW/cm^2，在消毒物不详或要杀灭多种细菌病毒时，紫外灯的照射强度不应低于100μW · s/cm^2。而紫外线的照射强度又受到电压、温度、照射角度、照射距离、灯管的寿命的影响。

2. 微生物的类型

各种微生物对于紫外线的耐受力不同，真菌孢子对紫外线的耐受力最强，细菌芽孢次之，细菌繁殖体最弱。一般细菌芽孢的耐受力是其繁殖体的2~7倍。同一菌种不同菌株、不同培养物、不同代之间对紫外线的耐受能力也各不相同。

（1）微生物的数量及有机物的影响。实验表明，微生物的数量越多，所需要紫外线的照射剂量越大。此外，蛋白胨、鸡蛋、牛乳、血清等有机物的存在会增强细菌对紫外线的抵抗力。

（2）温度。多数微生物（微球菌属除外）在低温时对紫外线辐射是很敏感的，在此条件下，胸腺嘧啶二聚体的数量会明显减少，胸腺嘧啶光产物的累积会影响微生物的修复，此外温度变化还会影响紫外光的照射强度，过高过低都会影响消毒效果，故温度一般以 20～40℃为宜，也有人认为 10～25℃为宜。

（3）湿度。湿度对紫外线杀菌的影响尚无一致看法。有人认为，相对湿度在 60%～70% 以上，微生物的杀灭率急剧下降，最适为 40%～60%，超过 80% 甚至反而有激活作用。相对湿度由 33% 增至 56% 时，杀菌效能可减少至原有的 1/3。另外有人认为湿度对杀菌的影响可能表现在三个方面：①由于相对湿度高，使空气中颗粒增 大，在采样时易于捕获，使杀菌效果呈表面上降低。②颗粒增大使辐射穿透细胞 减弱，因而杀灭效果降低。③相对湿度 60%～70% 时，空气中细菌含水为 30g/100g 菌体，此量称临界含水量。紫外线辐射能传递破坏细菌大分子的共轭关系，这种作用易发生在临界含水量和失水的细菌中，所以，一般高湿条件下紫外 线杀菌效率较低。肌醇及一些复合物对微生物气溶胶的保护作用正是由于它们 代替了细菌失去的结合水。

九、消毒器使用的注意事项

（1）避免在短时间内频繁启动紫外灯，会缩短紫外灯的寿命。

（2）要定期清洗消毒器，以免影响紫外灯的透过率，从而影响紫外灯的杀灭效果。

（3）预防紫外线辐射：紫外线对细菌有强大的杀伤力，对人体同样有一定的伤害，启动消毒灯时，应避免对人体直接照射，必要时可使用防护眼镜，不可直接用眼睛正视光源，以免灼伤眼膜。

（4）使用柜式紫外线钱币消毒器时，要注意钱币的量和摆放位置，过多或没有在紫外灯照射范围内，导致消毒效果不佳。

十、消毒器的应用范围

紫外线钱币消毒器除可对钱币进行消毒外，医院的证券、文件、档案、图书等也可用其进行杀菌消毒。

第二节　臭氧钱币消毒器

一、消毒器的构造

臭氧钱币消毒柜的构造比较简单，外观呈柜状，表面有控制开关、调节旋钮，内设有臭氧发生器（图 30-3）。

图 30-3　臭氧钱币消毒柜

如图 30-4 所示的臭氧钱币消毒器由壳体、传送带、臭氧发生器三部分组成，在传送带两端分别设有送币口和出币口，壳体内对应传送带设有多个臭氧发生器。

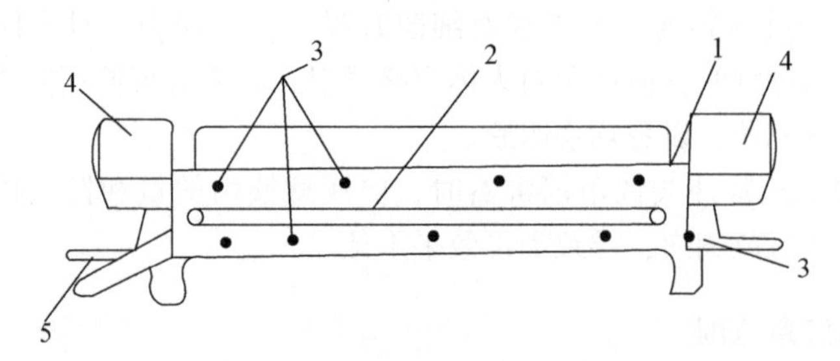

图 30-4　臭氧钱币消毒器构造

1. 壳体；2. 传输带；3. 臭氧发生器；4. 送币口；5. 出币口

二、消毒器工作原理

将包扎好的钱币置于消毒柜内，根据操作使用说明书设置作用时间等，然后打开开关，机器开始工作。机器停止工作1h后，臭氧会自动分解成氧，对人体无害，待消毒柜中的臭氧完全分解成氧后可将钱币取出。另一种将臭氧发生器与传输带结合起来，钱币经过传输带时，被臭氧充分包裹，从而进行彻底无死角的消毒。

三、消毒器的使用方法

按照操作使用说明书进行，一般而言，此类消毒器具有全自动控制器，不用人工操作。

四、消毒器的消毒因子

臭氧。

五、消毒器的消毒机制

臭氧具有很强的氧化性，能与细菌细胞壁脂类双键反应，穿入菌体内部，作用于蛋白和脂多糖，改变细胞的通透性，从而导致细菌死亡。臭氧还作用于细胞内的核物质，如核酸中的嘌呤和嘧啶从而破坏DNA。此外，臭氧首先作用于病毒衣壳体蛋白的四条多肽链，并使RNA受到损伤，特别是形成它的蛋白质。噬菌体被臭氧氧化后，电镜观察可见其表皮被破碎成许多碎片，从中释放出许多核糖核酸，干扰其吸附到寄存体上。

六、消毒器杀灭微生物的效果

实验发现，在温度为23～27℃、相对湿度为68%～78%时，用臭氧作用于染菌布片30min，灭菌率达到99%以上。在相同条件下，臭氧对物体表面霉菌的杀灭率达到98%以上。除此之外。臭氧对物体表面的芽孢和HBsAg也有良好的杀灭作用。研究表明，臭氧发生量为495mg/m^3，在柜内满载情况下，相对湿度达到65%以上时，对柜内各个位置纸质载体上的细菌均可达到消毒合格要求。但消毒器对湿度的要求较高，只有湿度达到65%以上才能保证消毒效果。

七、消毒器消毒过程的监测方法

（1）试纸监测：利用试纸监测臭氧浓度的变化。

（2）微生物监测：臭氧钱币消毒器在对钱币进行消毒灭菌时，按照产品使用说明书的方法，开机作用至规定的时间，杀灭微生物的指标应符合GB

28232—2020（表30-2）的要求。

表30-2　消毒物体表面时杀灭微生物指标

试验类型	微生物	指标	
实验室试验	金黄色葡萄球菌（ATCC 6538） 铜绿假单胞菌（ATCC 15442）	悬液法	杀灭对数值≥5. 00
		载体法	杀灭对数值≥3. 00
	白色念珠菌（ATCC 10231）	悬液法	杀灭对数值≥4. 00
		载体法	杀灭对数值≥3. 00
模拟现场试验	相应微生物	杀灭对数值≥3. 00	
现场试验	自然菌	杀灭对数值≥1. 00	

（3）臭氧的氧化率检测。

（4）臭氧的脱色直观评定。

八、影响消毒器作用效果的因素

1. 臭氧柜的装载情况

实验表明，臭氧柜在满载、空载下对大肠杆菌的杀灭效果有所差异，在相同条件下作用60min，空载的杀菌效果要优于满载，但随着消毒时间的延长，消毒效果逐渐趋于一致。

2. 有机物对臭氧消毒效果的影响

研究发现，当大肠杆菌被小牛血清污染后，臭氧对大肠杆菌的杀灭作用明显下降，随着小牛血清含量的增加，其杀灭率下降的更加明显。可以看出，臭氧对细菌的杀灭作用随有机物污染程度的增加而减小。

3. 温度、湿度对臭氧消毒效果的影响

温度越高，杀菌效果越好，湿度较低时，灭菌效果较差，但随着消毒时间的延长可提高消毒效果。实验表明，相对湿度>90%时，臭氧消毒效果较好。

4. 臭氧浓度、作用时间

臭氧浓度越高，与待灭菌物接触时间越长，消毒效果越好。

九、消毒器使用的注意事项

（1）臭氧钱币消毒柜应放在通风良好、环境整洁的地方，确保机器的长期使用。

（2）在使用消毒柜对钱币进行消毒时要注意钱币之间的间隔，不可过分使用消毒空间，导致消毒效果不佳。

（3）在使用消毒柜时，避免多次打开，影响消毒柜的寿命。

（4）在使用消毒柜时应保持消毒柜的密闭性，避免滋生细菌。定期检查消毒柜的密封性，检查是否有臭氧逸出。

（5）在使用消毒柜的过程中，要注意人员安全，待臭氧完全分解成氧后再将物品取出。

（6）臭氧对普通橡胶制品、金属制品等有腐蚀作用，不能用此机器进行消毒。

十、消毒器的应用范围

臭氧钱币消毒器除对钱币进行消毒外，证券、票据、文件、档案、图书等也可用其进行消毒。

小　结

本章主要介绍了两种钱币消毒器：紫外线钱币消毒器和臭氧钱币消毒器，分别介绍了它们的构造、消毒原理、消毒机制、影响因素和注意事项等。对于钱币消毒器，除上述两种外，也有将微波、等离子体、超声波等应用到钱币消毒，鉴于各自的优缺点，目前使用最多的还是臭氧和紫外线两种。实际上，钱币消毒器就是将不同的消毒系统与机器结合，制造出一种便于钱币消毒的仪器，用于各大银行及其他公共场所，降低钱币作为一种传播媒介传播疾病的风险。

（李德全　陈昭斌）

第三十一章　电场消毒器

自从19世纪50年代巴氏灭菌法发明以来，基于热力学原理的食品灭菌技术成为食品工业中应用最广泛的杀菌方法。由于低温杀菌法（如巴氏杀菌法）升温较温和，一定程度上能保持食品的风味和营养，但食品的保质期短。用巴氏杀菌法处理的鲜牛奶在4℃下保存期限为3～10天；高温杀菌法（如欧姆加热杀菌法、感应加热杀菌法、微波加热杀菌等）虽能达到很好的灭菌效果和延长食品的保质期，但是升温在导致微生物内蛋白质凝固变性、细胞失活的同时，也引发了食品本身物理和化学性质的变化，致使食品的风味被破坏，营养价值下降，甚至会产生呋喃、丙烯胺等对人体健康有害的物质。

为了兼顾食品的微生物安全和质量因素，要求达到杀菌及钝化酶活性效果的同时，尽可能减少对食品的营养、风味、功能等品质的影响。非热灭菌技术作为一种新型食品灭菌技术，成为国际食品界最为活跃的研究领域之一。目前主要研究的非热灭菌技术包括电场消毒、超高压处理、辐射、超声波、脉冲强光和脉冲磁场等。其中电场消毒技术由于其处理时间短、温升小、可连续处理、保质期长等显著优点，过去三十年里得到了工业界和学术界的广泛关注。

电场消毒技术主要包括脉冲电场消毒技术和静电场消毒技术。运用脉冲电场进行消毒的仪器为脉冲电场消毒器。运用静电场进行消毒的消毒器为静电场消毒器。脉冲电场消毒器的消毒效率较静电场消毒器高，但静电场消毒器能耗较低。二者各有优缺点，应用领域也各不相同。脉冲电场消毒器主要用于液体食品消毒和空气消毒。静电场消毒器主要用于各类水质消毒和空气消毒。本章将分别对这两种消毒器进行介绍。

第一节　脉冲电场消毒器

高压脉冲电场（pulsed electric field，PEF）灭菌技术是一种利用不可逆电穿孔效应使微生物细胞致死的非热灭菌技术，可在较低的温度下实现对液态食品中微生物的杀灭，同时保留原有营养和风味。

一、消毒器的构造

脉冲电场灭菌器主要包括高压脉冲电源、处理室、监测系统以及冷却装置（图31-1）。

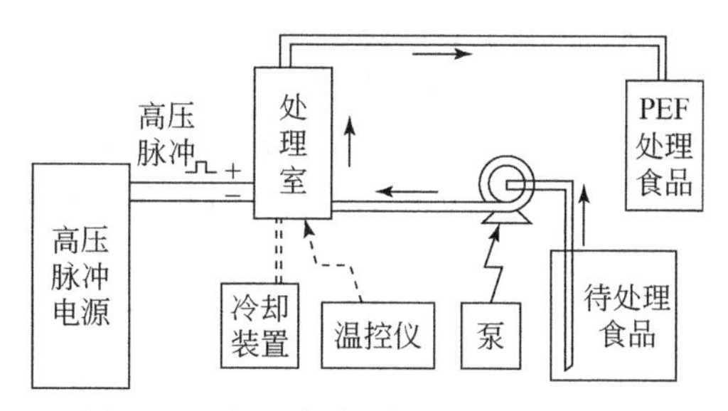

图 31-1　高压脉冲电场灭菌技术示意图

二、消毒器的工作原理

高压脉冲电场灭菌技术是一种温和的非热加工技术，通过两个高压电极对消毒对象施加较高的场强（10～80kV/cm）和较短的脉冲（1～100μs），使微生物细胞膜表面出现穿孔和裂解，从而杀灭目标微生物。

三、消毒器的使用方法

参照产品说明书进行使用和维护。

四、消毒器的消毒因子

脉冲电场。

五、消毒器的消毒机制

高压脉冲电场杀菌技术的工作原理包含物理消毒方式和化学消毒方式。

1. 细胞膜穿孔效应

电场强度增大到一个临界值，细胞膜的通透性剧增，膜上出现许多小孔，使膜的强度降低。此外当所加电场为一脉冲电场时，电压在瞬间剧烈波动，在膜上产生振荡效应。孔的加大和振荡效应的共同作用使细胞发生崩溃，从而达到杀菌目的（图 31-2）。

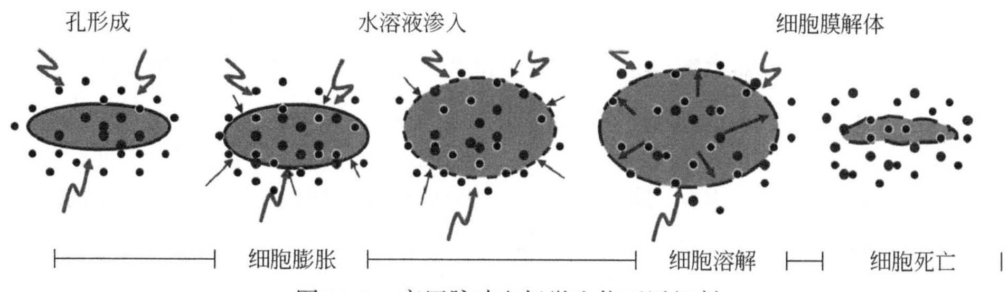

图 31-2　高压脉冲电场微生物灭活机制

2. 黏弹极性形成效应

（1）细菌的细胞膜在杀菌时受到强烈的电场作用而产生剧烈振荡。

（2）在强烈电场作用下，介质中产生等离子体，并且等离子体发生剧烈膨胀，产生强烈的冲击波，超出细菌细胞膜的可塑性范围而将细菌击碎。

3. 电磁效应

电场能量与磁场能量是相互转换，在两个电极反复充电与放电的过程中，磁场起了主要杀菌作用，杀灭目标微生物。

4. 电解产物效应

脉冲放电会形成一种“冷等离子体过程”或“非平衡等离子体过程”，该过程形成的非平衡等离子体中自由电子与气体中的 H_2O、O_2、N_2 等发生碰撞，可以产生大量的自由基团，这些自由基团在强电场作用下极为活跃，穿过在电场作用下通透性提高的细胞膜，与细胞的生命物质如蛋白质、核糖核酸结合而使之变性。

5. 臭氧效应

等离子体中可以产生臭氧，臭氧是一种强氧化剂，可以分解产生氧化能力极强的单原子氧（O）和羟基（—OH），可迅速溶入细胞壁，破坏细菌、病毒等微生物的内部结构，对各种致病微生物有极强的杀灭作用，辅助物理消毒方式，从而进一步提高设备的杀灭效果。

六、消毒器杀灭微生物的效果

1. 杀灭微生物试验操作程序

制备金黄色葡萄球菌（ATCC6538）、大肠杆菌（8099）、铜绿假单孢菌（ATCC 15442）、白色念珠菌（ ATCC 10231 ）菌悬液，将一定量的菌悬液滴加到染菌载体（10mm×10mm，以布片为代表，必要时可随消毒对象，增用或改用其他载体），制成菌片。

有专用容器的，按说明书要求向专用容器内加入规定容量的无菌蒸馏水。无专用容器，用容量≥3000mL 的烧杯，盛装3000mL 无菌蒸馏水样。若无专用容器但需在更大容量的水样中进行试验的，示消毒设备状况，按使用说明书要求调整水样用量。

将不锈钢网放在盛水容器底部中央，将两片染菌布片放不锈钢网表面，菌片不能重叠，染菌布片上再盖一不锈钢网片。消毒箱内应按照使用说明书中规定的最高装载量（满载）装载。开启消毒器，运用浸泡消毒至规定作用时间（作用时间参考仪器使用说明书），取出样片，立即将该菌片分别放入含 5. 0mL PBS 试管中，各自敲打 80 次。取洗液进行活菌计数。

试验同时设阳性对照组和阴性对照组，阳性对照组用相同体积的无菌蒸馏水，将染菌样片浸泡至消毒作用时间后，再取出样片，进行活菌计数。取本次试验同批的 PBS 和培养基接种培养基培养，作为阴性对照。

对细菌、芽孢和真菌，每次试验中的阳性对照菌片，检测回收菌量均应达$5\times10^5\sim5\times10^6$CFU/片，阴性对照组样本应无菌生长。各次试验的杀灭对数值均≥3.00，可判为消毒合格。

注意：若阳性或阴性对照组的结果与上述要求不符，试验作废，重新进行。

2. 脊髓灰质炎病毒灭活试验

制备脊髓灰质炎病毒悬液。若无特殊要求，用玻片为载体。将制备的脊髓灰质炎病毒玻片加到无菌试管中，使带有病毒的一面向上。向含有脊髓灰质炎病毒玻片的试管中加入1.0mL 的无菌蒸馏水，浸泡消毒至规定作用时间，取出玻片载体，移入含1.0mL 细胞维持液的试管中。振打后，检测残留脊髓灰质炎病毒滴度。

将未消毒的染有脊髓灰质炎病毒的玻片，加到1.0mL 的无菌蒸馏水中，浸泡与消毒作用相同的时间。取出玻片载体，移入含1.0mL 细胞维持液的试管中。振打后，检测残留脊髓灰质炎病毒滴度，作为阳性对照。阴性对照，用不含脊髓灰质炎病毒的完全培养基作为阴性对照，以观察培养基有无污染，细胞是否生长良好。

试验重复3次。根据各组的平均病毒感染滴度（TCID50），分别计算其对病毒的灭活对数值。对脊髓灰质炎病毒，培养基无污染，细胞生长良好，脊髓灰质炎病毒的感染滴度$\geq10^5TCID_{50}$，灭活对数值≥4.00。可判为消毒合格。

注意：若阳性或阴性对照组的结果与上述要求不符，试验作废，重新进行。

3. 空气消毒效果鉴定试验

（1）实验室试验与模拟现场试验

同时对对照组和试验组气雾柜（或室）分别进行消毒前采样，作为对照组试验开始前和试验组消毒处理前的阳性对照（即污染菌量）。气雾柜（或室）内空气中各阳性对照菌数应达$5\times10^4\sim5\times10^6$CFU/$m^3$。杀灭率均≥99.90%时，可判为消毒合格。

（2）现场实验

根据使用时的实际情况，选择有代表性的房间并在室内无人情况下进行消毒效果观察。观察时，在消毒处理前用六级筛孔空气撞击式采样器进行空气中自然菌采样，作为消毒前样本（阳性对照）。消毒处理后，再作一次采样，作为消毒后的试验样本。除有特殊要求者外，对无人室内进行的空气消毒，每次的自然菌消亡率均≥90%为合格。

七、消毒器消毒过程的监测方法

1. 电场强度

定期运用电场强度测定仪监控消毒时电场强度是否在仪器说明书规定的范

围，如发现异常，应立即停止工作进行检修。

2. 温度

将温度测定仪的多个探头，分别放于处理室的中央和四角。在处理室内达最高负载（满载）时，开启电源，按消毒设计程序进行消毒。待温度稳定后，每3min，记录各点的温度。试验重复3次，计算各点不同时间的平均温度，并在试验报告中以图表列出。

八、影响消毒器作用效果的因素

处理参数（电场强度、脉冲宽度、脉冲频率和处理室温度）将会对灭菌效果产生影响。实际操作中，可根据不同消毒对象的介质和工艺，通过计算机测控系统进行测量和控制，以获得最优的灭菌条件。

九、注意事项

1. 电化学反应和电极腐蚀

当高压脉冲电场处理设备工作时，会有较大的脉冲电流通过电极-液体界面，使电极和液态食品的交界面发生电化学反应。这一电化学反应主要带来两方面影响：一方面是引发食品介质的化学变化，引入产生有害的化学物质（如盐酸、次氯酸、过氧化氢等）；另一方面，电化学反应还会加速电极表面金属离子的释放，既对物料造成污染，同时又缩短了电极的使用寿命。在使用过程中需定期监控电场强度，保证消毒效果。

2. 气泡与介电击穿

液态介质中的气泡是引发处理室放电或击穿主要原因。高压脉冲处理过程中的气泡主要来自与溶解在液态介质中的空气受热析出以及电解反应产生的氢气和氧气。气泡破坏处理室内部电场的均匀分布，使气泡边缘的电场局部增强，从而导致击穿的发生。

气泡引起的处理室放电或击穿主要会对高压脉冲电场装备造成不可逆的破坏。放电或击穿导致处理室的阻抗瞬间减小或被直接短路，高压脉冲电源将承受高于额定输出几倍甚至几十倍的电流脉冲，导致脉冲电源内开关器件的损坏。另外，由于处理室流道空间紧凑，气泡击穿时产生的冲击波可能对处理室结构造成破坏。目前解决处理室放电或击穿的方法主要包括优化处理室结构（获得均匀的电场分布）、流道镀膜（气泡不容易吸附和聚集）、采用脱气装置等。

十、消毒器的应用范围

脉冲电场技术由于其处理时间短、温升小、可连续处理、保质期长等显著优点，得到了工业界和学术界的广泛关注。高压脉冲电场主要用于液态食品灭菌，如果汁、液蛋、葡萄酒和牛奶等。尽管全球针对高压脉冲电场在液态食品微生物控制应用已经有了将近50年的探索，但目前已报道的规模化设备和商业应用十分有限。从技术层面来看，PEF灭菌技术仍处于从实验室研究到大规模商业化应用的发展阶段。

高压脉冲电场杀菌技术还被用于空气消毒，其灭菌效果好，无污染物产生，能耗低，值得进一步推广使用。

近十年来，高压脉冲电场杀菌技术与其他灭菌技术的结合是一个新的研究热点。在灭菌效果上，越来越多的学者正在尝试把高压脉冲电场灭菌技术和传统的热力学灭菌或其他新型的微生物控制方法联合使用，如超高压、脉冲强光、高压二氧化碳、超声波等。实验结果表明，高压脉冲电场灭菌技术和这些技术联合使用可获得较好的协同灭菌效果，同时可以降低所需高压脉冲电场的场强，以减少高场强带来副作用。

第二节　高压静电场消毒器

一、消毒器的构造

高压静电场消毒器结构主要包括高压直流电源、消毒反应器两部分组成（图31-3）。

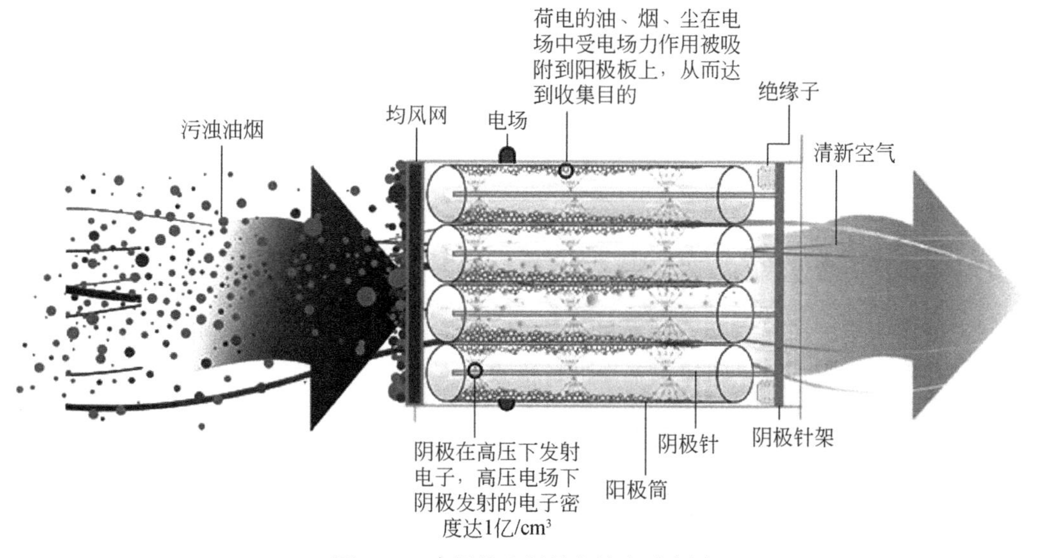

图31-3　高压静电场消毒技术示意图

二、消毒器的工作原理

运用静电除尘技术已有100年的发展历史，静电空气消毒器主要利用电晕放电使空气中的尘粒带电，然后借助库仑力的作用将带电的尘粒捕集到收尘极的极板上，细菌是依附在尘埃粒子上的，尘埃粒子是细菌的载体。因此，可以通过除尘的方法来去除细菌。高效除尘能彻底地去除细菌赖以生存的载体。使用除尘的方法进行除菌消毒，具有彻底性，净化与消毒一次完成，可以达到满意的消毒效果。另外，在对水质消毒时，由于外加高压静电场的存在，导致消毒反应器内的水样在其表面形成电荷层，致使目标微生物灭活。

三、消毒器的使用方法

参照产品说明书进行使用和维护。

四、消毒器的消毒因子

高压静电场。

五、消毒器的消毒机制

（1）静电吸附：运用吸附法去除空气中细菌载体，达到消毒的目的。

（2）高压静电场：目前，对于其消毒机理的解释多为理论推测，尚未形成统一的理论基础。部分学者认为高压静电场对细菌的作用从根本上极可能是伤害作用，电场处理可能改变了细菌的基因表达程序、导致氨基酸代谢上的失调，而达到灭菌效果。

六、消毒器杀灭微生物的效果

参照本章第一节中第六部分。

七、消毒器消毒过程的监测方法

定期运用电场强度测定仪监控消毒时电场强度是否在仪器说明书规定的范围，如发现异常，应立即停止工作进行检修。

八、影响消毒器作用效果的因素

在关于静电场杀菌效果的影响因素进行的研究中发现，电场强度、处理时间是影响电场杀菌作用的主要因素。

（1）电场强度：在一定的处理时间下，改变电场强度进行试验，高压静电场杀菌率随电场强度的升高而升高，当电场强度大于某电场强度后反而下降，即存在最佳工作电场强度。

（2）处理时间：在相同电压条件下，目标微生物的致死率与处理时间呈正相关关系，随处理时间增加致死率不断上升。

九、注意事项

（1）静电除尘器在电晕放电时，会伴随产生臭氧。臭氧对人体有害，所以消毒时，尽量选择无人时实施。

（2）应注意定期清洗和更换吸尘板，以保持消毒效果。

十、消毒器的应用范围

高压静电场消毒器在油烟和空气净化方面得到了广泛的应用。另因其适用水质范围广泛、管理方便、运行成本低、不会产生二次污染等优点，在各类水质消毒领域也得到了迅速的发展和应用。

小　　结

本章重点介绍了两种电场消毒器：脉冲电场消毒器和高压静电场消毒器。分别介绍了两种消毒器的构造、工作原理、使用方法、消毒因子、消毒机制、杀灭微生物的效果、消毒过程的监测、影响因素、注意事项和应用范围。因电场消毒器具有消毒效果好、运行成本低和无污染等优点，故具有巨大的应用价值和商业价值。

（刘　曲　陈昭斌）

第三十二章　常见消毒器商品

消毒器是利用消毒因子杀灭、去除、中和抑制待消毒灭菌物品上微生物的一种消毒灭菌设备。灭菌器是一种能杀灭或清除传播媒介上一切微生物，包括细菌芽孢和非致病微生物的仪器。广义上消毒器包括灭菌器。消毒器对消毒灭菌的开展至关重要，与食品、医疗、生物、制药等多个领域的安全息息相关，根据不同的物品类型和用途可采取不同的消毒器进行消毒灭菌。通常有湿热消毒灭菌设备、干热消毒灭菌设备、化学消毒灭菌设备三种类别。湿热消毒灭菌设备包括蒸汽消毒器、煮沸消毒器、压力蒸汽灭菌器；干热消毒灭菌设备包括热空气消毒器、热辐射灭菌器；化学消毒灭菌设备包括酸性氧化电位水生成器、臭氧消毒器、环氧乙烷灭菌器、甲醛灭菌器、过氧化氢灭菌器等。也可根据化学和物理因子来进行分类，本章根据物理和化学消毒设备的分类分别进行阐述。

第一节　物理消毒设备

一、压力蒸汽灭菌器

压力蒸汽灭菌技术已有100多年的应用历史，第一台压力蒸汽灭菌器产生于1880年，是目前全世界公认的最可靠的灭菌技术之一，广泛地应用在医疗卫生和工农业各领域。

压力蒸汽灭菌器的基本原理是在蒸汽灭菌器内不存在冷空气的条件下，充入纯蒸汽并施加压力可提高蒸汽的温度，当蒸汽与物品充分接触时放出潜热加热物品达到杀灭微生物的目的。可分为重力下排型压力蒸汽灭菌器和预真空式压力蒸汽灭菌器两大类，由于预真空式压力蒸汽灭菌器的灭菌效果较重力下排型的灭菌稳定可靠，灭菌时间短，对物品损坏较轻，具有工作效率高、节约能源等优点，因此越来越多地被推广使用。

重力下排型压力蒸汽灭菌器又包括手提式、立式和卧式三大类（图32-1～图32-3）。

预真空式压力蒸汽灭菌器是在重力下排型压力蒸汽灭菌器基础上发展而来的，可以较彻底地排除灭菌器内室以及待灭菌物品内的冷空气，使压力蒸汽能快速穿透到待灭菌物品的中心部位，并且无死角和明显温差。此类灭菌器自20

世纪 80 年代开始在我国得到普遍使用（图 32-4），包括 MQ-0.8Ⅱ型预真空蒸汽灭菌器、BMQ-Ⅱ型程控脉动消毒柜和 PSYSI-0.6 型喷射式预真空压力蒸汽灭菌器。

图 32-1　手提式压力蒸汽灭菌器

图 32-2　立式压力蒸汽灭菌器

图 32-3　卧式压力蒸汽灭菌器

图 32-4　预真空式压力蒸汽灭菌器

二、紫外线杀菌器

紫外线位于光谱中紫光外侧，光谱范围为 100～400 nm。按照波长，紫外线可以分为 A、B、C 波段和真空紫外线，C 波段对微生物的灭活效果最明显，其中 250～260 nm 的紫外线灭菌作用最强，原因主要是细菌细胞内核酸的吸收光谱与此波谱范围几乎完全吻合。

紫外线消毒灭菌技术具有安全可靠、无残留毒性、对物品损害小、价格低廉、使用方便等优点，广泛应用于饮用水消毒、污水处理、空气消毒和物体表面消毒（图 32-5 和图 32-6）。

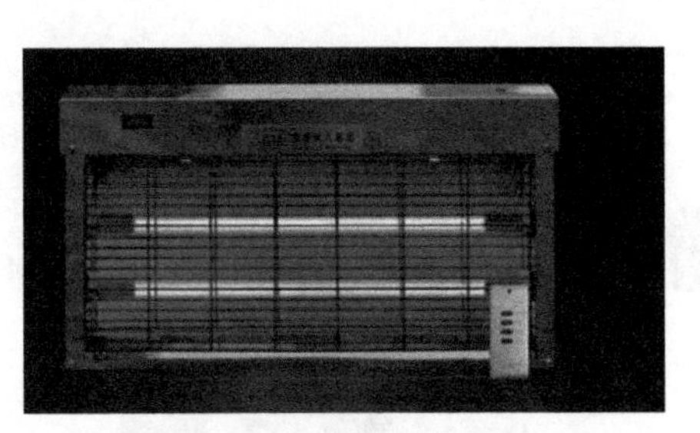

图 32-5　紫外线灭菌器

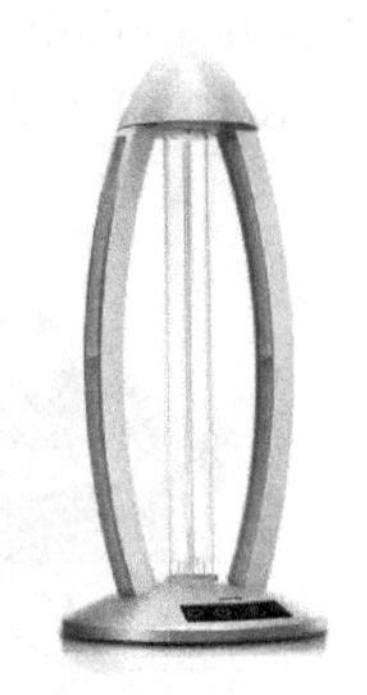

图 32-6　家用紫外线消毒灯

三、干热灭菌器

干热灭菌是在干燥的环境中进行灭菌的技术。干热灭菌器（又名热空气消毒箱，图 32-7），主要有烘箱、干热灭菌柜、隧道灭菌系统等设备系统。干热灭菌器以热空气为介质，通过氧化作用，破坏微生物的结构而达到灭菌的目的。多适用于耐高温的金属用具、玻璃器皿、干燥粉末、凡士林、油脂等。

四、微波消毒器

微波是频率在 300 MHz～300 GHz 的辐射电磁波，常用于食品工业和医疗废物的处理。

与其他通过热效应消毒灭菌的方法相比，微波具有更高的效率，可以利用更低温度或更短时间杀死细胞，但仅用热效应理论无法解释，是通过热效应和非热效应共同作用达到消毒灭菌的目的（图 32-8）。

图 32-7　干热灭菌器

图 32-8　大型微波杀灭设备

五、等离子体消毒器

低温等离子体灭菌是最近几年发展起来的新的低温灭菌技术。等离子体通过外部不断施加的能量把物质解离成阴、阳离子，是一种高度电离的气体状物质。低温等离子体广泛应用于医疗、空气净化、食品、饮用水等领域的消毒灭菌中。具有杀菌效果可靠、作用温度低、灭菌后的器械不需要放置空气中去除残留气体，无腐蚀性、快速高效、广谱、绿色的灭菌特点。

其灭菌作用机理比较复杂，研究者多认为与等离子体产生过程中伴随的可见光和紫外线辐照以及等离子体中有大量的活性粒子有关（图32-9）。

图32-9　等离子体空气消毒器

总之，物理消毒灭菌方式对物品的处理更加彻底，不需要添加化学物质，灭菌处理后没有残留，对环境危害小。基于不同物理技术的消毒灭菌方式具有各自的优缺点，适用于不同场合，应从消毒灭菌物体本身特性、消毒灭菌需求、成本、场地需求等多方面综合考虑，选择合适的方法。

第二节　化学消毒设备

一、臭氧消毒器

臭氧是一种广谱、高效消毒剂，氧化作用极强，反应速度快，有很好的消毒、除臭作用。臭氧消毒器以空气为原料生产臭氧气体，可用于室内空气、水体、医疗卫生领域消毒、除臭及蔬果保鲜和净化等。与其他消毒方法相比，臭氧消毒具备无有害残留和二次污染，空气消毒浓度分布均匀，无死角，使用方便等优点（图32-10）。

臭氧消毒器杀灭微生物的机制属于生物氧化反应自由基态。臭氧极不稳定，分解时释放出自由基态氧［O］，自由基态氧［O］具有强氧化能力，可以穿透细胞壁，氧化分解细菌内部葡萄糖所必须的葡萄糖氧化酶；也可以直接与细菌、病毒发生作用，破坏其细胞器和核糖核酸，分解DNA、RNA、蛋白质、脂质类和多糖等大分子聚合物，使细菌的物质代谢生长和繁殖过程遭到破坏；还具有可以渗透细胞膜组织，侵入细胞膜内作用于外膜脂蛋白和内部的脂多糖等多种作用。

图 32-10　家用臭氧消毒器

二、甲醛消毒器

图 32-11　甲醛消毒器

甲醛用于灭菌已经有 100 多年历史，曾作为化学气体灭菌剂第一个里程碑。甲醛消毒器的工作原理是在一定温度、压力和湿度条件下，用甲醛气体对灭菌室内的物品进行作用，以达到灭菌的目的。

甲醛杀灭微生物的机制主要是烷基化作用，甲醛分子中的醛基可与微生物蛋白质和核酸分子中的氨基、羟基、羧基、巯基等发生反应，从而破坏了生物分子的活性，杀死微生物。但是由于甲醛自然扩散能力差，有致癌性，甲醛消毒器的安全性问题一直受到关注，其使用也受到很大的限制（图 32-11）。

小　结

消毒与灭菌设备是生物工程、医疗卫生、动物实验、工业部门等领域所必需的基础之一。本章简述了常见的物理和化学消毒设备。物理消毒设备是最主要的消毒灭菌设备，常用的有压力蒸汽灭菌器、紫外线杀菌器、干热灭菌器、微波消毒器、等离子体消毒器，其中以压力蒸汽的湿热灭菌使用最广泛和经济可靠。常见的化学消毒设备有臭氧消毒器和甲醛消毒器。

（何　婷　陈昭斌）

参考文献

安玉梅，周存英，刘相娟．两种生物指示剂对压力蒸汽灭菌器生物监测的影响［J］．当代护士（专科版），2010，（10）：154-155.

北京京泽节能环保设备厂（普通合伙）．一种电解法二氧化氯发生器：CN201720284500.1［P］．2018-01-05.

蔡继权．展望纳米世纪［J］．杭州科技，2001，（3）：19-21.

曹锐．压力蒸汽灭菌器的灭菌效果监测［J］．大家健康（学术版），2016，10（6）：298-299.

常萱．压力蒸汽灭菌器灭菌质量影响因素的探讨［J］．计量技术，2008，（08）：61-63.

陈复生．食品超高压加工技术［M］．北京：化学工业出版社，2005.

陈海峰，吉峰云，陈乐如．一种小型医用污水处理器的研制［J］．北京生物医学工程，2012，31（2）：188-190.

陈海生．脉动真空灭菌器温度控制影响因素的原因分析及对策［J］．医疗装备，2014，27（12）：90.

陈建芳．压力蒸汽灭菌器的工作原理［J］．中国医药指南，2010.8（33）：165-166.

陈金宝，刘强，王舰，罗恩杰．病原生物学［M］．上海：上海科学技术出版社，2016：49.

陈良英，谢碧芬，林美琴．可控式温热熏蒸空气消毒器［J］．中国医疗器械杂志，2007，31（1）：69.

陈美婉，彭新生，吴琳娜，等．纳米银抗菌剂的研究和应用［J］．中国消毒学杂志，2009，（04）：68-70.

陈倩，陈昭斌．高能电子束辐照技术在消毒领域的应用［J］．中国消毒学杂志，2017，34（10）：966-969.

陈善兴．超高温瞬时灭菌机在果蔬汁饮料加工中的应用［J］．福建轻纺，2012，（12）：32-35.

陈淑芬．污水高压静电场消毒试验研究［D］．重庆：重庆大学，2009.

陈小天．超声协同的高压脉冲电场液态食品灭菌及其处理室和发生器研究［D］．杭州：浙江大学，2020.

陈昭斌．消毒剂［M］．北京：科学出版社，2019.

陈昭斌．消毒学检验［M］．成都：四川大学出版社，2017.

重庆瑞朗电气有限公司．柜式空气消毒净化器：CN03250291.5［P］．2004-12-29.

邓桥，陈昭斌．高能电子束在医疗卫生用品消毒中的应用［J］．中国消毒学杂志，2018，35（12）：943-945.

邓秋农，沈光辉，袁仁涛，等．臭氧技术的现状及发展趋势［J］．净水技术，2001，20（3）：7-10.

丁东，于德洋．辐照灭菌：一种新的感控方法［J］．中国医疗器械信息，2018，24（07）：40-41，111.

丁泽智，杨晚生．微波干燥技术的研究发展现状［J］．应用能源技术，2019，（4）：40-43.

董波．手消毒器应用前景广阔［R］．乳业时报，2011.
杜娟，何平，向红，等．我国第五套人民币微生物污染调查［J］．中国病原生物学杂志，2017，012（008）：766-769，772.
方玉萍．脉动真空压力蒸汽灭菌器灭菌效果监测［J］．中国消毒学杂志，2014，31（05）：513-514.
冯俊佳．脉动预真空压力蒸汽灭菌器的工作原理及常见故障［J］．医疗装备，2017，30（17）：72-73.
福建省银丰干细胞工程有限公司．紫外线消毒柜：CN201820937443.7［P］．2020-05-12.
富川佐太郎，原晋林．灭菌与消毒的发展历史［J］．消毒与灭菌，1984，（01）：56-59.
高东旗，丁兰英．微波杀菌作用及其应用研究进展［J］．中国消毒学杂志，1999，（02）：32-36.
龚浩．紫外线消毒灯：CN201810685756.2［P］．2018-09-18.
顾德鸿．电离辐射灭菌（钴-（60）和电子加速器）［J］．中国公共卫生，1989，（09）：37-41.
关一鸣．液体除菌过滤系统设计、灭菌及完整性检测［J］．科学创新与应用，2012，（10）：19.
广州市设计院．一种可自动清洗的紫外线消毒器：CN201920114041.1［P］．2019-10-15.
郭见东．氟康唑氯化钠注射液局部冲洗治疗非侵袭型真菌性鼻窦炎的效果［J］．中国社区医师，2018，34（11）：19-20.
国家药品监督管理局．除菌过滤技术及应用指南［S］．2018.
韩永胜，周景明，马国林．使用福尔马林氧化熏蒸消毒时的注意事项［J］．吉林畜牧兽医，2003，（08）：34.
何均明．脉动真空蒸汽灭菌器灭菌效果的影响因素［J］．医疗装备，2015，28（17）：34-35.
河南太平洋水上乐园设备制造有限公司．一种中压紫外线消毒器：CN201820426864.3［P］．2018-11-23.
贺磊，吴锡俊．多用纳米微波灭菌消毒柜：CN2520863［P］．2002-03-04.
胡杰，陈昭斌．太阳光消毒作用研究进展［J］．中国消毒学杂志，2020，37（02）：148-152.
黄志坚，林锦炎，张里君．影响ESS型纸币消毒器杀灭大肠杆菌效果因素的研究［J］．华南预防医学，2000，（1）：19-21.
纪铭．纺织品的微波干燥及灭菌方法研究［J］．品牌与标准化，2010，（24）：50.
姜涛．脉动真空灭菌器的故障及灭菌效果［J］．医疗装备，2016，29（21）：39-40.
蒋爱丽，陈烨璞，华明．臭氧发生器研究的进展［J］．高压电技术，2005，31（6）：52-54，68.
焦进保，王秀容．脉动真空灭菌器的工作流程与维护［J］．医疗装备，2015，28（15）：58-59.
井泰．环氧乙烷灭菌器远程报警器的研制及应用［J］．中国新技术新产，2018，2：147-148.
黎金旭，林世红，林育．浅析影响微波杀菌效果的因素［C］．中国电子学会微波分会．“第十四届全国微波能应用学术会议”暨“2009年微波创造美的生活高峰论坛”论文集．中国电子学会微波分会：材料导报编辑部，2009：50-51.
李秉杰，李伯森，王立，等. 改良纳米 TiO_2 光催化空气消毒机对白色葡萄球菌消毒效果的评价［J］. 现代预防医学，2014，41（2）：359-361.
李超，王杰，翟维枫，等. 新型大功率臭氧发生器控制系统设计［J］. 现代制造工程，2019，5：127-131.
李大玲，宇春霞，陈继英，等. 环氧乙烷灭菌器的应用［J］. 吉林医学，2007，（06）：793-794.
李其斌，林彬红，陈萍茹. 两种脉动真空灭菌模式对超标器械干燥效果的分析［J］. 中国医疗设备，2017，32（02）：83-86.
李文翠. 甲醛多门多格熏箱的应用及效果监测［J］. 黑龙江护理杂志，1999，（07）：35-36.
梁建生，巩玉秀，邓敏，等. 国内外医用织物洗涤消毒管理现状及新动态［J］. 中华医院感染学杂志，2016，026（021）：5029-5031.
梁建生，许慧琼.《医院医用织物洗涤消毒技术规范》释义［J］. 中华医院感染学杂志，2017，27（15）：3377-3381.
梁月红，史永华. 某院脉动真空压力蒸汽灭菌器灭菌效果监测［J］. 中国消毒学杂志，2015，32（05）：497-498.
林少芬，毛羽翔，李斌，等. 台式压力蒸汽灭菌器的应用及其灭菌效果观察［J］. 中国消毒学杂志，2011，28（03）：297-298，393.
刘建国. 可再生能源导论［M］. 北京：中国轻工业出版社，2017：13.
刘康玲，吴楠，王玉荣，等. 超高压杀菌处理对鲜驼乳品质的影响［J］. 食品研究与开发，2020，41（05）：158-163.
刘南，朱兵，杜江，等. 一种化学法发生器产生的二氧化氯对饮水消毒相关性能研究［J］. 中国消毒学杂志，2015，32（09）：857-859.
刘万忠，刘标兵，张超. 过氧化氢纳米雾消毒灭菌仪在传递窗灭菌的应用研究［J］. 机电信息，2016，（23）：28-31.
刘文聪. 超高压技术在食品加工中的应用［J］. 福建轻纺，2010，（05）：28-32.
刘亚平. SCM 系列脉动真空蒸汽灭菌器的工作原理与故障检修［J］. 中国医疗器械信息，2018，24（06）：150-152.
刘元坤，王建龙. 电离辐照技术在环境保护领域中的应用［J］. 科技导报，2016，34（15）：83-88.
陆龙喜，陆烨，林军明，等. 浙江省部分医疗机构压力蒸汽灭菌器物理性能监测［J］. 中国消毒学杂志，2014，31（11）：1176-1178.
吕生奇，童维明. 甲醛熏蒸柜消毒效果评价［J］. 浙江预防医学，2005，（08）：43.
罗跃全，魏静蓉，李斌，等. 便携式脉动真空压力蒸汽灭菌器的研制及效果评价［J］. 中华护理杂志，2017，52（04）：489-492.
马梅芳，陈腾蛟. 微波干燥灭菌技术在中药领域的应用进展［J］. 中医药导报，2008，14（2）：80-82.
孟祥谦. 空气过滤器的设计技巧［J］. 郑州轻工业学院学报（自然科学版），2008，（01）：

59-62.
潘友文，邓海根．灭菌工艺的基本原理与参数放行［M］．北京：中国质检出版社．2013.
彭丽婧，杨润昌．臭氧技术在水处理中的应用及发展［J］．湖南环境生物职业技术学院学报，2006，12（1）：28-31.
钱万红，王忠灿，吴光华．实用消毒技术［M］．北京：人民卫生出版社，2010.
钱万红，王忠灿，吴光华．消毒杀虫灭鼠技术［M］．北京：人民卫生出版社，2008.
秦红梅，周莉，赵文捷．压力蒸汽灭菌干燥时间与方式的调查［J］．中华医院感染学杂志，2008，(02)：234.
曲丽波．浅谈皮张质量的检验及消毒方法［J］．吉林畜牧兽医，2009，30（07）：55，59.
权力敏．公共用纺织品的消毒与洗涤［J］．中国洗涤用品工业，2016，(5)：32-40.
任哲，杨权，魏源．脉冲电场空气消毒器对微生物的杀灭效果及作用机理研究［J］．中国消毒学杂志，2017，34（11）：1001-1004.
日本《食品商业》编辑部．《食品商业》［M］．北京：东方出版社，2018：31.
山东佳境医疗科技有限公司．一种下进上出风壁挂式空气消毒器：CN201921172294.0［P］．2020-05-19.
单张生．NBL1010 型电子加速器的辐照应用［J］．核农学报，2000，(06)：353-358.
上海广茂达光艺科技股份有限公司．明渠式紫外 LED 水体消毒装置：CN201010114390.7［P］．2011-08-31.
邵玉才，张晓青，赵建宝，等．用于水产养殖的射流臭氧杀菌消毒设备介绍［J］．江苏农机化，2013，3：31-33.
沈瑾，孙惠惠，李炎，等．压力蒸汽灭菌器（STATIM 5000）灭菌性能研究［J］．中国消毒学杂志，2014，31（01）：1-4.
沈瑾，张流波．压力蒸汽灭菌器的研究进展［J］．中国消毒学杂志，2007，(03)：271-274.
石亮，黄晓娜，张德利，等．电子束辐照对细胞工厂灭菌效果的验证［J］．中国生物制品学杂志，2017，30（08）：868-871.
史秀丽．消毒供应室压力蒸汽灭菌器灭菌质量的监测［J］．基层医学论坛，2012.16（03）：363-364.
史勇春，柴本银．中国干燥技术现状及发展趋势［J］．干燥技术与设备，2006，（03）：122-130.
四川江中源食品有限公司．巴氏杀菌机：CN201820335630.8［P］．2018-11-09.
苏金钰，刘作云．臭氧发生器研究进展［J］．湖南环境生物职业技术学院学报，2006，12（3）：297-301.
苏州博菡环保科技有限公司．立式紫外线室内空气消毒净化器：CN201710456254.8［P］．2017-09-26.
孙爱平，廖金莲，曾小芬．鼻咽癌放疗病人鼻腔冲洗研究进展［J］．全科护理，2018，16（20）：2460-2462.
孙晖．两种消毒方法在 ICU 床单位终末消毒中的效果比较［J］．齐鲁护理杂志，2014，20（18）：118-119.

孙建华，史晨辉，黄新玲，等. ^{60}Co γ射线对松质骨材料灭菌效果的实验观察［J］. 骨与关节损伤杂志，2002，17（5）：364-365.
孙伟. 医院室内空气净化消毒的方法及应用［J］. 齐鲁护理杂志，2007，13（17）：101-102.
孙永玲，徐秀琴，张玉芹. 介绍一种快速甲醛消毒箱［J］. 中国实用护理杂志，1991，（04）：34.
孙玉卿，毛洁，张帆，等. 静电吸附式空气消毒器对室内空气动态除菌效果的应用观察［J］. 中华现代中西医杂志，2006，4（11）：968-970.
谭伟龙，钱万红，沈建忠. 过氧乙酸杀菌剂研究进展［J］. 医学动物防制，2008，（09）：641-643.
谭远超，房笑丽，王燕，等. 低温真空甲醛与传统甲醛熏箱灭菌效果比较［J］. 中国中医骨伤科杂志，2008，（07）：13-14，18.
陶雷，余玲，吕龙，等. 水产养殖现状及臭氧消毒技术研究进展［J］. 南方农机，2018，4：29，39.
滕飞. 纳米光半导体纸币消毒机：CN2738803Y［P］. 2005-11-09.
天津市滨生源科技发展有限公司. 一种紫外线饮水消毒器：CN201821514550. 5［P］. 2019-06-04.
天津唐朝食品工业有限公司. 一种超高温瞬时灭菌机：CN201822095444. 4［P］. 2020-01-17.
田琳琳，张天骄. 纺织品消毒方法研究进展［J］. 纺织科学与工程学报，2018，35（03）：143-148.
王纯玲. 消毒供应中心理论与技术［M］石家庄：河北科学技术出版社，2012.
王芳. 臭氧消毒研究进展［J］. 中国消毒学杂志，1998，15（2）：95-101.
王富维. 脉动真空灭菌器的脉动方式对 BD、PCD 测试及灭菌效果的影响［J］. 医疗装备，2019. 32（12）：63-64.
王舰兵. 脉动真空湿热灭菌法去除内毒素的验证效果分析［J］. 中国医药科学，2019，9（19）：138-141.
王劲松，左琴，刘佐民，等. 脉动真空灭菌器的工作原理、影响灭菌效果的因素分析及常规监测［J］. 医疗装备，2015，28（09）11-13.
王立霞，李焰，于爱兰. 脉动真空压力蒸汽灭菌器灭菌效果的监测［J］. 中华医院感染学杂志，2014，24（16）：4143-4144，4149.
王梁燕，洪奇华，孙志明，等. 电子束辐照技术在生命科学中的应用［J］. 核农学报，2018，32（02）：283-290.
王敏，姜赛琳，邢晓娟，等. 纳米光催化空气消毒器消毒效果的对比研究［J］. 中华医院感染学，2008，（05）：75-76.
王书杰. 臭氧消毒应用研究进展［J］. 中国消毒学杂志，2004，21（3）：264-265.
王绥家，黄宏星. 关于微生物实验室压力蒸汽灭菌器的若干问题［J］. 海南医学，2011，22（13）：111-112.
王卫，杨丽娟，张宏，等. 新型床单位臭氧消毒器的研制［J］. 医疗装备，2005，1：14-15.
王文远. 古代中国防疫思想与方法及其现代应用研究［D］. 南京：南京中医药大学，2011.

王勇，李成林，张文福，等．电子束对短小杆菌 E_（601）和炭疽杆菌芽孢杀灭性能研究［J］．辐射防护通讯，2003，(04)：32-34.
王喆．低温过氧化氢等离子和脉动预真空压力蒸汽灭菌对金属医疗器械的灭菌效果对比［J］．中国医疗设备，2019，34（S2）：103-105.
王智锋，冯定，张园园．脉动真空灭菌器的工作原理与故障分析［J］．科技与创新，2019，(22)：98-99.
卫生部．《消毒技术规范》(2002 年版)［S］.
温之新．应用前景广阔的洗碗机［J］．大众用电，2016，(3)：43.
吴吉祥，唐幸珠．静电吸附式空气净化消毒器的静电场设计原理［A］．中国环境保护产业协会电除尘委员会．第十二届中国电除尘学术会议论文集［C］．中国环境保护产业协会电除尘委员会：中国环境保护产业协会电除尘委员会，2007：6.
武振华，张红，赵卫平，等．大功率电子加速器的辐射灭菌效果研究［J］．原子核物理评论，2009，26（01）：80-83.
夏远景，李志义，陈淑花，等．液体蛋的超高压杀菌效果试验研究［J］．家畜生态学报，2008，29（1）：67-69.
徐锋，朱丽华．化工安全［M］．天津：天津大学出版社，2015：107.
徐惠芳，黄雨威，曾敏．微波干燥灭菌在中药生产领域中的应用［J］．中国医药导报，2015，12（15）：50-53.
徐燕，吴孙巍，吴晓松．环氧乙烷灭菌技术应用与发展［J］．中国消毒学杂志，2013，30（02）：146-151.
许慧琼，梁建生，杨芸，等．五省市医用织物洗涤消毒现况调查［J］．中国消毒学杂志，2016，175（03）：44-46.
薛广波．现代消毒学［M］．北京：人民军医出版社，2002.
闫翠英，卫军，张田义．压力蒸汽灭菌对 4 种包装材料和不同存放条件有效期对比的观察［J］．中华医院感染学，2006，(06)：653-654.
颜斌鲁．臭氧技术的发展及其应用产品的开发与市场状况［J］．甘肃广播电视大学学报，1999，4：52-55.
杨刚，郑骏，楼理纲，等．床单位消毒器的工作原理及维修案例［J］．医疗装备，2018，31（15）：134-135.
杨华明，易滨．现代医院消毒学（第 3 版）［M］．北京：人民军医出版社，2013.
叶蓉春，顾健．甲醛蒸汽灭菌技术应用及其研究进展［J］．中国消毒学杂志，2007，(01)：70-72.
殷敬华．辐照灭菌一种安全、高效、环保的医用耗材灭菌新技术［N］．健康报，2014-12-16（001）.
尹广桂，刘白云．环氧乙烷低温灭菌技术的进展及使用安全管理［J］．世界最新医学信息文摘，2016，16（32）：43-44.
虞水红，李爱国，刘培超，等．臭氧消毒与臭氧消毒机的研制［J］．中国医学装备，2005，2（1）：38-39.

岳荣春，冯继贞．医院消毒技术与应用［M］北京．人民军医出版社，2013.
张斌，刘雅婧，丁超，等．微波-热风联合干燥对高水分稻谷加工品质及微生物量的影响［J］．中国粮油学报，2018，33（9）：106-114.
张朝武．热力消毒与灭菌及其发展［J］．中国消毒学杂志，2010，27（3）：322-326.
张光辉，孙迎雪，顾平，等．紫外线灭活水中病原微生物［J］．水处理技术，2006，（08）：5-8.
张光明，常爱敏，张盼月．超声波水处理技术［M］北京：中国建筑工业出版社，2006.
张国贤．超高压加工技术［J］．流体传动与控制，2017，（03）：58-60.
张璟．食品微生物检验技术及设备操作指南［M］．兰州：甘肃文化出版社，2017.
张克敏，窦克莹，彭雅清，等．PX-1 型紫外线票据消毒器对医院内票券消毒效果的观察［J］．中国消毒学杂志，1998，（01）：56.
张流波，杨华明主编．医学消毒学最新进展［M］．北京：人民军医出版社，2015.
张巍巍，冯宝立，郑兰紫，等．不同面值人民币卫生情况调查［J］．中国卫生检验杂志，2015，025（007）：1077-1079.
张文福．医学消毒学［M］．北京：军事医学科学出版社，2002.
张亚光．智能型电离辐射厨具消毒柜：CN02280686.5［P］．2003-12-24.
张颖，王仙园，周娟．微波消毒技术研究进展［J］．中国消毒学杂志，2008，25（6）：653-655.
张振山，刘双燕，刘玉兰，等．辐照在食品工业中的应用研究进展［J］．中国调味品，2013，38（11）：113-116.
张志臣，周颖．一般常用医疗仪器使用指南［M］．北京：金盾出版社，1992：226-227.
张志伟．低温甲醛蒸汽灭菌技术的应用［C］．中华护理学会．中华护理学会第 7 届消毒供应中心发展论坛论文汇编．中华护理学会：中华护理学会，2011：577-580.
赵春燕，李凡．超高压对微生物的影响及其应用［J］．中国公共卫生，2000，（03）：91-92.
赵丹，连微微，汤蓉，等．微波灭菌技术的应用与研究进展［J］．贵阳中医学院学报，2014，36（05）：48-50.
赵心彤．脉动真空灭菌器的工作原理及故障维修［J］．医疗装备，2018，31（07）：142-144.
赵奕华，周平乐．医疗器械常用灭菌方法综述［J］．中西医结合护理（中英文），2015，1（04）：134-135，138.
郑大中，郑若锋，王惠萍．纳米材料在环保与检测领域的应用研究进展［J］．盐湖研究，2008，16（4）：66-72.
中国大百科全书总委员会《环境科学》委员会．中国大百科全书，环境科学［M］．北京：中国大百科全书出版社，2002.
中国法制出版社．中华人民共和国食品药品法律法规全书含相关政策及典型案例 2018 年版［M］北京：中国法制出版社，2018.
中华人民共和国国家卫生和计划生育委员会．医院医用织物洗涤消毒技术规范 WS/T 508—2016［S］．2016-12-27.
中华人民共和国卫生部．消毒技术规范（2002 年版）［S］．2002：62-75.

钟昱文，张磊．新型过氧乙酸及其在医院消毒中的应用［J］．中国消毒学杂志，2019，36（07）：543-546.

朱佳甫，施惠栋，谢宗传．商品流通中的电子束辐照技术［J］．商品储运与养护，2006，（03）：31-32.

朱雪明．脉动真空蒸汽灭菌器的原理与维修实例［J］．中国高新技术企业，2014，（17）：82-83.

祝圣远，王国恒．微波干燥原理及其应用［J］．工业炉，2003，25（3）：42-45.

庄严，卓震，张文华．微波干燥灭菌及提取在中药生产的应用［J］．机电信息，2008，（35）：25-29，33.

宗运岭．WMGD-70B 型微波干燥灭菌机电气起火原因分析及应对措施［J］．机电信息，2019，（21）：140-141.

Adir J M，Ronaldo D M，Terezinha J A P，et al. Sterilization by oxygen plasma［J］．Applied Surface Science，2004，235：151-155.

Bogdan J，Szczawinski J，Zarzynska J，et al. Mechanisms of bacteria inactivation on photocatalytic surfaces［J］．Medycyna Weterynaryjna，2014，70（11）：657-662.

Castro-Alférez María，Polo-López María Inmaculada，Fernández-Ibáñez Pilar. Intracellular mechanisms of solar water disinfection［J］．Sci Rep，2016，6（10）：1-10.

CJ/T 204—2000. 生活饮用水紫外线消毒器［S］.

EN14065：2002 Textiles—Laundry processed textiles—Biocon—Tamination control system［S］．Brussels：2002.

FOKKENS W，LUND V，MULLOL J，et al. Euro-pean position paper on rhinosinusitis and nasal polyps-2007［J］．Rhinol Suppl，2007，20：1-136.

Freer P C，Novy F G. On the formation，decomposition and germicidal action of benzoylacetyl and diacetyl peroxides［J］．Am. Chem. Soc，1902，（27）：161-193.

Fridman G，Peddinghaus M，Ayan H，et al. Blood coagulation and living tissue sterilization by floating-electrode dielectric barrier discharge in air［J］．Plasma Chem Plasma Process，2006，26（4）：425-442.

GB 17988—2008. 食具消毒柜安全和卫生要求［S］.

GB 19258—2012. 紫外线杀菌灯［S］.

GB 27948—2011. 空气消毒剂卫生要求［S］.

GB 27950—2011. 手消毒剂卫生要求［S］.

GB 28232—2020. 臭氧消毒器卫生要求［S］.

GB 28235—2020. 紫外线消毒器卫生要求［S］.

GB 28931—2012. 二氧化氯消毒剂发生器安全与卫生标准［S］.

GB 8599—2008. 大型蒸汽灭菌器 自动控制型［S］.

GB/T 22023—2008. 液体食品超高温瞬时灭菌（UHT）设备验收规范［S］.

GB/T 29250—2012. 远红外线干燥箱［S］.

GB/T 30435—2013. 电热干燥箱及电热鼓风干燥箱［S］.

GB/T 35267—2017. 内镜清洗消毒器 [S].

HLAC. Accreditation standards for processing reusable textiles for use in healthcare facilities [S]. Frankfort: 2011.

Mahendra, Shaily, et al. "Nanotechnology-enabled water disinfection and microbial control: merits and limitations." Nanotechnology Applications for clean water [M]. William Andrew Publishing, 2009: 157-166.

Margaret M Busse, Matouš Becker, Bruce M. Applegate, et al. Responses of salmonella typhimurium LT2, Vibrio harveyi and Cryptosporidium parvum to UVB and UVA radiation [J]. Chem Eng J, 2019, 371 (10): 647-656.

NHS: HSG95 (18) Hospital laundry arrangements for used and infected linen [S]. London: 1995.

QB/T 1520—2013. 家用和类似用途电动洗碗机 [S].

QB/T 5199—2017. 食具消毒柜 [S].

T/ZGXX 0001—2018. 餐饮服务业 餐饮具清洗消毒评价规程 [S].

Theron J, Walker J A, Cloete T E. Nanotechnology and water treatment: applications and emerging opportunities [J]. Critical Reviews in Microbiology, 2008, 34 (1): 43-69.

TRSA. Standard for producing hygienically clean reusable textiles for use in the healthcare industry [S]. Alexandria: 2013.

WS 310.2—2012. 医院消毒供应中心 第2部分：清洗消毒及灭菌技术操作规范 [S].

WS 310.3—2016. 医院消毒供应中心 第3部分：清洗消毒及灭菌效果监测标准 [S].

WS/T 367—2012. 医疗机构消毒技术规范 [S].

WS/T 648—2019. 空气消毒机通用卫生要求 [S].

YY 0504—2016. 手提式蒸汽灭菌器 [S].

YY 0731—2009. 大型蒸汽灭菌器 手动控制型 [S].

YY/T 1007—2018. 立式蒸汽灭菌器 [S].

Zhang Q, Xu H, Yan W. Highly ordered TiO_2 nanotube arrays: recent advances in fabrication and environmental applications—a review [J]. Nanoscience and Nanotechnology Letters, 2012, 4 (5): 505-519.

（陈昭斌）